モンティ・ライマン

痛み、人間のすべてにつながる

新しい疼痛の科学を知る12章

塩﨑香織訳

みすず書房

THE PAINFUL TRUTH

The New Science of Why We Hurt and How We Can Heal

by

Monty Lyman

First published by Bantam Press, 2021

Japanese translation rights arranged with
Intercontinental Literary Agency Ltd. through
Japan UNI Agency, Inc., Tokyo

妻ハナへ

痛み、人間のすべてにつながる　目次

本書を読んでいただく前に

人間なら誰でも経験する痛み。それはきわめて個人的なものでもある。痛みについての深遠な真理を伝えようとするなら、実際にあった話を紹介するのがふさわしいやり方だと思う。本書のリサーチのためにインタビューをお願いした方々は、みなさんが体験談の掲載を快く許可してくださった。また、痛みに関する本を書こうと考える何年も前に知った話については、二重の匿名化を施した。ご本人の名前を仮名にし、場所も変更したという意味だ。もし読者が「これは自分のことだ」と思われる描写があったとしても、それは単なる偶然の一致であることを約束する。すべての医師には患者さんの秘密を守る義務が課せられているが、これは古代ギリシャにまでさかのぼる原則だ。ヒポクラテスの誓いには次の一節がある。「治療の機会に見聞きしたこと、治療とは関係がなくとも患者の私生活について漏らすべきでないことは、他言してはならないとの信念をもって、沈黙を守る(1)」。

私は痛みという特別な領域の専門家ではないし、特定の治療を勧めたからといって金銭的な利益を得ることもない。本書ではリサーチと実体験、また痛みの専門家のみならず、実際に痛みに苦しんでいる人々へのインタビューを通じて、持続痛の治療に関する考察を進め、個人的な意見を述べた。痛みの原理について伝えたいというのは本望で、私の理解が真の助けとなるよう心から願っているけれども、本書における私の意見や記述は医師の助言と解釈されるべきではない。

英語には「棒や石で打たれると骨が砕けるかもしれないが、言葉では傷つかない」という言い回しがある。ところが、言葉は使い方次第で文字通り人に痛みを感じさせる凶器となり得る。そのため、本書では戦闘にかかわる用語や痛みを悪化させる可能性がありそうな表現は極力避けるよう努めた。たとえば英語で「鎮痛剤」を意味する painkiller（痛み殺し＝痛み止め）という語は、本書ではほとんど pain reliever（痛み緩和剤）と記した。* さらに、長期的な痛みを表現する用語についても、ひとつ重要なことを説明しておかなければならない。「慢性痛」と「持続痛」は同じものを指している。私は選ぶとすれば「慢性」chronic より「持続（性）」persistent を使うが、それは「持続」のほうが状態を記述する言葉としてふさわしいからだ。事実、個々の患者さんのレベルでも、「持続痛」という言葉はより抵抗なく受け入れられ、広く使われるようになってきている。「慢性」chronic というのは単純に「長く続く・長期にわたる」という意味で、ギリシャ語で時間を表す chronos に由来する。ただ「慢性」は日常的に見聞きする言葉ではないし、意味の受け取り方も人によって違う。中でもいちばん危険なのは「永続する・一生消えない」と解釈してしまうことだ。そんなわけで、私としては「慢性」を「持続」と置き換えたいのだが、医学用語としては「慢性痛」がもっともよく使われていることは確認しておく必要がある。読者には「持続痛」と「慢性痛」を同義で用いることに慣れていただきたい。

＊訳者註　本書では原則的に painkiller を「痛み止め」、pain reliever を「鎮痛剤」「鎮痛薬」と訳出。

読者カード

みすず書房の本をご購入いただき，まことにありがとうございます．

書　名

書店名

・「みすず書房図書目録」最新版をご希望の方にお送りいたします．

（希望する／希望しない）

★ご希望の方は下の「ご住所」欄も必ず記入してください．

・新刊・イベントなどをご案内する「みすず書房ニュースレター」（Eメール）をご希望の方にお送りいたします．

（配信を希望する／希望しない）

★ご希望の方は下の「Eメール」欄も必ず記入してください．

(ふりがな) お名前　　　　　様		〒
ご住所	都・道・府・県	市・郡 区
電話	(　　　)	
Eメール		

ご記入いただいた個人情報は正当な目的のためにのみ使用いたします．

ありがとうございました．みすず書房ウェブサイト https://www.msz.co.jp では刊行書の詳細な書誌とともに，新刊，近刊，復刊，イベントなどさまざまなご案内を掲載しています．ぜひご利用ください．

郵便はがき

料金受取人払郵便

本郷局承認

6392

差出有効期間
2025年11月
30日まで

113-8790

東京都文京区
本郷2丁目20番7号

みすず書房営業部 行

通信欄

（ご意見・ご感想などお寄せください．小社ウェブサイトでご紹介させていただく場合がございます．あらかじめご了承ください．）

プロローグ

「よいニュースはですね、身体は別に、どこも何ともないってことです」

痛みについて私たちが知っていると思っていることは、すべて間違っている――なかなか大胆な発言である。だが、大きく見ればこれは間違っていない。この「私たち」とは世間一般、つまり医学界の内外にいる人々の大半を指す。私たちは痛みの本質を誤解している。そして、その誤解のために計り知れないほど多くの人生が台なしになっている。

さて、私自身はどうかというと、ジュニアドクター（研修医）として働きはじめたばかりの頃に、この誤解がどんな結果をもたらすのかを目の当たりにしたことがある。

時刻は夜の九時。急性期病棟（AMU）でのとてもハードなシフトが終わろうとしていた。太陽はずいぶん前に沈み、病棟全体が青白い無機的な光に包まれている。AMUは忘れようとしてもなかなか忘れられない場所だ。庶民向けデパートで見られるブラックフライデー〔一一月の第四金曜日。小売店のセールがある〕の喧噪を想像してほしい。そこにビーッという音やさまざまなうめき声が奏でる支離滅裂のシンフォニーが重なる。ジュニアドクターは一日ずっと救急外来（A&E）で新しい患者さんを診ているが、中には詳しい検査や診断のためにAMUに移されるケースもある。そこでコンサルタント（専門医）

が診察を行い、入院して治療を受ける必要があるかどうかの最終判断が下されるわけだ。私は片手にファイルの束を抱え、もう片方の手でほとんど読めないメモを走り書きしながら、当直のコンサルタントがベッドからベッドへと大股で歩き、待っている患者さんを診察する後ろをついて回っていた。その男性のコンサルタントは、少々せっかちなところはあるものの優秀な臨床医で、私がこれからすべきことを書き留める——腎機能モニター……膀胱スキャン……家族と話し合い——やいなや、リストにある次の患者さんを探して姿を消してしまうのだった。

私はメモを投げつけるように置き、けっこうなスピードでやってくるお茶のワゴンや、忙しく立ち働いている看護師さんたちにぶつからないように気を遣いながら、青いリノリウムの床で小走りになった。まだ行っていないベッドの列に目をやり、間仕切りカーテンと林立する点滴スタンドの中に私のコンサルタントを探す。ようやく見つけた彼はもう次の患者さんのところにいて、ベッド周りのカーテンを引こうとしていた。

その患者さん、ポールは、四〇代後半のＩＴコンサルタントで、腰のくびれに枕を挟み込んでベッドに横になっていた。しかめっ面のお手本のような顔をしている。はげた頭には玉の汗が浮かび、そのいくつかは眉を伝って流れていた。ポールはこの数年、しつこい腰痛に悩まされてきたという。本人いわく、原因はオフィスにある〝ポンコツ〟椅子だ。最初はずきっと刺すような痛みを右腰の狭い範囲に感じ、それは出たり治まったりを繰り返していた。ところが、去年からは痛みが引かず、しかもかなり強く痛むようになった。そんな中でポールは次第に引きこもりがちになる。まずゴルフをあきらめ、パブで友達と飲むのもやめ、最近はもうほとんど家から出ない。仕事は疾病休暇を延長中。プライベートも八方ふさがりの状況だった。数か月前に父親が亡くなり、先週には——腰痛とは無関係らしいけれども——妻が出ていった。そして、ここ数日は左腰から右脚の外側にかけて広く痛みを感じていた。今朝は特にひどく、ベッドから起き上がれなかった。ポールによれば、最寄りの診療所は総合診療専門医（GP）の入れ代わりが激しく、二回続けて同じ医師の診察を受けたことがない上、痛みに真剣に向き合ってくれている様子もない。だから診療所には行かず、息子さんの車でこの病院に直接やって来た。救急外来のドクターたちはポールの病歴に少々困惑するところがあったらしく、大事をとってMRIスキャンを指示していた。脊髄の最下部で神経が圧迫されて発生する馬尾《ばび》症候群という珍しい病態があるのだが、その可能性を排除するためだ。

スキャンの結果は一切異常なし。続く神経内科医による詳しい診察でも問題はなかった。感染症や自己免疫性の疾患があれば血液検査でわかるはずだが、こちらも同じく何もなし。私が付いていたコンサルタントは、カルテをめくりながらポールに所見を説明した。

「ほら、ここにありますが、検査の数値はまったく正常です。よいニュースはですね、身体は別に、どこも何ともないってことです……」

「それなら頭の問題ってわけですか？」

ポールの顔が再びゆがむ。あまりにも痛そうで、見ていた私たちも思わずつられて顔をしかめた。

「いや、そんな意味では……あのですね……とにかく、心配するようなことはありません！　強い痛み止めを出しましょう。それでしのげるはずですが、今後についてはGPにかかってもらうのがベストだと思います……」

ポールのベッドから離れながら、コンサルタントはもっとも可能性の高い診断を書いておくよう私に指示した。それは次の二つだ。

① 非特異性腰痛

② 心因性疼痛

「非特異性腰痛」とは、字面からだいたい想像がつくと思うが、身体的な原因が特定できない腰や背中の痛みのことだ。実際、九〇パーセント以上の腰痛・背部痛では、それとわかるような組織損傷は見られない[1][2]。もうひとつの「心因性疼痛」はもっとずっとやっかいだ。この言葉には、痛みは主として心理的・感情的なものであることがほのめかされている。多くの患者さんが聞かされる言い回しでは「気のせい・考えすぎ」となるだろうか（さもありなん）。ポールは背骨に重大なダメージはないと言われ、家に帰された。今回病院に来て得た収穫はそれだけ。痛いのはどこか——あるいは何か——は依然わからないままだった。可能性は二つにひとつで、要するに医療の技術をもってしても発見できず、もしかすると治療もできない（考えただけでぞっとする）ような、現在進行中の身体の問題から痛みが生じているか、それとも純粋に心理的なこと——何らかの思考障害——が原因かだという。ポールはまともな診断をしてもらえず、それどころか自分が感じていることは思い過ごしではない、確かなものだと請け合ってももらえなかった。思うに、これと似たようなことはきっと一日にそれこそ数えきれないほど起きているのだろう。

問題をはっきりさせておこう。いま述べた二つの見立てはどちらも根本的に間違っている。現代の社会は、私に言わせれば「痛みをめぐる嘘」、つまり痛みとは身体に加えられた傷害の程度を測る正確な尺度だとする考えにとらわれている。そしてこの理屈にしたがえば、身体に問題がないなら心の不調のはず、となる。そのことに自覚的であるかどうかは別として、たいていの人、またほとんどの医療機関は、身体と心を完全に別個のものとして扱う「二元的思考」に陥っている。この考え方は最新の痛みの科学によって否定されているだけではない。それは単純に不適切であるばかりか、持続痛に苦しむ大勢の（大多数の国でおよそ五人に一人を占める）患者さんにとって侮辱的でさえある。人々の生活をむしばんでいるのはこういった考え方なのだ。

本書はエビデンスに基づく痛みの探究であり、痛みを——そしてじつのところ私たち自身を——違った視点でとらえられるようになることを目指す。さまざまな体験談や研究の紹介を通じて、読者は痛みの本質、つまり痛みとは保護のしくみであって、感知のシステムではないことを理解するだろう。痛みは不快な感覚で、私たちに身体を守るよう促すものだ。たとえば、危険なのではと思われるものにぶつからないように、傷つきやすい身体の部位をすばやく引っこめる。あるいは、身体の一部を手でかばったり、支えたりする。特定の振る舞いや動きを避けることもある。痛みは傷害の程度を測る尺度ではない。痛みが何であり、何ではないかについて、このように区別しても大差ないように見えるが、じつは事態を一変させるような大きな違いだ。そこには、痛みがどんなふうに脳の中でつくられ、それでいて「頭の中だけのもの」ではないことを解き明かす真理がある。痛みのどうしようもなく奇妙なところ——プラセボ効果から幻肢痛まで——はそれによって説明がつく。けがが完全に治癒したあとも長期にわたって痛みを感じる人がここまで多い理由もわかる。あらゆる痛みが実在する理由、そしてまた、誰かの痛みが本物であるかどうかは身体的なダメージの有無で判断されるべきではないことも説明できる。

いちばん重要なのは、この真理は不可解な痛みを抱えて生活している人々にひとつの答えを提供し、なおかつ回復に向けての確かな希望を示していることだ。

大半の医者がそうであるように、私もかつては痛みを、何らかの興味深い身体の不調に伴う、重要な——だが究極的にはおもしろくない——症状のひとつだとみなしていた。心得違いもいいところだ。さらに私は、医療の現場ではなおさら、組織の損傷と痛みには往々にしてあまり関係がないという事実は受け入れづらいものであることも知っている。私たち医療従事者は、ものごとをきちんとした機械論的なフレーム、すなわち診断上のカテゴリに分類したがる。このときの理想的なカテゴリとは、患者さんの感情や社会生活が絡まないものだ。たやすく測定でき、認識でき、治療できるに越したことはない。ところが痛みは面倒で扱いにくい。つまるところ、すばらしく人間くさい。

痛みについての無知・無理解は、人間の生き方と社会に多大な影響を及ぼしている。いま求められているのは、事実を知らしめることだ。私たちは持続痛のパンデミック——世界的に見て、長期にわたる痛みは通常の生活を妨げる最大の原因である[3]——のさなかにあるが、その一方で社会としてこの状況に対処するだけの用意がほとんどない。また、痛みをめぐる根強い誤解は、いま現在持続痛を抱えて暮らす患者さんに不利を強いているばかりか、これまで痛みを訴えたとしても「信頼できない」とされてきた人々、すなわち女性、エスニック・マイノリティ、心理的な不調のある人、そして乳児らに対して、痛みを緩和する処置をしない（あるいはその価値を認めない）ことにもかかわっている。医師たちは、病態の科学的解明が道半ばであったり、目で見てわかる、あるいは「測定可能な」原因によらない痛みを抱えたりしている人々の集団を相手にすると、その人の苦痛は誇張や捏造だろうと考えてきたのだった。

何かが変わるべきだ。

本書は、痛みに苦しむ人々、痛みに苦しむ人をケアする立場にある人々、さらに、この興味のつきない感覚についてもっと知りたいと思っている人々のための本である。背景知識の多寡によらず読んでいただけるように書いたつもりだ。さらに深く掘り下げたいという読者は、巻末の用語集と参考文献のリストを活用してほしい。人は痛みに屈する必要はないし、痛みと闘いながら生きていく必要もない――本書ではこのことを示したいと思う。そのどちらでもないやり方はある。しかしながら、本書は痛みを自分で治すことを目指す本ではない。エビデンスに基づく治療法をいくつも取り上げて検討していくし、最後の章ではその一部を概括する。けれども、私が読者に把握してもらいたいのは、まずは痛みとは何であるかという基本原理だ。それらを踏まえた上で、何であれ効果のある実践につなげていただきたい。

痛みのあるところには、必ず議論がある。痛みというのは本質的に感情に訴えるものだし、痛みとつきあうことについては誰しも自説に固執する。ただし、偏見のない人間はいない。おそらく、偏見を抱かせる力がもっとも強いのは、直接身をもって体験したこと――自分以外の人で再現できたり、どんな人にも当てはまるように一般化できたりするとは限らないこと――だろう。じつは、私は過敏性腸症候群（ＩＢＳ）に長年悩まされ、時にはかなりひどくなることもあったのだが、それが最近、催眠療法のおかげでどうやら治ったらしい。医学生時代に催眠について授業で聞いた覚えはなく、私自身もかつては軽蔑していたのに、自分の痛みが鎮まっていくのはほとんど奇跡といえそうな体験だった。そんなわけで、催眠については、一部の人の、ある種の痛みには有効という科学的にしっかりしたエビデンスがそろっているのは確かながら、これこそがあらゆる痛みに効く驚異の治療法だと吹聴したくなる気持ちを抑えねばならなかった。そんなものであるはずがないからだ。さらにいうと、痛みは複雑かつ不安定で、信じられないほど測定が難しい。痛みに関するデータは山ほどあるが、その方法論はばらばらで、結果も一貫性に欠ける。科学者や医療関係者らがエビデンスの解釈をめぐって絶えず衝突していることは驚くにあたらない。それに、痛みの原因とその治療法をめぐる特定の理解のもとに多くの生活が成り立っている以上、利益相反は——巨大な製薬会社であろうと、小さな診療所であろうと——当然あらゆるところにある。競合する金銭的利害関係をもっている人が必ず不公正になるわけではないけれども、いっそう慎重を期すべきテーマだとはいえるだろう。

矛盾するデータや利益相反の問題に悩まされつつも、最新の痛みの科学はここ二、三十年で飛躍的に進歩し、否定し難い事実を明らかにするに至っている。「痛みとは保護のしくみである」ということは、いまや痛みの革命の基盤をなしつつある。この事実を理解することは、最終的に痛みからの解放につながるだろう。本書の執筆にあたっては、謙虚さを忘れない健全な科学的懐疑主義と、偏見のない柔軟な姿勢とのバランスをとることを心がけた。読者にもそのように読んでいただければと願う。

1　身体の防衛省

そもそも痛みとは何か

人生に恐れるものなどありません。あるのは理解すべきことだけ。
そしていまは、理解をより深め、恐れを小さくするときなのです。
——マリー・キュリー

私はクリケットが好きではない。退屈だからと人には言うが、本音を言うと恐ろしく下手だからだ。私の場合、いわゆる目と手との協応というものはないに等しく、注意力も散漫——実際、ジュニアドクターになってすぐの頃には先輩の外科医からいつもそう指摘されていた。こんな弱点は、高速で飛んでくるボールを自分の身体に当たらないように木の板で打ったり（「得点《ラン》」するため、らしいが）、これまた高速で飛んでくるボールを自分が痛い思いをしないように捕ったり（「アウトを取る」ため、と聞いているが）することを求められるスポーツには都合が悪い。何でも、クリケットは世界で二番目に人気の高いスポーツで、二五億人にのぼるファン層を擁しているらしい。もしもあなたがそのひとりなら、あらかじめお詫び申し上げる。ここで見切りをつけずに読み進めていただきたい。

一〇代の後半はクリケットを避けてやり過ごしてきた私だが、二一歳になって〝クリケット・フリー〟の五年間は西ウェールズの海辺で終わりを迎えた。イースターの週末に友達のグループで海のそばのコテージを借りた時のことだ。到着したのはきれいに晴れわたった午後で、スポーツの得意な数人には、それだけでも一試合始める理由になり得た。私たちは小さな入り江の奥に広がる浜――全長一〇〇メートルほど――をフィールドに見立てることにした。私のチームは「ボウリング・フィールディング」、つまり誰かひとりが相手の「バッティング」チームの選手に向かってボールを投げ、残りは浜全体に散らばって、各ポジションから相手チームのランを阻止したり、あるいは打者が打ったボールをキャッチしたりしてアウトにする側だ。わがチームのキャプテン、トムは、私がクリケットがまったくだめなことをよく知っていて、私を「ロングオフ」に配置した。攻守の駆け引きが行われる場所から遠く離れており、ゲームの邪魔をすることもあまりなさそうな守備位置だ。私にとっても理想的なポジションだった。足手まといになったり、ばつの悪い思いをしたりする可能性は最小限に、周りの景色を存分に楽しむことができるのだから。ちょうど潮が引いたばかりで、そこかしこに丸い小石が散らばる、キャラメル色の濡れた砂浜があらわになっていた。入り江の両側を囲む黒泥岩の切り立った崖は、どれも上のほうに野生の植物がもじゃもじゃと生えている。すばらしくいい天気だったが、はるか遠くのアイリッシュ海に広がる水平線は、暗雲から垂れる緑がかった雨のカーテンに閉ざされ、かすんで見えた。美しい眺めだった。

バシッ！

私はくるりと向き直る。明らかにゲームが始まっていた。ボールを打ったのはライル、相手チームの一番打者《バッツマン》だ。クリケットのことになると、ライルは私とは正反対だった。南アフリカ出身の彼は、頑強でとびきり負けず嫌いという典型的なスポーツマン。家族でイギリスに移住してきた当時、ライルの身体能力は同級生の中でも傑出していて、スポーツでは誰もかなわなかった。クリケットの南アフリカ代表としてプレイしながら、ラグビーでも将来のイングランド代表入りを期待されていたほどだ。そんな体重九五キロの大男がいま、ビーチクリケットのプラスチックのボールを成層圏に届くほど高く打ち上げた。ところが、降下するボールを目で追っていると、あろうことか私がいるほうに向かって落ちてくるではないか。そのあたりには私しかいない。逃げるか、捕ろうとしてみるか。できることは二つにひとつだ。私の脳は仲間はずれになるようなことはするな、という実務的な判断を下したため、私はそれにしたがって後者を試みた。打球は猛スピードで水際に向かっており、一〇メートルくらい左に着地しそうに思われたので、必死に走る。ボールが地上まであと数メートルに迫ってきたところで、私はそのボールめがけて――運動不足の腕の腱を精いっぱい伸ばして――飛び、目を閉じた。身体が地面にぶつかり、砂がふわっと舞い上がる。それが落ち着いた途端、歓呼の声が入り江に響き渡った。目を開けてみると、くぼませた両手の中にボールが収まっていた。蛍光オレンジのぐにゃぐにゃしたプラスチックのかたまりが、あんなに美しく見えたことはなかった。まるで砂金採取人が大きな金の粒を見つけたかのように、私は立ち上がり、はしゃぐ声と信じられないという声が聞こえてくるほうに向かって、そのボールを高々と掲げてみせた。ライルからアウトを取った。あの大力無双の豪傑を私が倒したのだ。

クリケットって最高におもしろいじゃないか。

栄光の二〇秒間はたちまち忘れられたが、私は悦に入ったまま、守備位置に戻ろうと小石の散らばる砂の上を軽く駆けはじめた。するとほんの一瞬、右足にビビッと鋭く走るものを感じた。わずかに足が引けたものの、その感覚は襲ってきた時と同じように瞬く間に消えたので、私は立ち止まらなかった。若干とがった小石を踏んでしまったに違いない。ゲームはそれからも続いたが、砂浜の私がいる側ではほとんど何も起こらなかった。もっとも、一〇分ほどたったところで、視界の片隅で何かが私の注意を引いた。砂の上、私のすぐ後ろにヘビのような形のものが横たわっていて、私が動くのと一緒に身をくねらせているようなのだ。私は振り向きざまに一歩後退し、それが生き物ではなくただの長い釣り糸だとわかってほっとした。だが、その糸はどうも私の右足にくっついているらしかった。あぐらをかくように座ってよく見れば、右足の足の裏全体に血の混じった砂がこびりついている。その砂をそっと払い落とすと、どうなっているかがわかった。大きな、すっかりさびついた釣り針が、土踏まずに深く食い込んでいたのだ。針が刺さったところからは血がにじみ出ていた。痛みが始まったのはその時だ。鋭く、突き刺すような痛みの波は〝まあまあ不快〟(一〇段階の六くらい)という程度だったが、仲間たちが集まってきてこの状態を感心しながら、あるいはあきれ果てながら眺めはじめると、四のレベルまで弱まったように思われた。まるで、こんな印象的な傷を負ったことに対する称賛が痛みを弱めたというような感じだった。ところが、クリケットのゲームから抜けて、こぢんまりした堤防にひとり腰を下ろし、釣り針を自分で引き抜くか、それとも最寄りの初期救急外来に行こうかと——この腐食した、ぞっとするような物体は何週間も魚の口の中にあったものかもしれず、そこから病原菌が入る恐れもあると心配しながら——決めかねていると、痛みは強まって八になった。そして、釣り針を抜き取る手順を想像してみただけで九に上昇した。

午後の大半を自分の足から釣り針を外すことに腐心しているあいだに、私の心にはある真理の種が植えつけられた。一見興味深く、そして悩ましい種。その種とは「痛みはじつにおかしなもの」ということだ。痛みについてはつじつまが合わない点がある。釣り針は私の足に刺さり、組織の損傷はその際に生じた。しかし、私が感じた痛みの強さは、組織に生じた傷そのものは何ら変わらないにもかかわらず、大きく上下した。痛みが始まったのは私が自分の足からやっかいなものが突き出ているのを目にした時で、それはやじ馬が騒いでいた時には和らぎ、ひとりになると悪化し、そして釣り針をどうやって引き抜くべきかを具体的に思い描いた時には一段とひどくなった。私の心に蒔かれた種は成長し、ひとつの真実になった。それはつまり、痛みは明らかに傷害の程度を直接示す尺度ではない、ということだ。痛みの強弱はダメージの大小に釣り合っていない。私たちは誰しもこのこと——ぶつけた覚えがないのに脚にあざができていたり、ストレスの多い一日の仕事の終わりに紙でほんのちょっと切ったところが理不尽に痛かったり——を自分の身をもって体験している。なお、痛みと組織損傷との微妙な関係を生で体験できる場所といえば、病院の救急外来だろう。私はそこで、患者さんひとりの中でもこの関係は一様ではなく変わり得ることを発見した。ひとつ例を挙げよう。さっき路上でけんかをし、腹部の真ん中を刺されたという若者——幸いにもナイフは臓器や主要な血管をそれていた——が、ぱっくりあいた傷口を指さして「ドクター、これどうよ？　クールだろ？」と言ったことがある。彼はまったく痛みを感じていなかった。もっともそれは一服吸いに病室を出ようとして、救急カートのキャスターに右足のつま先をぶつけるまでのことだ。彼はそこで足指をぐっとつかみ（ただしまだ腹部の刺し傷にはかまわず）、私がその時まで聞いたこともなかった罵り言葉を四秒間に四つ教えてくれたのだった。

私の足に食い込んだ釣り針は初めから痛みを引き起こしたわけではなかったが、鋭利な金属製の物体と人間の足が結びつく実話の中には、痛みと傷害の程度にかかわる難問として私の体験とは正反対のエピソードもある。たとえば、一九九五年のイギリスでのことだが、ビルの足場を下りていた建築作業員の男性（二九歳）が、地面に十分近づいたところで一枚の板材の上に飛び降りた。しかし、この板からは長さ一五センチの釘が上向きに飛び出しており、それが彼の左のブーツを貫通した。男性は釘もろとも病院に担ぎ込まれたが、すさまじい痛みを訴え、鎮静剤に加えて強力な鎮痛薬であるフェンタニルを投与しなければならなかった。フェンタニルはオピオイド──人体のオピオイド受容体に作用して、短期的に強い鎮痛効果を発揮する薬物──の一種だ。私たちの身体には天然オピオイド（内因性オピオイド）の薬箱が備わっており、そのうちもっとも有名なのはおそらくエンドルフィン類だろう。もっとも、人類はアヘンケシを発見して以来、この鎮痛のシステムを上手に拝借してきた。こういった合成オピオイド系鎮痛薬ではモルヒネがよく知られるが、フェンタニルはもっとずっと強力で、効果はモルヒネの約一〇〇倍といわれる。さて、医療チームが男性のブーツを注意深く切り開いてみると、問題の釘は足指のあいだを貫通しており、本人はまったくの無傷であることが明らかになった。[1] このように組織損傷がないのに激しい痛みを訴えるという現象は、一九九〇年代初頭のひじょうに興味深い実験で再現されている。[2] それはこんな実験だ。まず、健康な実験参加者の頭に、昔の美容室にあったヘアドライヤーのような、仰々しい見た目の「頭部刺激装置」を取り付ける。この装置は強弱調節用のつまみがある大きなコントローラーに接続されている。続いて、これから装置に電流を流すが、たいていの場合そのために頭痛が起こると参加者に告げる。ここで種明かしをすると、電流は流れない。装置は張りぼてだ。ところが驚いたことに、参加者の半数は装置が〝オン〟の時に痛みを感じ、またつまみが回されて電流が

〝強く〟なると痛みも強まったと報告したのだった。

傷害は痛みの必要条件ではなく、十分条件でもない。この点は詳しく論じる価値がある。というのも、私たちのほとんどは大いなる「痛みをめぐる虚構」の信奉者であるからだ。この「ほとんど」には医療従事者の大半が含まれる。私自身もそのひとりだった――あのさびた釣り針が私の歩みを変えるまでは。

痛みをめぐる虚構――〝痛みは組織損傷の尺度である〟

私たちは、痛みは組織損傷の尺度ではないということを本心では知っていたとしても、痛みは身体の中で生じ、脳によって感知されるものであるかのような態度を取りがちで、医療従事者であればそのように患者さんに接するのが常だろう。こう述べたからといって、神経科学に難癖をつけたいわけではない。この虚構を捨て去り、痛みの本質を明らかにすること。これこそが無用な痛みに苦しむ人々を助ける唯一の方法だ。しかも、そこからは私たちの脳と身体のはたらき、煎じ詰めれば人間であることの意味についてのより優れた理解がもたらされる。こういった知識は、何よりも、往々にして説明のつかない持続性の痛みを抱える――人口の二割に及ぶ――人々を救うために必要とされている。しかし、痛みとは実際にはどんなものかを見ていく前に、私たちはそもそもどういうわけで今日の苦境に陥ったのかを理解しておくべきだろう。

一七世紀フランスの科学者で哲学者でもあったルネ・デカルトは、宗教のみならず数学や自然科学にも携わり、まったく新しい複数の研究分野を拓いた。実際、デカルトは私たちの痛みの理解にも革命を起こしたのだった。一七世紀の初めになっても、人間の思考と感情の源泉はどこにあるかという問題に関して、科学者、哲学者、そして神学者らの意見には対立があった。ずいぶんと古い考え方によれば、それは心臓とされていた——心臓の鼓動は喜怒哀楽の感情に応じてはっきりと変化するからだ。ところが別の説では、二世紀のギリシャ人医学者ガレノスが行った解剖実験を根拠に、脳にあるとした。この何世紀にもわたる議論が世間の注目を浴びていたことは明らかで、ウィリアム・シェイクスピアは「浮気心はどこにある？　心の中か、頭の中か」[3]という含蓄のあるせりふを記している。デカルトは、痛みは脳と神経系の中で生じると固く信じていた。じつのところ、デカルトは痛み（と〝魂の座〟）は脳の松果腺（松果体）——現在では睡眠パターンを調節する器官であることがわかっている——にあると述べたのだが、その点は大目に見よう。この主張は思い切った前進といえた。デカルトの論でもうひとつ画期的だったのは、脳と神経をある種の機械になぞらえ、反射の概念を導入したことだ。彼の死後一六六四年に刊行された『人間論』では、けがと痛みの関係を教会の鐘が鳴るしくみにたとえた説明があり、左足を燃える火に少々近づけすぎている少年の（いまや有名な）絵が添えられている。

痛みの経験を鳴鐘にたとえることは、額面通りに受け取るならば、筋が通っているように思われる。つまり、身体の組織が傷つき、そこで神経は痛みの信号を介して脳に痛みの情報を送る。脳は直ちにこの情報を解釈するわけだが、するとどうだ、私たちは痛みを意識する。組織は痛みの信号を伝え、脳は反応するというしくみだ。この理論は——明示的にも潜在的にも——過去四世紀にわたって幅をきかせてきた。しかしながら、これは根本的に間違っている。痛みをめぐる虚構の根底にはこの理論がある。というのも、もし痛みが反射、すなわち末梢（外界と相互に作用する身体の周縁部）から脳への単純なシグナル伝達のシステムであったならば、私たちは組織に損傷を生じたときには必ず、そしてそのときにだ

デカルトによる「痛みの経路」——『人間論』(1664年) より
「たとえば炎が足に近づくと，この炎の微粒子は［中略］足の皮膚がそれらに触れる場所に動きを生じさせる力をもつ．そして，皮膚のその場所についている細い糸を引っ張るという動きによって，この糸の先端につながる穴が瞬時に開かれる．あたかもロープの一端を引くと，同時に反対側の一端に取り付けられた教会の鐘が鳴るように．」(4)

け、痛みを感じ、しかもその痛みは傷害の程度に正比例するはずだ。それなのに、ちょっと身のまわりを見渡せば、私個人の釣り針遭遇事件の不可解さにとどまらず、けがが治ったあとも痛みがしつこく残る例、また多少気分が変われば痛みの感じ方が変わるといった例もあり、現実は明らかにそのようになっていないことがわかる。

ただし痛みは、損傷の感覚経路と完全に縁が切れているわけではない。ほとんどの場合、短期的な痛みは傷害の程度をかなり正確に表している。これは、たとえばラップトップを閉じるときに親指をはさむと痛いが、勢いよく閉まる車のドアにはさんでしまうともっと痛い！　というようなことだ。傷害の程度と感じる痛みの強さを結びつける経路は確かに存在する。デカルトが唱えた「痛みの経路」から二世紀半を経て、イギリスの著名な神経科学者チャールズ・

スコット・シェリントンがその経路を突き止めるに至った。シェリントンは神経終末に特殊な受容器を発見したのだが、それは皮膚表面のすぐ下にあり、有害な刺激が加わったとき、すなわち私たちに痛みを感じさせるものがあるときにだけ活性化するらしかった。この受容器の名前として、シェリントンはラテン語で「傷つける・害する」を意味する nocere から、「侵害受容器」nociceptor という巧妙な用語をつくった。(5) 侵害受容器は有害な刺激によって生じたダメージと危険を感知する受容器で、機械的侵害受容器（私が釣り針を踏んだ時にはこれが活性化した）、熱侵害受容器（デカルトの説明図にあるように、少年が炎に足先を近づける場合）、化学的侵害受容器（イラクサを触ったときのひりひりする痛みから、運動中に乳酸――身体がエネルギーを産生する際に生成される副産物――が蓄積することが原因で起こる焼けつくような痛みまで、さまざまなものがある）の三つに分類される。各種の刺激に特異的な要素が侵害受容器を活性化し、脳に向かって神経インパルスが送られることになる。ひじょうに興味深いのは、タイプの異なる有害な刺激で同じ受容器が活性化する場合があること、つまり二つ以上の種類の刺激に対応する受容器が存在することだ。ここでは、有害な熱刺激を感知する受容体のひとつ、TRPV1を取り上げよう。この受容体は四三度を超える温度を感知するが、トウガラシの辛みをもたらす成分であるカプサイシンにも反応する。トウガラシを口に入れたり、皮膚に触れさせたりすると焼けるような感じがするのは、燃えるような熱さに反応する受容体とまったく同じものが活性化されているのだから不思議ではない。室温に変化はなくても暑さを感じるのはこのためだ。脳は気温が上がって暑くなったと勘違いし、汗を出すことで体温を下げようとする。なお、カプサイシン分子は脂に溶けるが水には溶けない。なので、自分の限界を少々超える辛さのものを食べたとき、いちばんやってはいけないのは水を飲むことだ。水はカプサイシンを口の中全体に広げ、さらに多くのTRPV1受容体を活性化してしまう。ベストな選択は脂肪分を多く含むもの、たとえばヨーグルトや牛乳（トウガラシを食べるイベントでは牛乳が定番だ）、あるいは私が個人的に好きなマンゴーラッシーなどをおすすめしたい。ちなみにカプサイシンは一般に鳥の餌にも加えられている。リスをはじめ、お腹をすかせた哺乳類が食べないようにするためで、そこにはトウガラシという植物の自然選択について興味深いヒントが示されている。哺乳類——少なくとも、食べものを噛み砕く臼歯をもつ動物——はトウガラシの種をつぶしてしまいがちだが、鳥類が食べた種は消化管をそのまま通り抜け、広い範囲にまき散らされる可能性が高い。好都合なことに、カプサイシン分子は哺乳類にとっては辛く・熱く（hot で）痛いと感じられる一方、鳥類にそのような作用は引き起こさない。つまり、トウガラシは羽の生えた仲間たちにだけ好かれるように適応してきたということになる。(6)

侵害受容器が活性化されると、そこから信号——電気化学的インパルス——が末梢感覚神経に沿って脊髄方向に伝達される。この神経を構成する神経細胞は三つの部分、すなわち細胞体（神経のDNAを含み、細胞としての機能の大半を担う）、樹状突起（末梢から細胞体に信号を通す分岐した枝）、軸索（細胞体から長く延びた枝）から構成されている。末梢神経を通って脊椎に到達したインパルスは、さらに脊椎中の神経を伝って脳に入る。ただし、きわめて重要なことに、脳に向かうルートは途切れずに続く高速道路ではない。先に挙げたシェリントンは画期的な発見をいくつも成し遂げたが、一個の神経の軸索と次の神経の樹状突起がじつは接触していないというのも彼の発見だ。二個の神経の中継点は電子顕微鏡でないと見えないほどのごくわずかな隙間で隔てられており、シェリントンはこの構造をシナプスと命名した。電気インパルスが一次神経の脊髄内終末に達したときにだけ、神経伝達物質と呼ばれる化学物質がこの隙間に放出され、次の神経を活性化させる。続いてその次の神経、さらに次の神経……も順番に活性化していき、最終的にインパルスは脊髄を上って脳に伝わる。ではここで、デカルトの説明図の少年には実際問題として何が起きているかを具体的に見ていこう。少年の足が炎に触れたとき、脳内にある痛みの中枢には、ロープの一端を引っ張れば反対側の端で鐘が鳴るような、一本の神経によって活性化されるというイメージは当てはまらない。じつは、脳で痛みが知覚されるまでに信号をリレーしていく神経にはさまざまな種類がある。私たちには一本の〝痛み経路〟が備わっているとつい言ってみたくなるというか、そんな言い方にも一理あるように思えるかもしれない。確かに、私が医学部時代に使っていた古い教科書はどれもそう説明している。しかし、本当のところは違う。「痛みの末端」や「痛みの信号」、はたまた組織から脳に至る「痛みの経路」といったものは存在しない。そうではなく、存在するのは侵害受容器であり、侵害受容信号であり、侵害受容経路である。これらは神経科学の分野における正しい用語だけれども、私は「危険受容器」「危険信号」という言葉を使うことにする。まさにその通りだからだ。信号が伝達する情報は組織のダメージや危険に関するもので、痛みの発生に重要な役割を果たすことが頻繁にあるとはいえ、信号は痛み発生の必要条件ではなく、十分条件でもない。痛みは組織の内部ではつくられず、神経に沿って〝上っていく〟こともない。イギリスの神経科学者で、おそらく二〇世紀最大の痛みの研究者であるパトリック・ウォールと、当時彼の研究室で博士課程の学生だったスティーヴン・マクマホン（今日マクマホンは世界有数の痛みの専門家だ）は、研究者や医師らが「痛みの末端／信号／経路」という表現を用いて痛みの科学を単純化しようとしたことは根本的に間違いであったと認識していた（そしてそれは、いまなお間違いである）。二人は一九八六年に次のように述べている。「侵害

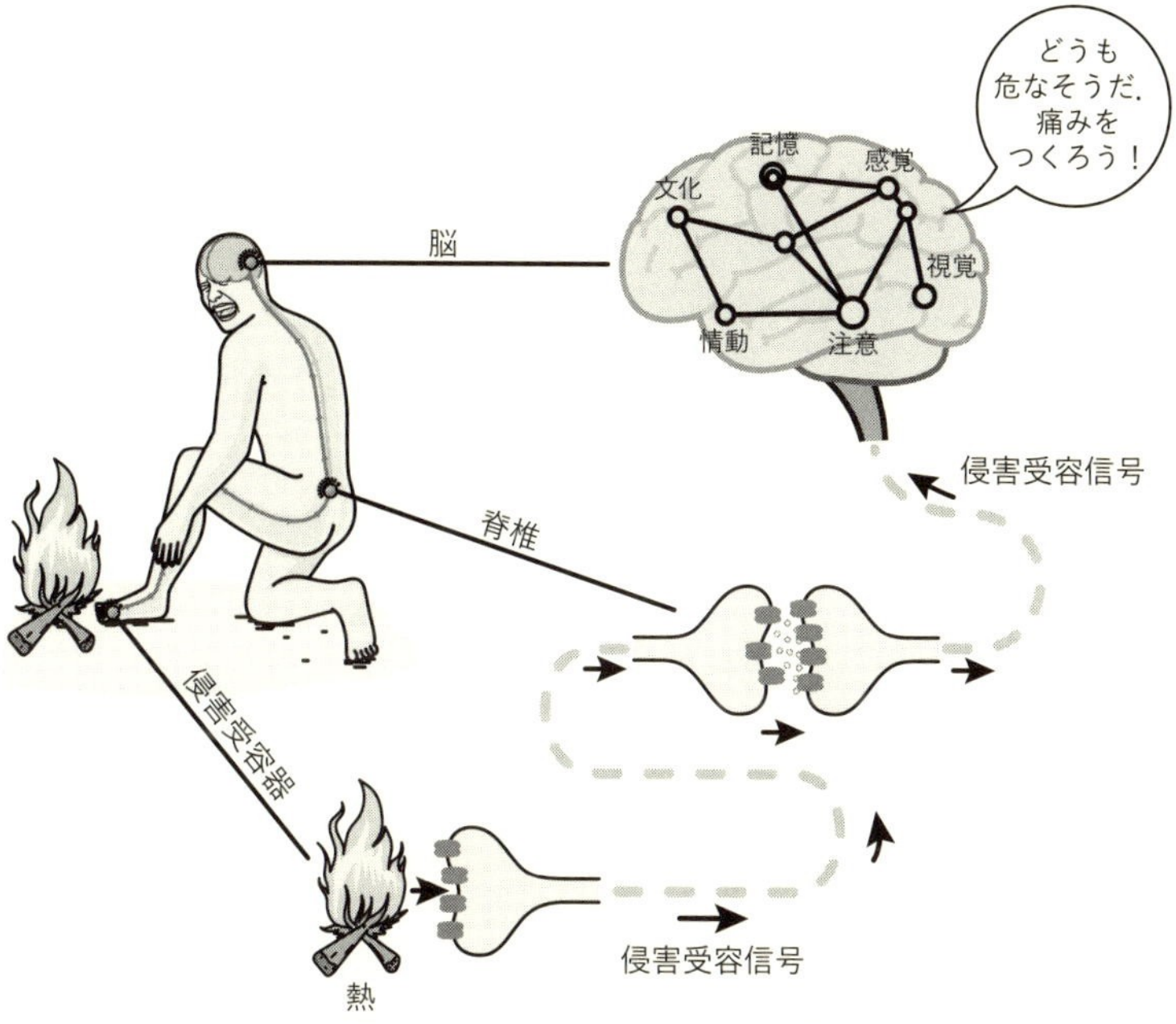

デカルトの説（現代版）：侵害（危険）受容経路

受容器を〝痛み線維〟と呼ぶことは、巧みな単純化ではなく、誤解を招く矮小化であった。教科書の執筆陣は、今後も単純化と称して矮小化を吹聴し続けることだろう[7]」。

例の釣り針が私の足に刺さった当初、機械的危険受容器は神経に沿って危険信号を脊髄まで伝えていたのだが、何かが痛みの発生を妨げていた。このような不可思議な事象を理解するための考え方を大きく進歩させたのは、パトリック・ウォールと、ウォールと同じくらい画期的な研究を行ったカナダの心理学者ロナルド・メルツァックが一九六五年に「痛みのメカニズム——新しい理論」*Pain mechanisms: a new theory* と題する共著論文で提唱した「ゲートコントロールセオリー」という説[8]だ。

これは基本的には、危険情報を伝えるルートは末梢神経から脊髄に向かう一方向の通路が一本あるだけの単純なプロセスではなく、中継の役割を担うニューロン（神経細胞）が複数存在し、それらがゲートを開閉するようなかたちで危険信号を通過させたり遮断したりしているとするものだった。メルツァックとウォールは、触情報など、痛みを伴わない神経入力があると抑制性ニューロンが活性化し、危険信号が脊髄から脳に伝わっていくのを――「ゲートを閉ざす」ことによって――阻止できると想定した。テーブルに膝をぶつけたときに痛いところをさするのにはこんなわけがある。ゲートコントロールセオリーは、損傷の程度と痛みの強さが必ずしも釣り合っていない理由に加え、危険信号を強めたり弱めたりできるしくみを説明したという点で、まさに斬新な理論だった。

一九六〇年代、「漂流の六〇年代《スウィンギング・シックスティーズ》」と呼ばれたカウンターカルチャーにふさわしく、メルツァックとウォールは何世紀にもわたって確実とされてきた見方を大きく転換させた。デカルトの鳴鐘は終わりを告げ、現代における痛みの科学が始まったのだ。今日の痛みの研究者たちはこの革命の申し子ということになる。痛み研究は二〇世紀の最後の一〇年で著しく盛んになり、単に痛みとは何でないかを明らかにする段階を経て、痛みとは何であるかも見えはじめた。じつのところ、痛みは脊髄まで送られてきた危険信号の流れをゲートで統制することによって決まるものですらない。というのも、痛みは一〇〇パーセント脳でつくられるからだ。別の言い方をすれば、痛みは脳が感知するものではなく、脳が生み出しているものということになる。さらに、痛みが存在するためは、私たちの意識が覚醒している必要がある。全身麻酔をかけられ、脳のはたらきをいわば無視している状態でも、侵害受容は覚醒時と変わらずに起きている。ただし痛みそのものは決して生み出されない（当然ながら、麻酔科医がきちんと仕事をしたという前提だが）。脳が機能しなければ、痛みもないわけだ。

さらに、重要な発展の二つ目として、脳には痛みの中枢という特定の場所はないと理解されるようになってきたことが挙げられる。近年、痛みを感じている人の脳の様子を画像化する技術は飛躍的に進歩した。脳機能イメージングにもいろいろな手法があるが、本書でたびたび登場するのは機能的核磁気共鳴断層画像法（ｆＭＲＩ）といって、ある時点に脳内で血流が増加した領域――要するに活動中の領域――を検出する技術だ。イメージング研究によると、痛みを感じている人では、いくつもの領域が「明るく浮かび上がる」という(9)。興味深いことに、このときに活性化される領域には、人間であるということのすべてが表れている。すなわち、感覚（脳に向かって送られている危険信号があったときに、それがどんなタイプの、どこから来る信号であるかを検出する）、情動（たとえば不安やストレスに関連する領域）、認知（思考や記憶、信念、期待）にかかわる領域がいずれも活性化するのだ。こういったさまざまなものが混じり合った――ひとりひとり、かつ痛みの経験ごとに独特の――入力が、脳内のこれまたひとりひとり違うニューロンのネットワークを活性化し、そこで痛みの知覚が生まれる。このユニークなネットワークの活動パターンは、しばしば「神経サイン」neurosignature とも呼ばれる。痛みにかけてはどんなことも無関係ではない。今日もっとも広く受け入れられている痛みの理論に「痛みの生物・心理・社会モデル（bio-psycho-social model）」という、長ったらしいものの正確な名称が与えられているのはこういうわけだ。

痛みの「いかにして」がとんでもなく複雑であることははっきりしている。だが、痛みの「なぜ」のほうはきわめてシンプルであることが、いまや科学的観点から明白だ。そしてそれは本当に誰かの人生を変えることができる。ではそろそろ、「痛い」の真実に入っていこう。

痛みは安全装置である

「痛みは安全装置である」というのは痛みの定義ではなく、痛みの本質だ。それは本書で紹介する研究やインタビューからもうかがえる。このことを十分に理解したとき、痛みがいかにも奇妙で変わりやすいものである理由、さらにはけがが治ったあとにこうもしばしば痛みが残る理由も明らかになるだろう。痛みは傷害の程度を直接的に示す尺度だと決めてかかり、例の鳴鐘係の見方をとり続けるとすれば、人間の存在に属するこれらの側面が理解されることは決してないと思う。痛みは安全装置であって、必ずしもダメージの正確な状態を伝えるものではないと知ること、痛みは私たちを助けようとしている（過保護になり、時に人の一生を台なしすることがあるにしても）と認めることは、回復への第一歩だ。私たちの身体には、免疫系をはじめ、痛みと一体となって機能する防護のメカニズムがほかにも備わっているが、痛みをどう定義するにしろ、その定義は痛みの安全装置としての役割に根ざしていなければならない。それは自分の身体のどこかに危険が迫っている、あるいは損傷が生じていること、そしてその部分を守る必要があることを私たちに知らせる感覚である。ここで、身体が実際に危険な状態にあるか、ダメージを受けたかどうかといったことは、まったく別の問題だ。どんな痛みの定義にも多少の妥協はつきものだが、それでも個々の定義はこの事実の核心に基づいている必要がある。痛みというのは、身体の一部をかばうよう促す、ひどく不快な感覚だ。二〇二〇年七月に改訂された国際疼痛学会（ＩＡＳＰ）の定義によれば、痛みとは「実際の組織損傷もしくは組織損傷が起こりうる状態に付随する、あるいはそれに似た、感覚かつ情動の不快な体験」〔日本疼痛学会による日本語訳〕である。[10] ＩＡＳＰがこの定義とあわせて発表した付記を見ると、痛みの強さが傷害の程度に釣り合わないことは明らかだ。いわく、「痛みと侵害受容は異なる現象です。感覚ニューロンの活動だけから痛みの存在を推測することはできません。痛みは常に個人的な経験であり、生物学的、心理的、社会的要因によってさまざまな程度で影響を受けます」。

今日、痛みが脳でつくられることはわかっている。しかし、この概念を理解し説明することには巨大な障壁がある。もし仮にあなたが持続痛に悩んでいる人にこの事実を告げるとしたら、「痛いのはただ私の思い込みだって言いたいの？」と聞き返されても無理はないだろう。ここで「思い込み」とは一般に「気のせい」の意味で、痛みは消えろと願うだけで消えるという含みがある。だが、これほど的外れの見方もない。痛みとは、自分の身体に危険が迫っていることを意識に知らせるために、脳によって下される――大部分は意識のコントロールが及ばない――判断なのだから。

この点を説明するために、私の釣り針との遭遇事件に戻り、比喩を用いて痛みのシステムを概観してみることにしよう。私の脳の中には「防衛省」があると想像してほしい。つまり各局・各部署に職員が分散配置されたネットワークだが、最終目標は誰しも同じ。身体を危険から守ることだ。この防衛省の職員には、危険信号のみならず、視覚入力や触感、においなど、主に外界からの日常的な感覚情報を受け取る者がいる。また、情動や過去の経験、集中、中核的信念、さらには将来への期待などに関連する任務を課せられている者もいる。彼らは脳全体に散らばって配置されていながらも、絶えず連絡を取り合っている。オンラインで常時会議中というイメージだ。職員たちの仕事は、身体への危険や脅威を示す情報を総合的に比較検討すること。明白な危険やダメージの兆候が認められる場合、防衛省は意識に対し、身体を守れという命令を発する。その命令が痛みというわけだ。

では本題に入ろう。私はつい先ほど、思いがけずクリケットのボールをキャッチし、栄光の二〇秒間に浸った。いまは砂浜を緩く走っていて、さびの浮いた古い釣り針を――私自身は知らずに――踏もうとしている。一方、防衛省の様子はというと、なかなか楽しい日のようだ……。

情動：もう最高！　ボールを捕っちゃったよ！　「やったね」だって！
視覚：ぼくにお礼を言ってもらいたいね。モンティの目と手の協応動作は半分がぼくの担当なんだから。
感覚：いや、水をさすようで悪いけど、みんな聞いて。メッセージが入ってきた。右足の土踏まずからの危険信号だ。何か小さくて鋭くとがったもので皮膚が傷つけられた。
視覚：オーケイ、視覚情報を確認しよう……現在位置は、いろんなサイズの小石が散らばる海辺だ。これといった危険は見当たらない。
情動：こっちはハッピーで安全とだけ言っとくよ！　じゃあまた！
記憶：わかったよ、情動。アーカイブをちょっと確認……なるほど、モンティはこの一〇年、毎年このあたりの似たような浜をランニングしている。これまでの記録でとがったものといえば、小石だけだ。

ここで、防衛省はコンマ何秒というスピードでひとつの問題――その刺激は危険なものか？――に答えを出さなければならない。私の身体に危険が迫っており、防護を要すると判断したならば、防衛省は痛みを生じさせることによってその事実を私の意識に知らせ、何らかの行動を起こすよう仕向ける。こういった判断は短期的な痛みの場合は正確であるケースが多く、防衛省はそれに対応できる百戦錬磨のベテランを抱えているが、この判断の正確さは防衛省が外界から受信する情報の精度に左右される。また、過去の経験や今後についての予想が及ぼす影響もかなり大きい。たとえば、防衛省が身体に定期的な攻撃があることに慣れているなら、過度に防衛的であったり、むやみに攻撃的になったりするかもしれない。とりわけ重要な――そしてどんなに強調しても足りない――のは、私たちの意識には防衛省の権力の回廊に接近する手立てがないということだ。痛みは防衛省が発する命令、意識的な自己に身体を守れと促す指令である。もっとも、ここで見ている私のケースでは、防衛省は誤って危険信号の発生源はダメージをもたらさないという判断を下し、結果として痛みはつくり出されなかった。

痛みとは、身体が危険な状態にあるという無意識の脳の判断を意識的に解釈することだ。インド系アメリカ人の著名な神経科学者V・S・ラマチャンドランは「痛みは傷害に対する単純な反射反応というより、むしろ生体の健康状態に関するひとつの見解である」[11]とうまく表現している。ここでは、視覚もまた脳の見解だと考えてみるとわかりやすくなるだろうか。私たちは自分の目で見たものを信じるし、一般的な前提としても、脳は網膜に光が届けばそのデータをスマートフォンのカメラのように解読するだけとみなしている。ものを見るというのは難なくできることであって、視界はたいていの場合まわりの世界をかなり正確に描出していると思われている。だが、これは錯視〔視覚における錯覚〕では当てはまらない。次ページの図を見ていただきたい。「チェッカーシャドウ錯視」を示す図だ。[12]

信じ難いけれども、左側の図でAとBのマス目に使われている色はまったく同じだ。右側の図に入れた同じ色の縦帯で確認してほしい。そして、この事実を踏まえても、やはり脳が私たちに見せたがっているものが見えてしまう。脳は私たちが理解できるように光の情報を調整しているが、それは必ずしも、

チェッカーシャドウ錯視

外界で起きていることを完全にコピーして提示するためではないのだ。昔から知られているように、脳では光や色の情報を感知することよりも、画像を生成することにずっと大きな——およそ一〇倍の——部分が割かれている。[13] 視覚は光と色を測量しているのではない。それは外界にある物体を意味のある何かとして理解するためのしくみだ。痛みもかなり近い。つまり、痛みは損傷や危険の尺度ではなく、私たちの身体がダメージを負ったか否か、危険が迫っているか否かについて脳が示す無意識の見解なのだ。視覚とは「ものを見ること」をはるかに超えた機能だし、同じように痛みも「感知すること」をはるかに超えている。私たちが足の指を焦がしたり、釣り針を踏んだりしたとき、損傷が生じた場所から送られる危険信号は明らかに重要だが、それには起きたことの意味に応じた重要度しかない。

時は一九四四年。イタリアはローマの南方約五〇キロメートルに位置する沿岸部。季節は晩春を迎えていた。アメリカ・イギリス両軍は厳重に防備を固めたドイツ軍を包囲するという大胆な作戦を展開中で、すでにアンツィオの海岸に上陸していた。連合国軍は水陸両面から奇襲攻撃を仕掛け、上陸には成功したものの、対するドイツ軍は投入可能な全戦力を速やかに集結させて海岸堡を取り囲むように配置し、丘陵の見晴らしのきく位置から連合国軍の拠点めがけて砲弾の雨を浴びせた。まさに血の雨だった。アンツィオの野戦病院にいた将兵たちは、次から次へと運ばれてくる負傷兵の波に飲み込まれた。この現場にいた衛生兵のひとりが若き日のヘンリー・ビーチャーで、彼はこの時の体験をきっかけに、疼痛医学(pain medicine)の草分けとなる。ビーチャーは、病院に到着した負傷兵のひとりひとりに「痛いですか」「モルヒネが欲しいですか」と質問した。驚いたことに、負傷兵の七〇パーセント以上——その中には重傷を負っている者もいた——は、まったく痛みを訴えなかった。終戦後ボストンに戻ったビーチャーは、これとは反対の状況を目の当たりにする。車の事故や労働災害でけがをした一般市民に同じ質問をしたところ、今度は同じような割合で「痛い」「欲しい」という答えが返ってきたのだ。この二つの集団を分析した論文で、ビーチャーは、両グループの差は負傷の程度ではなく、本人がその負傷の裏にとらえた意味の違いにあると述べている。[14] アンツィオの海岸堡では、負傷した兵士が野戦病院にたどり着けたなら、自分は安全な場所にいて、おそらく国に帰れるだろうということが本人にはわかった。けがをしたことで生き延びられる見込みが高まったわけだ。実際、戦場で生き残る可能性はわずかだった。一方、けがをしたボストン市民は安全な立場から危険な状態に置かれたために、脳は当然ながら痛みを生じさせた。これは極端な例だ——負傷が有利にはたらくケースはあまりない——けれども、危険を知覚すると痛みがつくり出され、安全だと感じれば和らぐしくみがあるということがわかる。

痛みは私たちの味方だ。短期的な痛み(医学的には「急性痛」という)は、実際に人の命を救っている。痛みを感じる能力を生まれつきもたない人がまれにいるが、そのような人たちは組織を損傷しても気がつかず、そこをかばわないまま生活するため、ほとんどが若くして亡くなる。さらに、何らかの病気で痛みに鈍感になる人もいる。私が二〇一四年に東アフリカを訪れた際に出会ったハンセン病の患者さんは、指先の感覚が麻痺しており、知らないうちに何度もけがをしたせいで指の形が変わってしまっていた。「この恥ずかしさの痛みにくらべたら、何のかんのと痛い思いをするほうがずっとましですよ」というのは彼の言葉だ。痛みはあらゆる意味で人生に欠かせない。しかし、痛みのために人の一生が台なしになることもある。痛みはその人の存在――心と身体、他者とのかかわり――を丸ごとむしばむからだ。

持続痛のパンデミックは世界に広がり、患者さんの数は増加しているのに、医療の世界ではこの事態への備えが十分にない。さらにいえば、持続痛は解釈が難しい。けがが治癒したあと、痛みがしつこく続くケースがかなり多いことについては圧倒的なデータが存在しているが、持続痛の中には組織に繰り返しダメージが加わることが原因で引き起こされるもの（通例はがん関連痛、あるいは痛風や進行性関節リウマチの症状としての炎症性疼痛）もある。何らかの持続痛が出ているなら医師の診断を仰ぐべきだが（「赤旗《レッドフラッグ》・警戒信号」〔重篤な疾患をうかがわせる兆候〕を見極めることができるはずだ）、大多数の場合は痛みそれ自体が疾患となっている。そして、持続的な組織の損傷が認められるときでも、傷害の程度と経験される痛みの強さにあまり相関がないことは明白だ。さて、安全装置であるという痛みの本質がわかると、痛みのもうひとつの本性が見えてくる。それは、痛みは記憶するということだ。

痛みは記憶する

私の釣り針のエピソードには続きがある。元凶を抜き取ったあとの数時間から数日間、足は相当にずきずきした。土踏まず全体が赤く炎症を起こし、触るととても痛かった。この時、私の身体では二種類の防護のシステム──痛みのシステムと免疫系──が作動していた。けがをした場所の赤みは、ヒスタミンを含んだマスト細胞（肥満細胞）、いうなれば免疫系の地雷が、炎症性物質を放出することによって生じる。その結果、血管が拡張して皮膚に赤みが現れ、免疫部隊が損傷の現場に入るための道幅が広がる。また皮膚の危険受容器がいっそう敏感になるため、足にちょっと触れただけでも痛みが走るようになる。このように、ふつうなら痛くない刺激が痛みを生じさせる現象は、アロディニア（異痛症）という名称で知られている。プロセスとしては、ひどい日焼けをした皮膚が特にデリケートになるのと同じで、傷ついたところをいたずらに刺激しないように、その場所を守るように、と念押しされている状態といえる。これはすべて私たち自身のためだ。私の場合は、釣り針の返し〔魚の口に刺さったときに引っかかる部分〕にいやらしい病原菌がくっついていたのだろう、傷口からは一週間以上にわたって膿がにじみ出た。しかし、二週間もすると、痛みのシステムと免疫系の活性化は落ち着き、いつも通りの毎日が戻ってきたのだった。

話はそれからおよそ一年後に飛ぶ。大学が夏休みに入り、私は両親と一緒に、足にけがをした浜がある西ウェールズで休暇を過ごしていた。その年の休暇の主賓は、とてもかわいいのだが少しもじっとしていない両親の飼い犬、ヘクターとキキだった。スプリンガドール（スプリンガー・スパニエルとラブラドールのミックス）なので、ふだんから元気いっぱいなのだが、二匹とも海を見たのはこの時が初めてだった。そんな犬たちをくたびれさせようと、私は三キロ続く浜でのジョギングに連れ出した。そして走っていたところ、突然右足に鋭い激痛が走った。私は片足でぴょんぴょんと跳んだ末によろけ、小石が散らばる砂浜に倒れ込んで右足を抱えた。足の裏をのぞいてみる。足指の付け根のふくらみが土踏まずにつながるあたり、釣り針事件で残った小さく薄い傷痕に近い場所に、ごくごく小さなかすり傷があった。血が出ていたかどうかも確かではない。とがった石のせいなのは明らかながら、こんなにも不釣り合いな痛みの反応を引き起こすというのは、まったく解せなかった。防衛省の回廊で何が起きているかを知らなければ、わからないのも無理はないのだが。

感覚：右足の土踏まずからの危険信号が入ってきている。何か、小さくとがったものが皮膚をひっかいた。
視覚：了解、視覚情報を確認しよう……現在位置は長く続く海辺で、いろんなサイズの小石が散らばっている。モンティは複数のエネルギッシュな動物に遅れまいとしている。
記憶：アーカイブを見てみたよ。西ウェールズの小石の多い海辺で、前回何かが右足の土踏まずをひっかいた時にどうなったか、きみらは覚えているか……？

私の意識が及ばないところで、私の脳は瞬く間にそのひっかき傷を危険なものと判断し、足を保護することに私の注意が向くように、たいへんな痛みをつくり出したのだ。以来、私は右足に痛みが残っているわけでもないのに、小石の多い浜を裸足で歩くのを避けがちになった。痛覚過敏、軽い不安、そして回避という連鎖だ。しかし、これは何ら特別なことではない。
きわめて多くの人が経験しているような、生活に支障をきたすほどの持続痛の推移にくらべれば、私の例はまったく大したことはない。それでも、痛みが発生するまでにたどる一連の経路は同じだ。持続痛のほとんどのケースでは、私たちの脳が――時間の経過とともに――過保護になり、ダメージが治ってからも痛みをつくり出してしまう。これはじつに不合理なことに思われるかもしれないが、痛みの本質を考えてみると筋が通っている。そう、痛みは安全装置なのだ。たとえば腰の筋肉を痛めたとしよう。それはまず間違いなく完全によくなる。しかし、多くの場合、脳は――身体のために大切な脊髄を守ろうと――その周辺のどんな動きも潜在的に危険をはらむ何かだと解釈し、今回はダメージにつながらないというときにも痛みをつくり出すようになる。歴史を振り返れば、重大犯罪やテロ攻撃などの事件があったのち、悪気なく始まった警戒が過剰に厳重になるあまり、やがて警察によるプロファイリングや罪のない人々に対する攻撃、拘束などにつながっていったという例は枚挙にいとまがない。それと同じように、私たちの脳の防衛省も必要以上に厳重な防御を敷き、どんなに害のない筋肉の動きでも危険だと解釈するようになるわけだ。そして、脳はこれを繰り返すほど痛みを「覚える」ことがうまくなり、もともとの組織損傷が治ってからも長く痛みが残るようになる。持続痛の多くのケースで、痛みは症状のひとつではなくなり、痛み自体が疾患となっている。重要なことだが、だからといって苦痛が和らいだり、現実の痛みが薄まったりするわけではない。しかし、私たちが痛みをめぐるこの事実を知っているというのはぜひとも必要なことだ――そしてすこぶる希望がもてることだ。

私が足に痛みを感じた時に一緒にジョギングをしていたスプリンガドールは、八か月の頃に私の両親に引き取られた保護犬だった。一切しつけをされていないことは別として、二匹は幸せな子犬時代を送ってきたように思われた。好奇心旺盛で、家にやってくる人には誰彼かまわずじゃれついたり、なめたりしていた――犬たちが二歳くらいになり、私が友達のジョシュを初めて家に招くまでは。身長一八〇センチ、薄茶色の髪をしたジョシュが玄関から入ってくるのを見るなり、メスのキキはめちゃくちゃに暴れだした。粗相をしたかと思うと彼に向かって吠えかかり、震える体を張って私をかばうように立つ。キキはジョシュが遊びに来ると毎回そうしたが、そんなことをするのはジョシュに対してだけだった。だがある日、弟の友達のひとりで、ジョシュに似ていなくもない若者が立ち寄った。すると、哀れなキキはこの青年にも同じ反応をしてみせたのだった。ここまでくると、キキが生まれて八か月になるまでに、ジョシュのような背格好の男がキキか飼い主かに怖い思いをさせたり、傷を負わせたりしたことがあったと考えてかまわないだろう。かつての純粋な脅威に似た誰かを見ると、その人に悪気はなくても恐れをなすようになってしまったのだ。キキを叱ってジョシュと楽しく過ごせるようにはできなかった。そんなことをしても事態をさらに悪くするだけだっただろう。座らせて順を追ってひとつひとつ説明するというのも無理だ。私の役目は、キキに少しずつ、ジョシュは大丈夫だ、優しい人だという情報——データ——を与えることだった。私とジョシュが一緒のときにキキを同じ部屋に連れてきたり、超おっとりした性格の弟犬ヘクターとジョシュを外で遊ばせ、タイミングをみてキキにもテニスボールを投げたりする、といったことだ。すると、二歩前進、一歩後退といった具合に、ゆっくりとだが着実にキキはジョシュに信頼を置きはじめ、彼の前でもリラックスしていられるようになり、ついには大の仲よしになった。

痛みというものを保護本能がやたら強い犬とみなすにしても、あるいは過度に用心深い警察だと考えるほうがしっくりくると思うにしても、私たちが理解しなければならないのは、痛みは傷害がないところにも確かに生じ得るし、過剰な防護は往々にして慢性の持続痛の根本的原因となるということだ。慢性痛に関してエビデンスに基づくもっとも効果の高い治療法とは、脳に安全を示す情報を送り込み、脅威につながるサインを弱めるタイプのものだ。怒りをもって痛みと「闘う」ことを目指したり、痛みを否定したりする方法は決してうまくいかないし、存在するとされる「組織内の病変」の除去を意図した治療はほとんど効かない、というか、それがうたっているような効果が得られることはめったにない。現代医療においては戦闘にまつわる言葉や挑戦的な比喩が好んで用いられるが、これはたぶん私たちの身体が外敵（たとえば新型コロナウイルス）の攻撃を受けたとか、自己の細胞が勝手に暴れはじめた（がん）とかいう場合にはふさわしいのだろう。しかし、痛みは私たちを助けようとしてくれている。痛みは友だ。痛みは医者であり、教師であり、ボディーガードでもある。痛みは、けがをしたと知らせてくれる情報提供者というよりも、むしろ守護天使のような存在だ。痛みはどんなときも——過保護になるあまり私たちの生活を妨げている場合でさえ——私たちを守ろうとしていると認めることは、長引く痛みとともに生き、その痛みを減らし、さらには完全になくすための第一歩だ。痛みは安全装置であるという、単純ながら革命的な事実を携えてこそ、私たちはこの興味深い感覚の背後にある物語と科学のおもしろさを味わえるようになる。そしてまた、回復への軌道に乗り出すこともできる。

2 無痛の五人組
痛みを感じないとはどういうことか

この恥ずかしさの痛みに比べたら、
何のかんのと痛い思いをするほうがずっとましですよ。
――東アフリカのハンセン病患者

痛みを感じずに生きていけるのはすばらしいことだと思われるだろうか。じつをいうと、それは誰に尋ねるかによる。

二〇二〇年五月。勤務する病院の新型コロナウイルス感染症（Covid-19）病棟に配置転換となってから二か月たって、私自身が Covid-19 に罹患した。最初の症状に気づいたのは夕食の時だ。夜勤前に食べる――（いつもは）とてもおいしい――ベジタリアンムサカに、まったく味がなかったのだ。ちょっと塩をふってみても、一口ごとに塩辛い感覚が舌に残るだけ。コショウをたっぷりかけると明らかに苦くはなったが、やはり味らしい味はしない。デザートのチョコレートケーキに至っては、数時間前にひと切れおいしくいただいたのに、いまや正体不明の甘いかたまりと化していた。

このように突然、しかも完全に味覚と嗅覚がなくなったこと――コロナウイルスによる嗅覚障害――

から、私は感覚と知覚について重要な教訓を二つ得た。まずひとつは、私たちの外界の知覚（たとえば、ある食べものはどんな味がするか）は、多くの場合に複数の種類の感覚や入力によって生じていること。この私の例では、ものの味がわかるために必要な感覚としては嗅覚と味覚（舌に感じる味の感覚）の二つが最重要だが、総合的な味の知覚をつくり出すためには、温度や視覚など、それ以外の感覚も大切、ということだ。関係する入力としては音も外せない。実際、カリカリと音がするベーコンのほうがおいしく感じられることは科学的に示されている。(1) そして二つ目の教訓とは、私たちは感覚があって当たり前と思いがちだけれども、それがなくなるとひどく不自由するということだ。私がふだん感じていたような食べる楽しみはすっかり失せた。腐っていたり、もしかすると危険であったりする食べものを避けるための警報装置は消えてしまった。

医学の世界では、感覚とそれが知覚にもたらす影響について、生まれつき感覚がない人、あるいは疾患やけがのために感覚を失った人の体験談から多くのことを学んでいる。痛みの感覚をもたない人々に注目すべき理由は、痛みの経験の裏にある生物学的なメカニズムを示し、新しい鎮痛剤への希望を与えてくれるからだけではない。彼らはこの痛みという複雑な経験の情動的、心理的、社会的な重要性を垣間見させてくれる存在でもある。

ナヴィード

パキスタン北部の高地にある村落で、一三歳のナヴィードはちょっとしたセレブリティだった。焼けた炭を道端に広げ、その上を裸足で平然と歩けば、物見高い買い物客の人垣ができる。感心しきりの見物人がお代をはずむと、少年は芝居気たっぷりにナイフを振り回しはじめる。そして一切ひるむことなく、その刃をゆっくりと自分の腕に突き刺すのだった。あの子はどうやら言語に絶する痛みを自在に操る術を身につけているらしい――ナヴィードの名前はこうして広まっていった。

ナヴィードが有名になってきた時期、ケンブリッジの遺伝学者ジェフ・ウッズはたまたま同じパキスタンの近い地域で神経疾患の調査をしていた。ウッズは地元の医師からナヴィードの診断を請われるが、彼としても痛みを感じない少年に会うチャンスを逃す手はなかった。ナヴィードが抱えていた異常は、先天性無痛覚症（先天性無痛症ともいう）として知られる希少疾患だ。アメリカの神経精神科医ジョージ・ヴァン・ネス・ディアボーンは、一九三二年に不可解な症例を診察した所見を記録している。患者は中年の紳士で、どう見てもまったく平均的な人物だったが、ひとつ変わったところがあった。これまでに何度もけが（誤ってピストルを発射し、自分の左人さし指を撃ち落としたことも含む）を負いながら、痛みを感じたことがないのだという。ディアボーンは「要するに、神経系に関するわれわれの知識はまだあまりにも乏しく、このような症例の神経病理についての推測に裏づけを与えることはできない」と告白している。(2) ディアボーンの報告からウッズがパキスタンで痛みを感じない少年の存在を知らされるまでの七〇年間にも事態はほとんど変わらず、わかっていることは依然少ないままだった。ナヴィードとの対面は、医学的に興味深い症例を見るためではなく、痛みのメカニズムとその治療法（の可能性）を探るための、またとないチャンスとなるはずだった。

ナヴィードの一四歳の誕生日が近づき、折しもウッズ教授が訪問の準備を進めていた頃、少年は友達の前で自分の家の高い屋根から飛び降りてみせた。地面に倒れ込んだあと、ナヴィードは立ち上がって身体についた土ぼこりを払い、何ともない様子で歩き去った。ところがその後すぐ、ほとんど前触れもなく急に意識を失うと、そのまま亡くなってしまう。死後に判明したことだが、落ちた時に頭部を強く打ち、脳内で壊滅的な出血が起こっていたにもかかわらず、本人はぶつかった衝撃さえ感じていなかったのだ。

ケンブリッジのジェフ・ウッズ率いるチームのメンバーと、パキスタン在住の医師のグループは、ナヴィードの家族に連絡を取った。すると、彼の家系――またパキスタン北部で同じ氏族に属する近縁の二家系――には先天性無痛覚症の人がきわめて多いことがわかった。大勢に傷痕や骨折の跡があり、舌先を噛み切っているケースもよく見られた。ひじょうに興味深いことに、この人たちは痛みを一切感じないが、触覚や圧覚、温度の感覚は正常だった。

文字通り痛みに縁のない人生は、表面だけ見ている分には天の恵みのように映るだろう。だが、先天性無痛覚症の患者さんの体験談によればそんなものではない。ある医師は、パキスタン系イギリス人の少年（ひょっとするとナヴィードの遠い親戚かもしれない）のけがの手当てをした経験を私にこう語ってくれた。「覚えているのは、その子は痛みは一切感じないのですが、常にふさぎ込んでいるような、元気がない様子だったことです。若いのに、ガラスの破片を踏んでいないか、手をやけどしていないかと、四六時中自分の身体を確認することに多くの時間を割いていました。歯科医で口に麻酔をしたあと、二、三時間は熱いものを飲んだり食べたりしないように言われて、偏執的になることがあるでしょう？　あれが一生続くと想像してみてください。気の毒な話です」

先天性無痛覚症を患う人々は、身体的な幸せや喜びを感じながら暮らす代わりに、自分が気づいていない組織の損傷があるのではないかという不安にさいなまれ、常にびくびくしながら日々を過ごしている。ここで取り上げた二つの例から、短期的な痛みが私たちの役に立っていることがはっきりわかるだろう。痛みは生きていくために必要なものなのだ。痛みは命を救う。私たち人間はやわらかいが、世の中の多くのものはかたく、鋭く、熱く、また時には肉食性であったりする。痛みは警報装置であると同時に教師でもあり、私たちの振る舞いを変えてくれるので、私たちはけがをしないように自分の身を守り、生き延びる可能性を高めることができる。他方、先天性無痛覚症の患者さんは、痛み以外の感覚——視覚（血が出ている）、嗅覚（肉が焦げるにおいがする）、聴覚（骨が折れる音が聞こえた）——を通じてこれができるようにならねばならないが、それでも万全とはいえない。たとえば盲腸が破裂したのに気がつかなければ、命にかかわることもあるからだ。ウッズの調査によると、この疾患をもつナヴィードの親戚で、二〇歳を迎えられた者はいないという。

パキスタンのこの家系に属する人々について脳のスキャンと神経生検〔神経を切り取って観察する検査〕を実施したところ、構造的あるいは解剖学的な異常は認められなかった。しかし、ケンブリッジでウッズのチームがDNAの解析を行うと、SCN9A遺伝子上のひとつの変異が患者全員に共通していることが明らかになった。(3) SCN9A遺伝子は、皮膚と内臓に達する神経に存在するNav1.7というナトリウムチャネルをコードする。このナトリウムチャネルは基本的には侵害受容器の神経終末にあるイオンの通路で、細胞内にナトリウムイオンを流入させることによって神経を活性化できる。ナトリウムイオンはプラスの電荷を帯びているが、これがマイナスの電荷を帯びた神経細胞の内部に入ると電荷のバランスが急に逆転し、そこで神経インパルスが発生する。Nav1.7というのは味気ない名前だけれども、

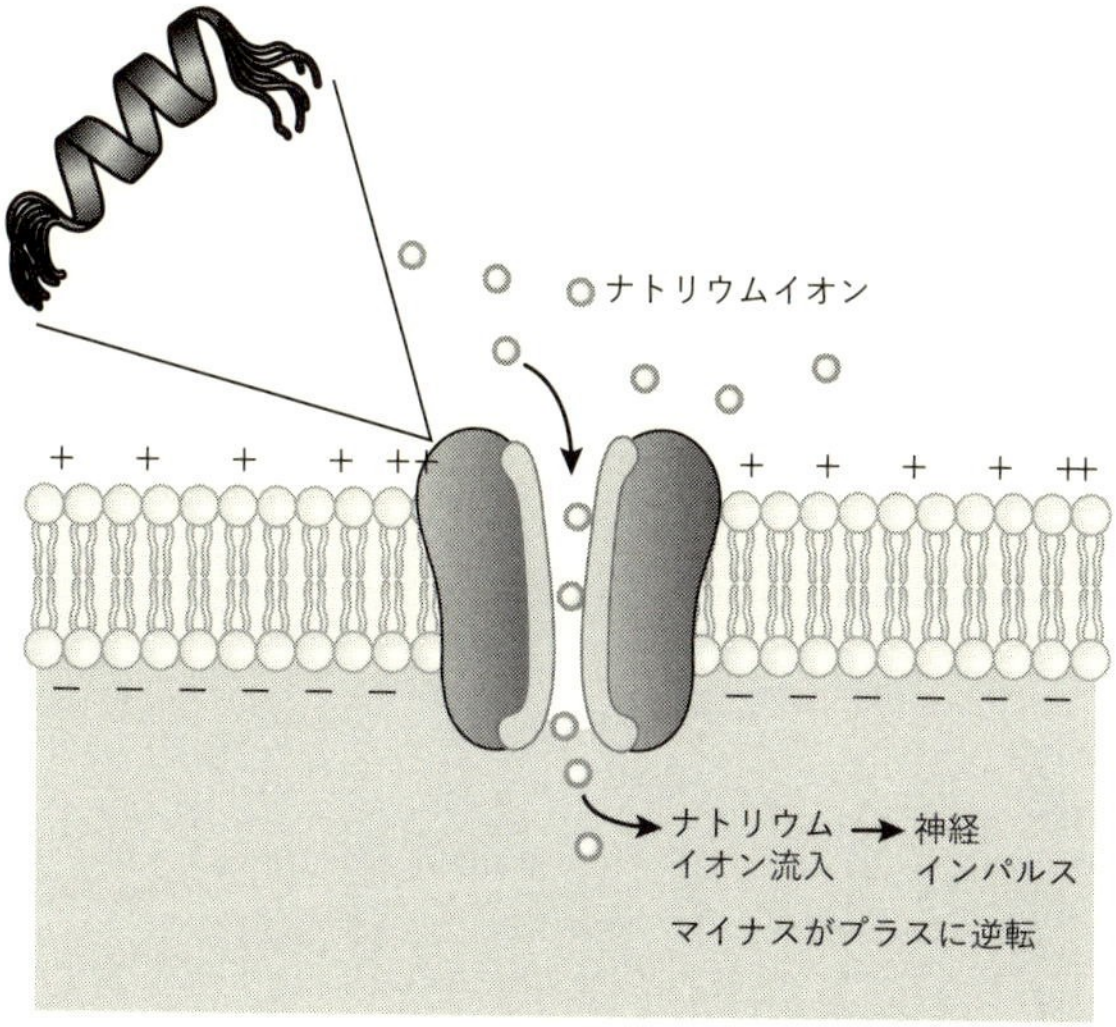

Nav1.7 受容体

実際にはその機能をかなりうまく説明している。Naはこのチャネルを通過するナトリウムの原子記号で、vは神経細胞の膜全体における電圧の変化を示す。そして1.7とは、単純にこれらのチャネルで七番目に発見されたものという意味だ。Nav1.7チャネルがもっぱら侵害受容器に発現していることは重要だ。このチャネルは組織からの危険信号を伝える神経細胞を活性化し、そのことが痛みの原因となる場合もある。危険な刺激が感知されると、「起動電位」——小さな電気インパルス——が細胞膜のNav1.7チャネルに達し、そこでより大きな信号に変換されたのちに神経に沿って送られる。このインパルスは続いて脊髄中の神経からさらに脳に伝わり、最終的には痛みとして解釈される（かもしれない）。

二〇一九年にオックスフォード大学が行った研究では、Nav1.7は要するに〝ボリュームつまみ〟であること、また、このナトリウムチャネルに影響を及ぼす変異のために侵害受容が常にゼロに調整された状態の人もいることが示された。[4] 熱い炭で両足が焼けただれたようになっている時でさえ、危険を感知するナヴィードの末梢神経が反応しなかったのはこれが理由だ。なお、二〇一五年にはユニヴァーシティ・カレッジ・ロンドンのチームが、Nav1.7遺伝子の変異はさらに別のとてもおもしろいメカニズムを介して痛みの軽減に関与することを明らかにしている。Nav1.7が欠損しているマウスモデル〔遺伝子改変マウス〕、またまれながらそのような欠損のあるヒトでは、生体内に存在するオピオイドのうちエンケファリンという物質の濃度が著しく高いことがわかったのだ。[5] この研究で大いに注目すべきは、広く入手可能なオピオイド拮抗薬ナロキソン〔オピオイドのはたらきを阻害する薬〕を投与されたのちに、生まれて初めて痛みを感じたという男性がいたことだ。痛みの有用性は、痛みを感じない人を治療するには痛みを感じさせる必要があるという現実にとりわけはっきりと表れているのではないだろうか。

それと表裏になる話もある。Nav1.7は痛みに対する感度を調整するボリュームつまみなので、変異によってはナヴィードと正反対の問題が起こり得る。つまり、痛みのボリュームが最大になってしまうのだ。原発性肢端紅痛症《したんこうつう》という珍しい疾患の患者さんは、絶えず苦痛にさいなまれながら生活している。皮膚と軟部組織（もっとも多いのは手足）に鋭く焼けるような痛みがほぼずっと続く上に、皮膚を少し押しただけで激痛が走る。これは、原発性肢端紅痛症ではNav1.7チャネルのスイッチがいともたやすくオンになる一方、オフになるのにはずいぶんと時間がかかるからだ。このチャネルのアップレギュレーション（受容体発現増加）によって引き起こされる発作性激痛症も希少な疾患で、世界で一五の家系に報告されているだけだが、患者さんは食事や排便時にひどい痛みを経験する。[6] Nav1.7チャネルという目立たない受容体が紛れもなく痛みの経験の中核をなしていることは——残念ながらそれがはたらきすぎる、あるいはまったくはたらかない人々の受難を通して——裏づけられている。

さまざまな種類の痛みを抱える人の身体で適切にこのチャネルをブロックする方法を探り出せたなら、それを成し遂げた科学者は、歴史上もっとも必要とされている——なおかつもっとも儲かる——薬剤をつくることになるだろう。Nav1.7をブロックする薬は疼痛医学に革命をもたらすかもしれない。というのも、今日使用可能な鎮痛剤は、そのクラスを問わず、十分な効果がなかったり、不快な副作用が出たりするほか、アメリカの社会に深刻な打撃を与えているオピオイド危機に見られるように、破滅的な依存を引き起こしかねないからだ。危険の感知にNav1.7チャネルが果たしている中心的な役割については——それが機能せず、痛みをまったく感じない少数の人々、あるいはもっと嘆かわしいことに、このチャネルが余分にあるため絶えず痛みを感じているごく少数の人々から得られた——とてもしっかりした科学的知見があり、このチャネルにねらいを定めることは確かに理にかなっている。しかも、Nav1.7は心臓の筋肉と脳細胞には発現しないので、めまいから致死性不整脈まで、これらの臓器で生じる副作用の危険性を回避できる。

すぐに想像がつく通り、Nav1.7が一五年前に発見されたのち、大手の製薬会社はこの鎮痛の聖杯を探す旅にこぞって乗り出した。しかしながら、以降の研究は失敗続きで、たとえ優れた科学的裏づけがあっても新薬の創出には底知れない困難が伴うことを示している。最大の難問は、この薬にきわめて高度な選択性をもたせなければならないことだ。Nav1.7は、構造的によく似ているが体内では互いに異なる役割を担う九タイプの受容体で構成されるファミリーに属しており、大ざっぱにこの全部をブロックするような薬では副作用のパンドラの箱が開いてしまう。受容体のタイプによらずすべてをブロックする薬（局所麻酔薬リドカインなど）はすでに使われており、そのような薬はたとえば皮膚がんの切除時など、身体のごく一部の感覚を完全に失わせたいときには最適だが、全身に、あるいは持続痛の治療に用いるのは無駄だし、危険でもあるだろう。Nav1.7を特異的にブロックするためには、この受容体だけがもつ独特の活性部位が同定されなければならず、さらにそこをブロックするこれまた小さな物質をつくる必要がある。

なんとか適当な小さい分子を見つけようと、世界有数の製薬会社各社は、神経受容体をノックアウトして生きているほかの動物を調べてみることにした。それはタランチュラだ。たとえばアムジェン社は、二〇一八年にチャイニーズアースタイガーという恐ろしい名前がついたタランチュラの毒からNav1.7を選択的にブロックするペプチド（実質的にはサイズの小さなタンパク質）を発見した。[7] もっとも、そのペプチドが人間の慢性痛に対する臨床効果をもつかどうかがわかるまでには、あと数年の時間と数千万ドルの費用がかかるだろう。仮に効果が認められたとしても、この驚異の新薬はとてつもなく慎重に投与する必要がある。身体を保護する役割をもつ痛みは引き続き感じられるようにしておくためだ。ナヴィードら、Nav1.7が機能しない人々が心底痛みを感じたがっていただろうことを忘れてはいけない。ひとつの解決策としては、Nav1.7ブロッカーをアヘン剤など別種の痛み止めと組み合わせることが考えられる。この場合、望ましくない副作用を抑えるために、痛み止めはより低い用量で使用されることになるだろう。

Nav1.7受容体は、私たちの内なる存在と外界とのあいだに位置する通路である。ナヴィードのように希少かつ貴重な例から、この通路に錠が下りて閉まった状態、あるいは常時開け放たれた状態は壊滅的な結果につながりかねないことが明らかになった。Nav1.7の研究を通じて、侵害受容に関する私たちの理解はこの二〇年で著しく深まった。一方、痛みを感じない人々が相次いで発見されているという事実は、何もNav1.7だけが痛みを発生させる危険経路（侵害受容経路）ではないことを端的に示している。世界の四家系で確認されている先天性無痛覚症の患者さんでは、Nav1.9という別のナトリウムチャネルに変異がある。(8) イタリアのトスカーナ地方に暮らすマルシリ家の家族六人は、地元では度胸のよさと見るからに痛みの閾値が高いことで有名だったが、最近になってZFHX2遺伝子に珍しい――もしかするとほかに類のない――変異を抱えていることがわかった。(9) この遺伝子はNav1.7のように特定の受容体を発現させるものではなく、むしろ痛みのその他の側面にかかわる多くの遺伝子を制御しており、新しい鎮痛剤開発の有望なターゲットとなるのではと期待されている。

ナヴィードら先天性無痛覚症の患者さんは、人間の生存において痛みが担うきわめて重要な役割を体現しているといえる。彼らが体を張って重ねた実験は注意深く検討され、この件は落着を見たように思われた。すなわち、痛みを感じない人生は惨めで、しかも短い。ところが、二〇一九年になって、ある人物が登場した。それは、従来のパターンにはどうしても当てはまらない女性だった。

ジョー

「痛みがどんなものなのか、本当に知らないのよ」

七〇歳を越えたそのスコットランド人女性は私に向かってそう言った。

珍しい病気を抱える患者さんとの対面にはいつも興味をそそられるが、世界でひとりしか知られていない患者さんにインタビューができる機会はそうそうあるものではない。とはいえ、ご本人が〝苦しみに耐えている〟かは大いに疑問だし、「患者」だという自覚もないと思われるが。この女性、ジョーも、ナヴィードと同じく遺伝子の変異をもっており、痛みを感じることができない。しかし、その変異はジョーの人生にまったく異なる影響を及ぼした。

「すごく明るい性格だから、人をとにかくいらいらさせることもあるのよね！」とジョーは元気よく話す。彼女のエネルギーでこちらも楽しくなってくる。

ジョーは、痛みを感じないだけでなく、不安や恐怖も感じない。びくりともしないということだ。運転していた車が道から外れてひっくり返った時も、私のインタビューの前の週にモンテネグロでジップライン〔自然の中に架け渡したワイヤーロープを滑り降りるアトラクション〕の途中に峡谷の上で宙づりになった時も、アドレナリンがどっと出るような感覚は覚えなかったという。「この変異でひとつだけ残念なのは、短期記憶が悪くなることかしらね。鍵の置き場所をよく忘れるわ。といって、それですごく悩むわけでもないけれど」

ジョーはFAAH-OUTという偽遺伝子（ある遺伝子のコピーだが、ほとんどの機能を失っているもの）に変異がある。FAAH-OUTは、長らく〝ジャンクな〟DNA、つまり実際には何もコードしない遺伝情報の一片だと考えられていたが、やがて脂肪酸アミド加水分解酵素（FAAH）遺伝子の調節に重要な役割を果たしていることがわかる。この遺伝子により産生される酵素FAAHは、通常アナンダマイドと呼ばれる物質を分解する。アナンダマイドは体内でつくられて細胞のカンナビノイド受容体に結合するエンドカンナビノイド（内因性カンナビノイド）の一種で、気分や記憶、また痛みにかかわる機能を担う。もっとも知られたカンナビノイドであるテトラヒドロカンナビノール（THC）は大麻の主な有効成分で、向精神作用が強い。ちなみにアナンダマイドの「アナンダ」とは、サンスクリット語で至福を意味する。ところが、ジョーの身体はFAAHを欠いているためにアナンダマイドの分解が起こらない。ある意味で、ジョーは多少とも常にハイな状態にあるわけだ。

「FAAH－OUTっていう名前をつけた専門家はちょっとふざけていたんだと思うの。私はカンナビノイドの血中濃度が高いせいでリラックスしていて、楽天的で、ちょっと忘れっぽい。だから一生麻薬をやってるというか、酔っぱらっているようなものね」

ジョーの遺伝子変異に負けず劣らず驚かされるのは、それが明らかになった経緯だ。彼女は自分が人と少し違うことを六五歳になるまで知らなかった。その前の四年間、歩いていると時々股関節がずれるようになっていたのだが、本人は痛みを感じず、不調を意識することもほとんどなかったため、医者はそのことを軽く考えていた。変形性関節症というふつうなら激しい痛みを伴う疾患のために関節がひどく損傷していることがわかったのは、レントゲン写真を撮ったからだ。こうして人工股関節を入れる手術を受けたが、その際に外科医のチームはジョーの両手の親指も同じく変形性関節症で——本人は知らないうちに——はなはだしく変形していることに目を留めた。スコットランド北部の都市インヴァネスの担当麻酔科医は、ジョーの痛みの閾値が並外れて高いことにすでに面食らっていた。しかし、とんでもなく痛むことで知られる親指の手術（親指の付け根にある大菱形骨《だいりょうけいこつ》という小さな骨を摘出する処置）後もジョーはまったく痛みを感じていない様子であったことから、その担当医はユニヴァーシティ・カレッジ・ロンドンの遺伝学者ジェームズ・コックスに連絡を入れた。コックスは痛みを感じない人々の珍しい症例を長きにわたって見てきた研究者で、パキスタンでナヴィードの家族の調査が初めて行われた当時、ケンブリッジのジェフ・ウッズのもとで博士研究員（ポスドク）をしていた。

「変異があると聞かされてから、考えてみれば思い当たることがいろいろ出てきたの」とジョーは語る。「子どもの頃、腕の骨がおかしな角度で固まりはじめて、ようやく骨折していたとわかったことがあった。いまもそう、肉が焼けるにおいで初めてコンロの上に手を長く置いていたって気がつくの。ベジタリアンだから助かっているわ」。私の頭はこの何ともいえないイメージの処理にかかろうとしたが、ジョーは屈託なく続けた。「じつはね、ちょうどいま、足の甲に四角いあざがあるのだけれど、どうしてできたかは見当もつかないの。きっと何か落としたのね」

私が理解できなかったのは、ジョーが本当に痛みと無縁なのだとすれば、どんなふうに――わけても手足を損なうことなしに――七〇代になるまで生きてきたのかということだった。生まれつき痛みの感覚をもたないほかの人たちにくらべると、ジョーの長生きの秘密は、FAAH-OUT上の変異で生じるもうひとつの不思議な特性にあるのかもしれない。ジョーはこれまでにたくさんの傷を負ってきたが、それらは驚くほど早く治り、痕が残ることもあまりなかった。FAAH遺伝子を変異させたマウスのモデルでも、皮膚創傷の治癒が促進されることが確認されている(10)。これは、通常FAAHによって分解される脂肪酸の一種が皮膚細胞の増殖を刺激するからとも考えられる。

ジョーは単に常軌を逸した人ではない。彼女の存在はひとつの奇跡だ。痛みと恐怖はいずれも、物騒なこの世の生を先導してくれる教師であり、長きにわたって生存のために必要なものだとみなされてきた。ジョーはこれを両方とも感じない。さらに、痛みを感じなければ、やる気を起こさせたり、喜びや満足感につながったりするきっかけもないわけで、そのような生活が少々退屈だとしても納得できそうなものだ。ところがジョーは満ち足りた人生を送ってきたらしい。二〇二一年を通して、ジョーは一連の実験に参加している。実験のねらいは彼女に初めて痛みを感じさせることなのだが、本人はそれを心待ちにさえしているという。こんなふうにものごとに頓着しないジョーの態度は、ナヴィードをはじめ先天性無痛覚症を患う人々と明らかに違うところだ。先天性無痛覚症の患者さんで不安のレベルが著しく低い例はこれまで一件も確認されていない。CB1受容体といって、体内でつくられるアナンダマイドと大麻由来のテトラヒドロカンナビノールのいずれによっても活性化されるカンナビノイド受容体のタイプがあるが、ジョーの場合はおそらくここでのシグナル伝達が増加しているのだろう。CB1受容体の活性が高まると不安が和らぎ、心身ともにストレスの多い状況に対処しやすくなる。(11) ジョーは、痛みと気分とがいかに絡み合っているかを示す生きた見本、話す実例なのだ。

ナヴィードとジョーで特定された別々の変異から、痛みがまったく異なった方法で制御・調節されていることがわかる。ナヴィードのSCN9Aの変異が神経の信号の発生するところで痛みをブロックするのに対して、ジョーのFAAH－OUT変異は体内でつくられる痛み止めの量を増やす。アナンダマイドの鎮痛効果がジョーの例で裏づけられたことは、エンドカンナビノイド系で作用する新しい痛み止めへの希望を与えている。その新薬はジョーのハッピーで前向きな性分も再現でき、不安や気分の落ち込みを和らげることもできるのだろうか、と考えずにはいられない。

このようにFAAHの存在が明らかになったのはしばらく前のことだが、以来開発されたFAAH阻害剤のうち、治療薬に発展したものは残念ながらひとつもない。しかも、悲痛なことに、奇跡の痛み止めを見つけようとするこの競争で究極の犠牲を払った人もいる。二〇一六年にフランスで実施された新しいFAAH阻害剤の臨床試験では、ヒトの神経系に数々のオフターゲット効果〔本来の標的ではない遺伝子の発現が抑制されてしまう現象〕が生じ、試験参加者一名が亡くなり、四名は脳に修復不能の損傷を負う結果となった。[12] 体内の異なる組織中で異なる物質を分解するひとつの酵素を阻害するというのは、とんでもなく難しいことだ。それでも、今後もジョーのような驚くべき人々が発掘されて、持続痛の治療法の研究に新たな展開が見られることに期待したい。ジョーは二〇一九年に全国ネットワークのテレビでスコッチボンネット〔中米が産地の激辛トウガラシ〕を食べてみせるなどし、一躍脚光を浴びたのだが、そのおかげで痛みを経験したことがないという人々がどこからともなく次々と現れ、実験台になろうと申し出てくれている。もしかすると、痛みを感じないというのは、これまで考えられていたよりも一般的な現象なのかもしれない。

キャンディス

「ボウリングのボールが背骨に落ちてきた」「下唇を引っ張って頭にかぶろうとしているよう」「骨盤が地殻構造プレートみたいに引き裂かれる」——グーグルに聞くにしても、経験者に聞くにしても、お産がどれくらい痛いかを尋ねるなら、楽しい思いと怖い思いの両方を味わうことを覚悟されたい。私が初めて赤ちゃんを取り上げた（〝取り上げた〟といっても、恐怖と畏敬が混じり合った気持ちでその場に立ち尽くす私の震える手を、あくまで冷静な助産師が支えて導いてくれたという意味だが）のは医学生時代のことで、それ以来この出産という大仕事をやり遂げた人には深甚なる敬意を抱いている。子どもを産むことは自己犠牲的な行為であって、度胸とスタミナ、それに勇気も必要だ。陣痛や分娩は人それぞれ違うものだけれども、たいていの女性はお産のある時点で痛みを経験する。ただし、キャンディスの場合、話は別だ。

「一人目の時は心配でたまらなかった。ものすごく痛むと思っていたし」

イングランド中部の州ノーサンプトンシャーでティーチングアシスタントとして働くキャンディスは、初めて本陣痛を感じた日のことを思い出しながらこう語りだした。「スーパーでクリスマスの買い物をしていると、お腹に差し込むような感じがあって。おかしいなと思ったけど、そんなに痛いわけでもなかったし」

キャンディスは、前駆陣痛（ブラクストン・ヒックス収縮）だろうと考えた。予定日までは一週間ほどで、こんな偽の陣痛はそれまでにも経験していたからだ。キャンディスは買い物を済ませて家に帰った。そこにマタニティクラスで知り合った友達がたまたま訪ねてくるのだが、この友達は出産に強い不安を抱えており、コミュニティ・ミッドワイフ〔各地の保健局に所属し訪問サービスを担当する助産師〕も一緒に来た。コーヒーを飲み、ケーキを食べていたところ、キャンディスはまた腹部が妙に締めつけられるのを感じ、「陣痛みたい」と二人に言った。リラックスしていてふつうにおしゃべりなキャンディスに本陣痛が始まったとはとても思えないものの、助産師は一応近所の病院に行くよう勧めた。キャンディスが病院に着いた時点で、子宮頸部の拡張はわずか三センチ。だが一〇分もすると、それは一〇センチになった。その次に起こったのはまったく平凡なことで、だからこそじつに非凡なことだ。「二回ほど陣痛があって、そこでいきんだら息子が出てきた。ラグビーのボールみたいにポンと生まれたのよ」

キャンディスは痛みの感覚がどんなものかを知っているが、友達の大半にくらべて自分はどうも痛みの閾値が高いのではという疑念を抱いていた。そしてそれは、三回出産して一度も鎮痛の処置を求めなかったことで確信に変わった。ケンブリッジでウッズ教授の研究室に所属するメンバーは無痛の分娩に関心を示し、二〇二〇年にはこれがおそらく「天然の硬膜外麻酔」遺伝子が原因で起こっていることを明らかにした。マイケル・リー博士をはじめとする研究者らは、まずイギリス全土で初産時に鎮痛を必要としなかった女性およそ一〇〇〇人を特定した。[13] 続いて、この女性たちはいろいろな種類の痛みを与えられる実験に参加した。たとえば、サーモード（温度刺激装置）を前腕に取り付けて、焼けるように熱い、あるいは凍るように冷たい刺激を加えられたり、血圧測定用カフを用いて機械的刺激を加えられたりといったことだ。結果としては予想通りかもしれないが、この女性たちは対照群の女性よりも痛みの閾値が高く、またさらに重要な点として、認知的あるいは情動的な能力には、痛みの閾値の差を説明できるようなグループ間の相違は認められなかった。なお「痛みの閾値」とはある刺激を痛いと感じる最小限の刺激の強さを意味し、ある人が耐えられる最大限の痛みを指す「痛みの耐性」とは異なるものであることに注意してほしい。

その後、研究チームではさらに両グループでゲノム配列の決定を行い、分娩時に痛みを訴えなかったグループではKCNG4遺伝子に変異のある女性がずっと多いことを発見した。この遺伝子がコードするKv6.4というチャネルは侵害受容器の神経終末でゲートとして機能し、Nav1.7がナトリウムイオンを透過させるのと同じような方法で神経細胞へのカリウムイオンの流入を制御する。しかしながら、KCNG4の変異にはナヴィードのケースと決定的に違う点が大きく二つある。ひとつは、この変異はゲートをまったく使いものにならないようにするわけではないため、変異のある人は依然痛みを感じることだ。もっとも、変異はチャネルの正常な機能を妨げるので、末梢から脳に侵害受容インパルスを送り、なおかつ痛みを感じさせるには、より大きな刺激（分娩の場合には強い陣痛）を与えなければならない。痛みの閾値が文字通り引き上げられた状態といえるだろう。そして二つ目の違いは、ナヴィード（あるいはジョー）のように痛みを感じないケースと比較すると、この変異ははるかによく見られるものであることだ。女性のおよそ一〇〇人に一人はこの遺伝子変異体をもっているという。このような変異体の発見には、医学的な探究心を超えた意味がある。もしKv6.4チャネルにターゲットを絞った新しい痛み止めが開発されれば、それは母体や赤ちゃんへの副作用を伴わない、画期的な分娩時鎮痛法となり得る——そのような方法はまだないのだ。

キャンディスの例は、私たちひとりひとりが痛みを感じるしくみに遺伝的変異の影響がどこまで及ぶかも教えてくれる。おそらく、痛みの閾値や痛みの経験に影響を与える遺伝的変異で、まだ確認に至っていないものはたくさんあるのだろう。たとえば、私が子どもの頃、運動場でのけんかは避けて通れないイベントだったが、ダンカンだけは相手にしてはいけなかった。赤毛で大柄のスコットランド人。ほかの子たちよりも頭ひとつ分は大きいだけでなく、恐ろしいほど強いのは「スコットランド人に痛いことなんかない！」からだと豪語していた。確かに彼のパンチ力はものすごかった。きわめて興味深いことに、赤毛の人はある種の痛みには本当に強いかもしれないことが研究の結果明らかになっている。電気刺激による痛みなどには強い反面、熱による痛みには比較的弱いそうだ。[14] 詳しく調べられたわけではないが、赤毛の色素は1型メラノコルチン受容体（MC1R）遺伝子の変異で産出されるので、痛みへの耐性もひょっとするとこの変異によるものかもしれない。

ピーター

ピーターは間違いなく、血管外科病棟で屈指の愉快な患者さんだった。英語学の元教授である彼は、右足の切断手術を控えた朝でさえ、回診に来た外科医のチームに向かって上機嫌にバイロンをもじってみせたほどだ（「真鍮の額を得るも粘土の足あり！」）。恰幅がよく、血色もよい。頭は油っぽい白髪を長く伸ばして後ろになでつけ、薄毛をごまかしていた。私は病棟で働くジュニアドクターのひとりで、ピーターのことをよく知るようになった。というのも、彼は——明らかにこの上なく退屈して——一日に何度も私を呼びつけ、有名な警句や詩の一節を教えたがったからだ。彼が病院にかかった経緯は十分承知していた。いくつかのことが連続して起こり、そのために足を切断しなければならなくなったのだ。残念ながら、痛みを感じることなく致命的な状況に向かうケースとして、あまりにもよくある話だった。

さかのぼること一〇年前に、ピーターは総合診療専門医（GP）の定期検診で2型糖尿病と診断されていた。血糖値を下げる薬が処方されたが、本人が率直に認めたところによれば、服薬はどちらかといえば自由放任主義《レッセフェール》、つまり決められたようには飲まなかったらしい。そして、これといったこともなく六年がたったある夏の日の午後、サンルームにいたピーターは、自分が動くとベージュのカーペットに点々と血の跡ができることに気がつく。その血は右足の裏のふくらみからしたたっていた。よく見てみると、そこには二・五センチほどのとげが刺さっており、しかもその大部分はまだ肉に深く食い込んでいた。裸足で庭仕事をしていて踏んでしまったに違いないが、不思議なことに、とげが皮膚に刺さった時も、刺さってからも、そしてそれを抜いた時も、まったく痛みはなかった。この傷はすぐに治ったように見え、ピーターは退職してからの仕事であるガーデニングと田舎道の気ままな散歩を再開したのだった。

じつはその頃、ピーターの身体では糖尿病性ニューロパシー（ニューロパチー）が進行していた。糖尿病が原因で起こる神経障害のことだ。高血糖の状態にインスリンのシグナル伝達抑制とコレステロールの調節異常が続き、両足の神経とそこに栄養を運ぶ血管にじわじわと炎症が広がる。神経のうち最初に完全に死んでしまったのは、おそらく侵害受容器からの遅い波を伝導するC線維だろう。大半の神経線維は軸索の周囲にミエリンという脂質からなる絶縁性の被膜（髄鞘）で覆われているが、C線維にはこれがないためだ。その後、ほかの神経も傷ついて死んでいき、足指から下肢へと及んだ結果、ピーターはとうとう両足ともまったく痛みを感じなくなってしまう。

本人は相変わらずオックスフォードシャーの田園地帯を長々と散歩して詩作にふけっていたが、ピーターの両足の骨と関節はそのあいだに少しずつダメージを被り、特に左足は損傷がひどかった。ふつうは手足にけがをすると、その部分が痛みに異常に敏感になる。いってみれば神経が脳に向かって「けがをしたところをちょっと休ませろ」とわめくわけだ。ところが、糖尿病性ニューロパシーの患者さんでは、多くの神経が侵されているために、何の信号も送られない[15]。ピーターは足の骨がすり減りはじめているのに散歩をやめず、運動を続けたことと慢性の炎症から骨の構造がもろくなり、骨折にまで至っていた。それでも、本人は左足が腫れてハイキング用ブーツに入らなくなるまで、こんなことに一切気がついていなかった。実際のところ、足は大きくなっているだけでなく、土踏まずがすっかり崩れていた。

こうしてピーターは——ほぼ一〇年ぶりに——医者にかかる。診察を終えたGPは、このように痛みを感じることなくコンスタントにダメージが与えられて生じた足の病変は、フランスの神経内科医ジャン＝マルタン・シャルコーにちなんで「シャルコー足」というのだと説明した。「手術でなんとかなるかもしれません」

ピーターのGPは、賢明にも反対側の足、つまり右足も確認した。すると、足指の付け根から土踏まずのあたりに、幅三センチの潰瘍が皮膚に深い穴をあけており、骨が見えていた。この深刻な糖尿病性足潰瘍は、何らかの小さな傷、ひょっとすると数年前の例のとげから始まったものかもしれず、痛みを感じない末端部でピーターがまったく知らないうちに進行していたのだった。糖尿病性足潰瘍というと大したことではないように思えるかもしれないが、じつは恐ろしい結果につながることがよくある。二〇一七年にリーズ大学が行った研究では、糖尿病性足潰瘍に感染が生じていると診断された患者さんを募集し、一年にわたって追跡した。一年が終わる時点で、潰瘍に何らかの改善が見られた人はグループの半数以下、足の一部または全部の切断が必要となった人は七人に一人にのぼった。(16)

ピーターの「シャルコー」による左足の変形はかなり珍しいけれども、痛みのない潰瘍から切断に至った右足は何ら特別な例ではない。世界の糖尿病患者数はおそらく五億人、(17)うち約半分は末梢神経障害を抱えているという。(18)この神経障害は、人によっては絶え間ない痛みを引き起こす。あるいはピーターのように、組織損傷を感知する能力が低下したり、それを失ってしまったりする人もいる。こうして足に組織損傷や潰瘍があるのを知らずに悪化させてしまうと、往々にして切断せざるを得なくなる（糖尿病性足潰瘍は非外傷性切断に至る原因の第一位）(19)し、患者さんの死期を早めることにもつながる。そのコストは個人のレベルだけでなく社会にも及び、たとえばイギリスの国民保健サービスNHSのイングランド地域における二〇一五年の糖尿病性足病変ケア関連支出は、乳がんと前立腺がん、肺がんの治療費用を合わせた額を上回っている。[20] 先に見たナヴィードとジョーの痛みを感じない身体は、危険感知のしくみと、それが生存と繁栄に大きな意味をもつ理由を示していた。一方ピーターの例では、身体のどこか、小さく無視されがちな場所で痛みの感覚を喪失したことから起こり得る壊滅的な影響がはっきりとわかる。彼は無痛のパンデミックの中にいる幾多の人々のひとりなのだ。

アンナ

パウル・シルダーとエルヴィン・シュテンゲルはすべてを見尽くしていた。研究に強い関心を抱く精神科医にとって、二〇世紀初頭のウィーンは楽園であったに違いない。ジークムント・フロイトが居を構えるこの街は、精神分析療法のゆりかごとなったばかりでなく、神経内科学をはじめ、多くの医学分野における進歩の舞台でもあった。世界に名だたる医師たちが続々とウィーンに集まっていたが、彼らと同じように、珍しい症状を訴える患者も押し寄せてきた。

奇妙かつ興味をそそる症例の扱いには慣れていたシルダーとシュテンゲルだが、アンナという女性の診断を請われたときには困惑した。何しろ、ひとりになるとしきりに自分の身体を傷つけるというのだ。無造作に身体に編み針を突き刺したり、好奇心かららしいが、目にものを押し込んだりするという。一見したところ、アンナは自傷行為をしているように思われた。しかし、シルダーとシュテンゲルが系統的な診察を始めると、問題はアンナにとっての〝痛み〟であることが徐々に明らかになった。

右の手のひらを針で突くと、患者はまず相好を崩し、そして一瞬たじろいでから「ああ、痛む、これは痛いこと」と言った。[21]

アンナは痛みを感じているように見えた。本人も痛みを経験していることは認識していたし、しばしば痛みに顔をゆがめたりたじろいだりすることさえあったが、かといって痛みがつらいわけではなく、不快だと感じたことは一度もないという。つまり痛みがわずらわしいとはまったく思っていない。アンナは痛みの強弱や性質を描写すること——腕にちくりとする刺激と強烈な電気ショックの区別——はできたが、痛みに対する情動的な反応は一切示さなかった。〝痛い〟状態にあっても、恐怖や拒絶、嫌悪は見せないという意味だ。痛みに対して情動的な反応がないと、危険な刺激をかわして身を守る動きは遅くなるか、あるいはまったく起こらないため、往々にしてけがにつながる。アンナはぼんやりしているわけではなく、認知障害も認められなかった。また、痛みを伴う刺激から快感を得るというマゾヒズムの傾向もなかった。痛みは単に、アンナにとって意味のないものだったのだ。

以後、数十年にわたって同じような患者が数名確認された。中でもスペインの神経内科医マルセロ・ベルティエは一九八〇年代に六例を報告している。[22] 画像イメージングと病理解剖から、これらの患者の大半には広く〝情動的な脳〟と呼び得る領域（扁桃体、島皮質、前帯状皮質）に損傷があることがわかった。こういった損傷は成人後の脳卒中あるいは脳腫瘍によって生じるケースがもっとも多いため、ほとんどの患者は人生の大部分を〝ふつうに〟痛みを感じながら過ごしている。アンナで初めて記録された、この奇妙かつきわめてまれな異常は「痛覚失象徴」という。その珍しい症状は解剖学的に特定の領域に生じたダメージによって引き起こされており、痛みが感覚的なものであるばかりでなく情動的なものでもあることを鮮やかに示している。痛覚失象徴の場合、「感覚・識別的」経路、すなわち脊髄（脊髄視床路と呼ばれる線維束の中）を上行し、刺激が加わった場所や痛みの種類を割り出す脳の領域にまず情報を素早く伝える経路は正常だ。次いで、よりゆっくりとした危険伝達の第二波が脳に到達し、情動をつかさどる領域を活性化するが、情動にかかわるこの脳の構造で一定の部位が損傷されると、痛覚失象徴が起こる。なお、このことは最近、逆のシナリオから明らかになっている。二〇二〇年に発表されたフランスの興味深い研究では、てんかんの患者さんで、発作の活動が情動的な脳の狭い領域に限定されている人を四人抽出した。この人たちは発作中に痛みによる耐え難い不快感を覚え、痛み行動（痛みの存在に伴う言動・行動）を示したが、その反面、痛みがどのような感じか、またそれがどこで生じているかはいずれも説明できなかったという。(23)

痛覚失象徴の患者さんは感覚的な痛みのシステムは無傷で、情動的なシステムが壊れているわけだが、これとは逆の問題を抱える人々もごく少数ながら存在する。(24) そのような人は、手にやけどをしたなら痛みに対して情動的に不快な反応を示すものの、痛みの性質（焼けるような、刺すような、激しい、押しつぶされるような……）は表現できず、その痛みが身体のどこから発しているかを突き止めることもできない。この場合は、体感的な痛みの信号を構成する脳内の領域、すなわち一次体性感覚野や二次体性感覚野などに損傷が生じている。

ナヴィード、ジョー、キャンディス、ピーターは痛みを感じなかった。ところがアンナは痛みを感じ、ないのではなく、気にしないのだった。痛みの経験は、じつのところ典型的な危険信号の伝導と感知から生み出されるものではない。痛覚失象徴の患者さんはこのことを教えてくれるという意味で、並々ならぬ人々だ。痛みはよく——間違って——組織損傷を反映する感覚経験のひとつとみなされ、そう説明される。しかし、アンナの例からわかるように、痛みの知覚とは単に何かを感じ取ることだけではない。それは、痛みの感じを理解していることなのだ。痛覚失象徴の人々のおかげで、私たちは本当の痛みの核心に迫ることができる。痛みとは単なる感覚ではなく、単なる情動でもない。さまざまな感覚と情動、さらに思考が混然一体となった驚くべきものだ。それはまさに人を動かさずにはおかない——私たちに自分の身体を守るよう命じる——経験である。ベートーヴェンが自身最高の管弦楽曲で類いまれな経験を生み出そうとすれば、とりどりの楽器を同時に奏でる何十人もの音楽家を必要とする。それと同じように、私たちが痛みという現象を生み出すには、さまざまな側面を瞬時に調整する多様な神経と脳の領域が必要だ。つまり、何かにぶつけたつま先は、一編の交響曲にも値する。

ここで紹介した驚くべき「無痛の五人組」のように、痛みを感じない、あるいは気にしない人々には、製薬業界から強い関心が寄せられている。こういった人々の存在によって、痛みに関する私たちの知識は急速に広がり、将来の鎮痛薬につながる興味深いメカニズムも明らかになってきた。彼らはさらにもうひとつ、単純ながら驚くべきことをあらわにしている。それは、安全装置としての痛みの重要性だ。人間は、痛みがなければ生活の中でけがを防げず、早死にしてしまう。痛みは私たちの世話を焼きたがっている。人生を台なしにするような持続痛の影響を和らげる方法を模索する中にあっても、この事実を軽んずるべきではない。

3　こっちを向いてよ

注意をそらすことと想像の力

音楽のひとつよいところとは、ぶつかってきても痛くないことだ。
――ボブ・マーリー

私は腹ばいになり、列車の屋根に顔を押し当てた。身体の両側をドイツの森林地帯の緑と茶色が飛ぶように流れていく。前方では、煤煙がメインエンジンからもくもくと上がる。まだ何両も先だ。私はそのままじりじりと前進し、次の車両の屋根に目を走らせた。誰かいる。半ば通気口の陰になって見えないが、グレーの外套につば付きの制帽――ナチのSS将校だ。しかし、向こうはすでに私を見つけていた。「警鐘！　警鐘！」彼はそう叫び、構えたルガーを私めがけて放った。

白状しよう。この時の私は *The Great Escape*〔一九六三年公開のアメリカ映画『大脱走』がベースのビデオゲーム〕に数時間のめり込んでいた。長い夏休み中の何ということもない一日だったが、私は必死にスイス国境を目指すあの脱走捕虜になりきっていた。ゲームに夢中で時間を忘れ、家族が何をしているかもわからない。もっとも、私が――というか、いまや私と一心同体のキャラクターが――車両の屋根でナチ党員を撃ち、身をかがめて橋をかわしつつ、そろそろと移動しているあいだ、じつは左足に何となく気持ちの悪いものを感じていた。といって、そのせいで先頭の車両にたどり着こうとすることに集中できないというほどでもなかった。さらに時間がたち、レベルをクリアした私は、椅子にぐったりと身体を預けて目を閉じた。痛みを感じたのはその時だ。私は違和感を覚える左の足先を振ってみた。履いていたビーチサンダルが飛ぶ。そして、家に迎えたばかりの子猫も。明らかに私の足の親指にくっついていたらしい。足元を見ると、親指から真っ赤な血が細くカーペットにしたたっていた。子猫は優に三〇分は私の足をかじったりひっかいたりしていたに違いないが、私はちっとも気づかなかった。異次元の世界に深く没頭していたために、その経験が続いている時間だけとはいえ、私の脳は痛みの発生を全面的に抑制していたのだ。

痛みの研究者たちは、「注意をそらす」という要素にしかるべく注目している。ワシントン大学ヒューマンマシンインタフェーステクノロジー研究所（ＨＩＴＬａｂ）では、過去二〇年にわたって痛みの緩和のために仮想世界の力を用いてきた。バーチャルリアリティ（ＶＲ）研究の先駆者であるハンター・ホフマンにより、やけどを負った患者がひどい痛みを伴う傷口の治療中に逃げ込むことができる世界「スノーワールド」が開発されたのもこの研究所だ。患者さんは、ゴーグルとノイズキャンセリングヘッドフォンを装着すると、たちまち処置台からＶＲの別世界にワープする。このビデオゲームでは、プレイヤーは月明かりの中で氷の峡谷の上を浮動する。吹き寄せる雪の中を毛がもじゃもじゃのマンモスが進み、ペンギンたちは絶壁から面食らったようにこちらを見つめてくる。また、谷底には動く雪だるまがずらっと並んでいる。このゲームのねらいは画面に現れる生きものに雪玉を投げつけることで、何かにぶつかった雪玉はさっと砕けて散っていくので、遊んでいて楽しい。しかも、プレイ中はずっとへッドフォンからポール・サイモンの『コール・ミー・アル』の軽快なメロディが流れてくる。ちなみにこの曲が選択された経緯を脚注に押し込めるのはあまりに惜しい。サイモンは「スノーワールド」のゲームをある展示会で試してすっかり気に入ったのだが、ホフマンが採用していた音楽だけは好きになれず、自作曲の提供を申し出たのだそうだ。ホフマンの研究室によれば、やけどを負った兵士が「スノーワールド」に送られた場合、処置中の痛みは三五〜五〇パーセント軽減するという。(1)

こういった報告は、fMRIスキャンで痛みに関連する脳活動が小さくなっていたことからも裏打ちされている。ホフマンと彼のチームは、痛みが著しく緩和されたのは、注意をそらすことだけによるのではなく、患者さんがVRの世界を進んで一時的な現実として受け入れたためでもあると主張する。痛みの緩和という報酬が得られるとなれば、脳はゲームの世界に入り込み、気を散らそうとするだろう、という意味だ。予備的な研究のデータでも、VRを幻覚剤と組み合わせて用いると、患者さんの没入感が深まり、痛みを緩和する効果をさらに高められる可能性があることが示されている。(2) 投薬では鎮痛の効果が持続する期間がはっきりしない（副作用が頻繁に現れることはいうまでもない）が、それにくらべてVRは決まった時間枠に合わせて使える。つまり機器のオンオフで効果をほぼ即座に切り替えられる。VRはうまく機能する上、この技術を推進させるような市場の後押しがあることにも大いに期待がもてる。新しいタイプの薬がかかわるケースでない限り、有効な痛みの治療法を開発し、流通させようというインセンティブは大学の外にはほとんどない。持続痛について現状で効果が高い治療法となると、多くは非薬物療法だ。もっとも、VRが急性痛に効果があることは明らかな一方、持続痛に対する息の長い効果を示すデータはいまのところまだ十分にそろっていない。(3) しかしながら、ここは想像をたくましくしたい。持続痛に悩む人々が自宅用にVRヘッドセットを購入し、各自の痛みの状態に応じて調整された世界にたびたび浸り、注意をそらすことができる未来を思い描いてみよう。気を散らすことで脳の配線のつなぎ換えがしやすくなり、人工的につくられた現実の外にあっても、より安心して、そしてよりうまく、痛みに対処できるようになるのだ。

現実の世界では、私たちの痛み経験はほとんどすべて「注意」と「注意散漫」に支配されている。スリル満点の映画に夢中になっていたり、読みごたえのある小説にのめり込んでいたりするときは、自分の周囲で起きているあれこれにはさして注意を払わないものだ。本書を読んでくださっているあいだ、あなたの脳は雑音をカットし、周辺視野に入ってくる物体を消し、手の中にある本の感触まで取り除いている。たとえばいま、この本の重みとカバーの手触りによくよく集中すれば、その感じがわかってくるはずだ。これらの触覚情報はすべて、あなたがその感じを覚えるよりもずっと前、本を手にした時点で、すでに脳が感知を始めていたものだ。身体に受けている感覚に注意を払わない状態についての究極の例としては、「史上最強のイギリス人の会話」なるものがある。一八一五年のワーテルローの戦いの最中、英蘭連合軍の騎兵を率いるアクスブリッジ卿は総司令官ウェリントン公とともに馬を駆っていた。アクスブリッジ卿はフランス軍への突撃を命じたばかりで、敵の大砲による攻撃で砲弾の雨が降る中、両脇を固める兵士たちは吹き飛ばされ、斜面の下からの反撃を受けて八頭の馬が次々と倒れた。体力的には限界ながら、目の前の仕事に心底集中していたために、卿はおそらく敵弾が自分の右足を打ち砕いたことにすぐには気がつかなかったのだろう。さて、次のせりふはできるだけそれらしいイギリス上流階級の口調を思い浮かべて読んでいただきたい。アクスブリッジ卿が「なんと、脚をやられてしまった

ようです」と言うと、ウェリントン公は「なんと、どうやらその通りのようだ」と答えたそうだ。(4)

この話は眉唾かもしれないが、バーミンガムにある世界有数の軍病院で私が兵士たちから直接聞いたところによれば、戦闘のただなかには、恐ろしいほどの大けがをしていても痛みを感じないことがあるという。こういった信じ難い現象は、痛みは傷害の程度に直結する尺度ではないことを明らかに示す好例といえるが、人間が互いに戦いを始めてからずっと知られている事実でもある。古代ローマの哲学者ルクレティウスが記したように、「誰彼の見境なしになぎ倒してきた鎌戦車〔車軸に刃物をつけた戦車〕にいきなり手足を断ちきられ」ようとも、「彼らの闘志」は潰えず、「痛みを感じない」男たちは「再びその戦いに、殺戮の場に飛び込んでゆく」(5)。アクスブリッジ卿が脚を砕かれても痛みを感じなかったのは、ひとつにはそこに注意が向かず、戦いと生き残ることに気持ちを強く集中させていたからなのだ。

ここで重要なこととして、このような「闘うか、逃げるか」の状況に置かれた場合に、危険信号をブロックして痛みを抑制するのはアドレナリンであるという通説の誤りを指摘しておきたい。アドレナリンは強い集中効果をもたらすことがあり、結果として痛みから注意がそがれるが、痛みを抑制するわけではなく、強めることさえある。痛みを和らげる主要な分子はオピオイドだ。これは体内に存在するモルヒネ様の物質で、脳が痛みを軽減しようとするときに備えて脳内の薬箱に蓄えられている。じつをいうと、アクスブリッジ卿が戦いのさなかに何の痛みも感じずにいられたのには、単に注意が向かなかったことよりもいくぶん複雑な原因がある。卿の無意識の脳――防衛省――は視覚と侵害受容器からの入力を評価し、その場を生き延びるには痛みを感じるよりも命がけで戦うほうが重要だと判断した。それで脚から脳に上行するあらゆる危険信号が完全にブロックされたのだ。

逆にいえば、私たちの注意が潜在的に有害な刺激のほうに向いていると、より大きな痛みを感じるということになる。一九五四年、イギリスの心理学者であるホールとストライドは、不安を抱える実験参加者に対する一連の説明や指示に「痛み」という単語を入れただけで、それ以前にはまったく痛みを覚えなかった電気ショックもひどく痛いと感じるようになることを発見した。[6] 注意に関して重要ながら見落とされがちな点のひとつは、それを別のものに向ける（つまり注意をそらす）と強力な鎮痛効果が得られることだ。子どものいる人なら誰でも知っていることだろうが、これはあらゆる種類の痛みに対してすぐに使える。だからぜひ活用しよう。VR技術の進歩には大いに期待がもてるけれども、その一方で医療従事者や介護者が痛みの緩和に役立てられるローテクの方法はたくさんある。fMRIを用いて実験参加者の脳をモニターした研究によると、痛みを伴う刺激を与えるのと同時に記憶タスクを課すと、知覚される痛みが弱まることがわかっている。[7] fMRIの画像では、このように気が散っているときには脊髄から脳に入る危険信号が抑制されていた。おもしろいことに、記憶タスクを課す際にオピオイド拮抗薬であるナロキソンを投与した場合、気を散らすことによる鎮痛効果は四〇パーセント減少した。つまり、私たちが痛みから注意をそらすと、脳の薬箱が開いてオピオイドが大量に放出され、脊髄を上行する侵害受容信号の流れをブロックしているということだ。私は患者さんの採血をするとき、ちょっと考えないと答えられない質問――これまでの病歴について、いちばんよかった旅行先はどこか、手に入るとすれば空飛ぶ絨毯と水中を走る車のどちらが欲しいか――を投げかける。こんな単純な行為でも、本当に痛みを和らげられると知っているからだ。持続痛の場合も同じで、患者さんが痛みから注意をそらすような活動――音楽や読書、あるいは誰かと会っておしゃべりしたり、お茶を飲んだりすること

——に取り組むのは奨励されるべきだし、そういったことをもっと気軽にできるようにする必要もあるだろう。

「目を閉じて、呼吸はふつうに……」

その時、私——理性の探究と経験的証拠の収集、そして、あえていうならば紳士を気取ったシニシズムという西洋の教育を受けた医師であるこの私——は催眠をかけてもらおうとしていた。私はそれこそ物心ついてからというもの、ずっと過敏性腸症候群（ＩＢＳ）に悩まされてきた。腹部が差し込むように、あるいは締めつけるように痛んで不快感が続き、たまには痛くてもだえることもある疾患だ。薬物療法のほか、食事を変えたりもしてみたが、効果はまったくなかった。ＩＢＳの病態は複雑でよくわかっていないものの、腸－脳相関の機能不全が原因となっていることを示すエビデンスが多いというのは文献で読んでいた。次から次へと論文にあたるが、いずれも過敏な脳（私の場合は研究と病院でのシフト勤務からくる精神的なストレスが原因）は過敏な腸につながり得るという主張に重きが置かれていた。リサーチを進める中で、ＩＢＳの有効な治療法の候補として、あることが決まって挙がってくるようになった。医学部で六年間も勉強しながら考えつきもしなかったが、それが催眠療法だったというわけだ。

催眠（術）に対して私がそれまでもっていたイメージは、せいぜい滑稽、あるいは邪悪——ステージの上で懐中時計を振ってみせる催眠術師や、マインドコントロールを駆使する映画の悪役というものだった。幸い、私のセラピストのポールはどちらでもなかった。にぎやかな模様のシャツを着た柔和な男性で、オックスフォードの郊外にあるクリニックを訪ねた私を部屋に通してくれた。落ち着いたパステルグレーとやわらかなトーンでまとめられた空間。暖かい初秋の光がブラインドから差し込んでいる。懐中時計は見当たらなかった。私はポールが座るソファーに向かい合うピューター色〔青みがかったグレー〕のアームチェアに腰を下ろし、ふかふかのフェイクファーのラグに両足を預けた。ポールが催眠療法の道に入ったのは、自身の人生がそれで変わったことがきっかけだったそうだ。子ども時代の家庭環境は彼の心を苦しめるものだった。双極性障害とアルコール依存症を患う母親に育てられたが、彼女の症状はあまりにも不安定で、ポールは絶えず母親はまもなく死んでしまうのではないかという恐怖にさいなまれていた。カウンセリングで大きな効果を実感し、さらにその後タバコをきっぱりやめようと催眠療法を受けてみたところ、何かもっと深く、いちだんと大きなものを感じた。ポールはこの強力なツールを自分で使いこなせるようになることを誓い、何年も勉強を続けながら、不安症や依存症にはじまり、恐怖や痛みまで、あらゆる症状や目的に対応した催眠療法のクリニックを徐々に築き上げてきた。

「息を吸ったり吐いたりすると、胸とお腹が動くのを意識してください……息を吸うと肩がもち上がるのがわかりますか？　肩がもち上がると、それで上腕の筋肉、二頭筋と三頭筋が引っ張られますよね。その全部を意識しましょう。呼吸をしながらリラックスして……」

暗示的な言葉を使い、ポールは私の注意を穏やかに私自身の身体に向けさせた。すると、それまで意識したことのなかった感覚があり、しかもそこだけに懐中電灯の光が当たっているような気がした。自分の両足の重みや、呼吸の音。うなじと、のどの奥との温度差。

「では、周囲のほかの音に耳を傾けてみましょう……じつは、この部屋に入ってからずっと、あなたは壁の時計が秒を刻むカチカチというかすかな音を聞いています。エアコンのブーンという音、通りからの音も。あなたは周囲の音を一日中聞いているのですが、注意して聞いていなかったのです。脳としては、より重要だと思われること、より重要だと思うように訓練されてきたことに、あなたの注意が向いているようにしたいので」

私はこの時点ですっかりリラックスしていたが、それでいてポールの一言一句に夢中になっていた。ポールは私の注意を思考に導いた。有益か、有害か、ストレスフルか、リラックスしているか。特定の思考に過剰な注意を払わなくてもいいのだと、彼は言い添えた。それを意識し、観察し、受け容れればよい。あるいは、壁に掛かった時計の音と同じように、雑音だとみなしてもかまわない。続いてポールは、しくしくきりきりと痛む腹部に私の意識を向けさせ、身体に覚える感覚に注意を戻す。そうして、痛みに対する私の見方を変えるためにイメージを用いた。

「あなたの腸をイメージしてください……一本の川のようなものだと考えてみましょう……いま思い浮かべているのは岩の多い急流かもしれませんが、オックスフォードを緩やかに流れるテムズ川だと想像してみてください。パント〔竿で操る平底の小舟〕がゆったりと下流に運ばれていきます」

催眠は西洋で最古の部類に入る対話療法（医療の世界では「心理療法」という）のひとつだ。しかし、その滑り出しはとても順調とはいえず、そして現在まで、こうした状況を挽回するには至っていない。近代における催眠（術）の起源は、通例一八世紀のドイツ人医師フランツ・メスメルであるとされる（英語で「催眠術をかける・魅了する」という意味の動詞 mesmerize は彼の名前に由来する）。メスメルは型破りな考えをもっており、すべての生物は「動物磁気」という目に見えない自然の力で互いに結ばれ、すべての病気はこの磁気がうまく流れなくなることに起因すると信じていた。彼が行う〝治療〟とは、患者の向かいに座って膝を触れ合わせ、さらに両手を患者の身体に沿って芝居がかったしぐさで動かすことだった。それは時には何時間も続けられ、患者に「分利」（回復するか悪化するかの境目、病気の「峠」）——たいていは失神やけいれん——が起これば、治癒がもたらされるとした。メスメルはやがてパリに移り、有名人の地位を手に入れるが、そればかりでなく医学・科学界からの怒りも買った。一七八四年には、フランス王ルイ一六世の命により、動物磁気の調査のために酸素の「発見者」アントワーヌ・ラヴォアジエやアメリカ合衆国建国の父のひとりベンジャミン・フランクリン（当時の在フランス大使）ら、当代一流の科学者九人からなる委員会が組織された。このドリームチームともいえる委員会は洗練された実験を重ね、メスメルが唱える説は偽りであると結論づける。これら一連の仕事はエビデンスに基づく医療の最初期の例なのだが、その時に彼らは今日の医師と同じ誤りを犯してしまった可能性もある。つまり、催眠が機能するしくみをきちんと説明できない（そしていくつかある説明は科学的にどうも疑わしい）というだけの理由で、催眠は多くの場合に多くの人に効果があるという重要な事実を見落としてしまいがちなことだ。この点で、ベンジャミン・フランクリンの「動物磁性の実践とは想像力を徐々に増大させる技法である」(8)という意見は示唆に富む。動物磁気なるものは明らかにでたらめだけれども、想像力を利用して痛みと苦しみを和らげることができるなら、そうしない理由はないのではないだろうか。

催眠がその秘密を明かし、（ある種の痛みも含む）さまざまな病状に対する科学的に正当な治療手段であるとみなされるようになってきたのはごく最近のことだ。とはいえ、今日でも説明がひじょうに難しいものであることは変わらず、催眠のイメージアップにはつながっていない。仮に、催眠の療法家一〇人、催眠の研究者一〇人に催眠の定義を尋ねたとすれば、おそらく二〇の異なる定義が返ってくることだろう。そしてそのほとんどは、「催眠とは意識に変化が引き起こされ、暗示に反応しやすくなった状態である」のバリエーションとなるはずだ。催眠状態にある人は、自分の注意を身体の一部分や特定の感じに強く集中させており、このような没入に伴って周辺のものごとに対する感覚が低下したり、まったく失われたりする。ある意味では気が散っている状態だ。コントロールしながら注意を一点に集中すると、現れる思考や感覚が最小限になる。催眠においてよく使われる言葉に「分離」があるが、これは私たちの意識がいくつかに分断されている状態を指す。つまり、無意識の脳が意識の自覚なしに暗示を聞き、それに反応できるということだ。催眠状態では、自分でそうしているとは意識せずに他人の命令にしたがう人がいるが、このことにも説明がつく。

あなたはたぶん、自分で思っている以上にちょっとした催眠状態に陥っている。たとえば、仕事先から自宅まで車を運転して帰ってきたものの、途中に何があったかは一切覚えていないということは何度も経験があるだろう。まるで、あなた自身ではなく、いってみればあなたの中にいる無意識の運転手がハンドルを握っていたような感じだ。あるいは、騒がしいパーティーの場にいるのに、あなたの耳はおしゃべりをしている相手の声だけを拾っているような気がする場合はどうだろうか。ほかの無関係な音はすべて取り除かれているのに、近くで話していた別の人があなたの名前を口にした途端、あなたの注意のスポットライトはたちまちその会話に向けられる。こちらはあたかも、意識的な自覚からは見えないところにいる脳内の何者かが、その会話をずっと聞いていたような具合だ。

ほとんどの催眠療法家は、催眠には二つの重要な段階が必要であるという点で意見の一致をみている。まずあるのは「誘導」の段階。ここでポールは私に目を閉じてリラックスし、彼が言っていることに一

○○パーセント注意を向けるようにと告げた。そして「暗示」の段階では、言葉と想像力によるイメージを用いて、私が自分の痛みを新しい見方でとらえ、新しいやり方で対処しやすくなるよう導いてくれた。催眠状態に誘導された者は、暗示によって架空のできごとや漠然とした印象をあたかも現実であるかのように体験できるようになる。ポールが気に入っている催眠の定義のひとつは「想像を信じ込むこと」だそうだが、想像力が心と身体に及ぼす力を示すために、彼は私に催眠療法の世界で「レモンテスト」と呼ばれているものを受けさせた。読者も、いま目を閉じても差し支えないなら、このテストを試してみられたい。次の一節をよく読んで両目を閉じ、描写されているのと同じ場面を細部まで思い浮かべてほしい。

自宅のキッチンに立っていると想像してください。いつも目に入るもの、聞こえる音、漂っているにおいを感じましょう。そうしたら、冷蔵庫まで歩き、ドアを開けます。いちばん下の段にレモンが一個あると考えてください。傷のない、すばらしいレモンです——完璧な形、理想的な黄色を想像してください。そのレモンをしっかりつかみ、手の中にあるその重みとつやを感じてください。鼻に近づけて、フレッシュな香りをかいでみましょう。そのレモンをまな板の上に置き、ナイフを取り出したら、二つに切ります。レモンの半分を手に取り、それを口にもっていくときに果汁がちょっとあふれて指につくところを想像してください。では、そのレモンをかじってみましょう。酸っぱくて爽やかな果汁を、舌でまるごと味わってください。

ここで唾液が出てきた人は、「催眠感受性」のスペクトラムで高いほうに位置している〔つまり催眠暗示にかかりやすい〕といえる。なお、催眠ならびに催眠を利用した病気の治療（催眠療法）の研究に関して重要なのは、私たちはみな催眠に対してそれぞれ違った反応を示すことだ。およそ一〇～二〇パーセントの人はきわめて催眠にかかりやすい一方、まったく反応しないような人も同じくらいおり、残りはその両極のあいだのどこかに位置している。だが、少なくともある程度の反応を示す人では、暗示と想像力は潜在意識を引き出し、それによって心と身体の両方に変化がもたらされることもある。もし、レモンを思い浮かべるのではなく、唾液腺が活性化して唾液を分泌するよう意識しただけだったなら、唾液腺が反応することはなかったはずだ。

ポールとのセッションが終わり、私はゆったりと落ち着いた気分でクリニックをあとにした。そして、それからは毎朝一〇分座って目を閉じ、セッションの録音を聞くようになった。続く数週間、症状が一時的に悪化するとやはり痛みを感じたが、IBSと心地よいイメージを結びつけて考えるようになったことで、私の〝IBS体験〟は変わりはじめた。私はある種のレンズを通して痛みをとらえていたが、そのレンズ越しの印象は少しずつネガティブでないものになっていった。痛みを険悪な何かとみなすのではなく、一歩下がって傍観者として眺めることができたような感じだった。ポールのクライアントの大半は恐怖症の克服を目指している人たちらしい。私の場合も似たようなプロセスが作用したのだろうか。痛みはいわば醜悪な、おどろおどろしいクモのようなものだったが、私はそれを罪のない仲間だと考える術を徐々に身につけた。隣の部屋に逃げ込んだり、新聞紙でひっぱたいたりするのではなく、そっと捕まえて庭に逃がしてあげられるようになったということだ。セッションから何週間、何か月とたったけれども、問題はなかった。これを書いている時点でIBSが頭をもたげてきたことは一切ない。

催眠療法は私には効いたようだ。そして、ほかの人にも明らかな効果が認められる。質の高い研究によれば、IBS患者の五〇～七五パーセントで痛みが大幅に軽減したという[9][10]。私は自分で経験してみて、催眠には何か特別なもの、ふつうでないところがあると思った。その〝何か〟は、私たちの痛みの理解を一変させ、持続痛を抱えて生きる大勢の人たちを救うものかもしれない。とはいえ、医学界の同僚には、催眠は何ら特別なものではないとか、明確な心理状態ではないとか、催眠療法の効果は別の方法でも説明できるとか主張する人がまだたくさんいるのだった。よくある思い込みだが、催眠療法がうまくいくのはプラセボ効果だといわれることもある。薄暗く照明を落とした部屋で説得力のあるセラピストにほっとするような言葉をかけられると、何かが効きそうだという期待値が上がる。要するに「予言の自己成就」〔予言の自己実現ともいう。期待が現実を生み出す現象〕というやつだ。ほかには、催眠に誘導されるプロセスは、一定の役割を受け入れて社会的圧力やヒントに反応しているにすぎないという説明もある。あるいは、催眠療法ではリラクセーションの効果で痛みが和らぐ人もいるのかもしれない。しかしながら、多くのデータ――一風変わっているが巧妙な実験で得られたものから最先端の神経機能画像まで――は、脳の中ではもっと深い何かが起こっていることを示している。

痛みという文脈で催眠を取り上げた初期の研究には、催眠には何か特別な要素が確かに存在すると結論したものもある。一九六九年にペンシルベニア大学の心理学者らが行った見事なデザインの研究では、血圧測定用カフを膨らませて実験参加者の筋肉に痛みを与えた。すると、催眠状態のときには痛みの知覚が低下し、痛みの閾値が大幅に上昇するのだが、この傾向はとりわけ催眠暗示に反応しやすい人たちによく見られることがわかった。[11] しかも、催眠による効果は、痛みを感じている参加者に強力な鎮痛薬だとしてプラセボを与えた場合の鎮痛効果をはるかに上回っていた。催眠療法の有効性に関してプラセボ効果がひとつの要素であることは間違いないけれども、それ以外のことも起きている。それから数年後のある研究では、この点をめぐって驚くような――とはいえ少々気味の悪い――解釈の可能性が示された。催眠感受性の高い人は「自動筆記」によって質問に答えることができるという。自動筆記とは、本人が自覚せずに一方の手が質問への答えを書いていく現象を指す。これは一九七三年にスタンフォードの有名な心理学者アーネスト・ヒルガードがひとりの若い女性（名前はリサとしよう）を対象に行った実験で確認した。[12] 実験ではまず、リサの片手を氷水につけさせる。案の定、リサは強烈な痛みを感じた。続いてリサは催眠状態に誘導され、そこでもう一度片手を氷水につけた。この時にリサはまったく痛くないと答えたのだが、自分がいかにリラックスした気分かを言葉で説明しているあいだ、水につかっていないほうの手は自動で文字を書き続け、ひどい痛み――催眠をかけられる前と同じ痛み――を感じているると告げたのだった。リサ自身は一切痛みを意識していなかったものの、心拍数と血圧が上昇し、苦痛を感じている兆候は身体にも現れていた。ヒルガードは、痛みによってリサの意識が分裂――分離――したために、脳のある部分では腕から伝えられる危険信号に反応している一方、主観的認識を生み出す別の部分では少しも痛みを感じなくなったと推論している。

二一世紀の初め、ハーバードとスタンフォードの研究者グループが、新しい技術を用いて催眠暗示の力の正体を明らかにした。[13] ある実験では、参加者はカラーかグレースケールで表示された一連の画像を見せられる。不可解なことに、参加者が催眠状態にあるときにグレースケールの画像を見せられ、それがカラーだと言われると、彼らには色が見えた。逆に鮮やかなカラーの画像であっても、さえないグレースケールの画像を見ていると言葉による暗示を与えられると、またもや〝催眠術師〟の言葉通りのものが見えたのだった。ただし、ここで重要なのは、そのような反応は催眠感受性が高い参加者だけに観察されたことだ。また、この実験では催眠中にｆＭＲＩ装置を利用して参加者の脳活動を計測しており、その点でも特別スリリングなものになっている。スキャンによれば、催眠状態にある実験参加者がカラーの画像を見ていると言われるたびに、色を処理する脳の領域が活性化していた。催眠にかかると、「見えるから信じる」ではなく、「信じるから見える」ようになるらしい。

その後二〇年ほどのあいだに、私たちは脳イメージングのおかげで催眠の奥義により近づくことができた。二〇一六年には、スタンフォード大学精神医学・行動科学科の教授であるデイヴィッド・スピーゲル博士が率いるチームが、催眠感受性の高い人の脳をｆＭＲＩスキャナーで調べ、催眠時の脳には主に三つの特徴があることを明らかにした(14)。第一に、催眠は脳の顕著性《サリエンス》ネットワーク〔人間の安静状態と活動状態を切り替えるスイッチの役割を果たすとされる神経ネットワーク〕の活動を低下させる。つまり、ひとつのことに没頭し、集中するあまり、ほかのことは無視する格好になるのだが、これはおもしろくてたまらない映画や本、はたまたビデオゲームに夢中になって、周りの状況にあまり注意を払わない場合にも起こっている。第二の特徴は、脳の二つの領域〔前頭前野とデフォルトモード・ネットワーク〕間のつながりの減少で、その人の振る舞いと、その振る舞いをするという認識が分断されていることを示している。催眠状態にあるとき、人は考えずに行動する——車で家に帰るときに〝無意識の〟運転手が運転してくれたので、気がついたら家に着いていたという例とまったく同じだ。第三の、もっとも驚くべき発見は、脳の二つの明確な領域（前頭前野と島皮質）をつなぐ部分の結合性が強まることで、これは心と身体のコントロールが向上していることをうかがわせた。催眠というと、権力志向が強くマインドコントロールに長けた催眠術師が人々を失神させたりニワトリの鳴きまねをさせたりするという典型的なイメージがあるため、自分自身のコントロールを失うものと思いがちだけれども、催眠はむしろそのコントロールの能力を高めているのだ。これは自分の知覚に対してより大きな影響力を及ぼせるようになるということで、痛みの知覚についても当てはまる。持続痛を抱える人々に対する催眠療法の有効性の裏には、たぶんこの第三の特徴があるのだろう。さらにいうと、その効果は単なる注意の拡散、ひどく気が散った状態だけからもたらされるものではないらしい。

実際、催眠によるこういった――脳内で痛みの回路を遮断する――効果は、ｆＭＲＩイメージングで確認されている。二〇〇五年にアイオワ大学の研究者らは、催眠状態に置かれて痛みを伴う熱刺激を与えられた患者さんでは、経験する痛みの程度が著しく低下することに加え、痛みのネットワークに関連する脳部位、特に一次体性感覚野（痛みの発生源の確認に関与する領域）の活動が減少することを発見した。[15] 興味深いことに、催眠時には催眠療法家が用いる表現に応じて脳の感覚野あるいは情動野のいずれか一方が静かになり、結果として痛みの知覚の減少につながるというエビデンスもある。モントリオール大学が行ったある研究によれば、情動的な痛みの経験にフォーカスした催眠暗示をかけると、熱刺激を与えられた実験参加者が経験する痛みの強さは同じなのに、不快感が減少した。[16] そして、痛みの感覚的要素に意識を向ける暗示では逆のことが起こった。つまり、痛みは弱まったにもかかわらず、不快感は変わらなかったのだ。有効な催眠暗示とは、間違いなくこれら二つの痛みの要素にはたらきかけるものなのだろう。

私たちはまだ、催眠の背後にある神経科学を完全に理解するには至っていない。論争は今後も続くはずだし、催眠術を取り巻く神秘的な空気はこの先もずっとつきまとうかもしれない。それでも、はっきりしていることがひとつある。多くの人に対して、またさまざまな痛みに対して、催眠療法は効くという事実だ。幅広いデータによれば、催眠そして催眠療法は短期的な痛みを軽減する上で科学的に証明された方法であり、人によっては実際に長期的な痛みが軽減される場合があることもわかっている。[17][18] 催眠は子どもの処置関連痛の軽減に有効であるほか、[19] オピオイド薬使用の必要性を減らし、手術患者に対する全身麻酔の必要性までも最小限のコストで縮小できることを示す研究もある。[20][21] また、お産の痛みを和らげるために催眠を用いる「催眠出産法」についても、その効果を裏づける確かなデータが存在する。[22] さらに、過敏性腸症候群と機能性腹痛（検査では特定できない原因不明の痛み）を抱える子どもを対象とした長期研究では、催眠療法は痛みを改善するだけでなく、長く持続する効果が得られることが判明している。[23]

これらの研究は、催眠療法は単なるプラセボではなく、思考のパターンを変える、いわば痛みから抜け出す〝脳のトレーニング〟であることを物語っている。ＩＢＳに対する催眠の適用は、従来の治療法がすべてうまくいかなかった場合でもたいへん効果が高く、イギリスの国立医療技術評価機構（ＮＩＣＥ）では催眠療法に認証（seal of approval）を与えている。いわゆる補完療法にこのような評価が出るのはとても珍しい。二〇二〇年一〇月に発表されたランダム化比較試験によると、催眠認知療法（認知行動療法と組み合わせた催眠）は持続痛の軽減にひじょうに有効で、催眠あるいは認知行動療法を単独で行った場合よりも効果が高いことが明らかになった。[24] なお、催眠療法は不安や不眠、心的外傷後ストレス障害（PTSD）など、痛みを悪化させる症状をターゲットにして行うことで、間接的に痛みを緩和することもできる。

催眠療法家のセッションを数回受けると自己催眠は簡単に覚えられるし、（定期的に実践すれば）それによって痛みとのかかわり方が変わる可能性がある。最大の効果が得られたなら、自己催眠で急性痛の痛みは完全に排除できる。ギリシャの火渡り行者から北欧で寒中水泳を楽しむ人まで、世界には超人とおぼしき能力を携え、自分の意識を操作して末梢から上行する危険信号を遮断しているという人が何人も存在する。一九八二年の研究はインドのある苦行僧を調査したものだが、この僧は二時間にわたる集中的な瞑想に続いて無の境地に達し、身体をピンや短剣で突いてもまったく痛みを感じなくなったという。[25] このトランス状態のときの脳波（EEG）をとってみると、深い集中や記憶の想起に関係がある「シータ波」の活動がかなり優勢だった。じつは、このタイプの脳の振動は催眠療法を受けている人々でも一貫して観察される。[26] 苦行僧の並外れた能力はわれわれ凡人にはとても手が届かないし、何年もの修行の末に達成されるものだが、こういった例から、痛みに関して脳がいかに大きな影響を及ぼしているかがわかる。

注意したいのは、催眠療法に対する反応は個人差がかなり大きく、誰にでも効果があるわけではないことだ。私たちは明らかにこういったセラピーを階層ごとに分類し、個人に合わせた対応をしていく必要がある。治療法のひとつとして勧める前に、どんな人が催眠に反応しやすいかを把握しておき、おそらくほとんど効果がないと思われる患者さんには別の治療を提供できるようになるべきだ。催眠療法は残念ながら医療の本流においては過小評価され、研究も活用も十分ではないわけだが、それでもなお、私自身はこの心と身体の両方にはたらきかけるセラピーによって、長期的な痛みを抱える大勢の人々が持続痛の精神構造を徐々に解体し、再び充実した生活を送ることができるようになるとの思いを固くしている。

催眠療法の最大の問題は、おそらくそのイメージだろう。私がジュニアドクターとして最初に配置されたのは外科病棟だったが、ある日の回診で若い男性を退院させたことがあった。この患者さんは虫垂炎の疑いで入院となったものの、IBSがかなりひどい状態で不調が起きていることが明らかになると、外科医たちの興味はすっかり薄れてしまった。彼はそれまでにいくつも検査を受け、さまざまな治療を試していたが、どれにも効果はなかった。その頃私は自分のIBSのためにリサーチをしていて、データを見たばかりだったこともあり、催眠療法の待機者リストに載せることができるのではと提案してみたところ、コンサルタントは鼻先で笑い、外科の研修医一同に確実に聞こえるような声でこう言った。「ほう！　フロイトの診断が下ったらしい！　腹部の鋭い痛みが母親に対する潜在的な性的願望の表れだったとは！」。そして寝不足の研修医連中をねめつけ、慇懃な笑いを存分に引き出してみせたのだった。たいていの医師は、催眠療法を完全ないんちきだととらえているわけではないけれども、エビデンスとみなせるほど十分なランダム化比較試験は実施されていないという主張を続けている。新薬であれば評価の基準となる手法だ。どれが試験薬か偽薬（プラセボ）であるかを医師からも患者さんからもわからないようにして、プラセボ効果の影響を排除するのだが、この方法は催眠療法のような治療にはなじまない。というのも、本人に知らせずに誰かを催眠状態に置くことはできないし、暗示と期待は催眠療法の成功の中核をなすものでもあるからだ。また、催眠療法では特許を取得できないため、その鎮痛効果の研究に資金を提供するような動きがそれほど大きくないというのも予想できることだろう。

催眠療法とVRは研究室やクリニックでその真価を発揮し続けているので、そこからこの二つが組み合わさったときに何が起こるかを想像してみるとわくわくする。草分け的な機関で得られた序盤の結果は見込みがありそうだ。たとえば、フランスのストラスブールでは、麻酔専門医と催眠療法家がタッグを組んで〈HypnoVR〉というシステムを誕生させた。患者さんがVRゴーグルを装着し、行きたい場所（ひっそりとした森、水中の世界、熱帯のビーチ、あるいは静寂の宇宙）を選ぶと、その患者さんが受ける医療処置や痛みの状態に応じて用意されたスクリプトが読み上げられ、気持ちを落ち着かせるような音声によって催眠に誘導される。この装置は処置中、あるいは手術直後の痛みに対して使用できる。手術後七二時間以内に〈HypnoVR〉のセッションを一回二〇分受けた子どもは、標準的なケアを受けた子どもにくらべて術後のモルヒネ使用量が半減し、入院期間は二一時間短縮されたという[27]。催眠は世界最古の心理療法のひとつだが、VRは世界の最先端を行く技術といえる。これらはいずれも、注意（あるいは注意の拡散）と想像力が、痛みのパズルにおける決定的なピースであることをはっきりと示している。そこをうまく処理できれば、痛みを鎮めることにも現実的な期待がもてるだろう。鎮痛剤の選択肢はいまのところ投薬か処置かしかなく、いずれにしても感覚を麻痺させてしまうが、催眠やVRは遊び心に満ちており、世界と再びかかわるようはたらきかける助けになるのは確実だ。

4　期待の効果
プラセボ、知覚、そして予測

もっとも信頼されている者による治療こそ、もっとも成功する。
――ガレノス（二世紀の医学者）

ポール・エヴァンスは大喜びだった。ついに電気刺激マシンを手に入れたのだ。彼はラジオのプロデューサーで、何年ものあいだ線維筋痛症の激しい痛みと疲労感に苦しんでいた。しょっちゅう症状が出て、そのたびに消耗する。「本当に調子が悪かった。身体中の関節が痛むんだ」[1]。ポールは何か痛みを和らげるものが欲しいと思っており、電気刺激装置が効くというデータを見ていた。それについての好評も耳にした。イギリスの慈善団体 Pain Concern のラジオ番組《Airing Pain》のインタビューで、ポールは電極のパッドを皮膚に貼り付ける際に感じたうれしさを語っている。「買った当初は、まったく夢心地だったね！　マリファナをやったみたいというか……いや、自分はマリファナはやったことはないけど、これがその感じだとしたら、ね……とにかくリラックスできる」。ポールは痛みを鎮める電気式の秘薬を見つけたらしかった。ところが、「三か月して気がついた。コンセントが入っていなかったよ」。ポールは図らずもプラセボの力を発見してしまったわけだ。プラセボ効果は――痛みと同じく――不思議なものだ。それは痛みの本質をのぞき見る窓といえる。そこからは、痛みとは私たちの脳が何らかの文脈に基づいて（ふつうは私たちが知らないうちに）下す判断の産物であるということがわかる。さて、プラセボ効果の驚くべき奇妙さ（と、痛み全般との関連性）を十分に理解するためには、まず用語を定義する必要がある。プラセボとは、糖錠などの偽薬や食塩水注射、あるいはポールの電源が入っていなかった刺激マシンのように、基本的にはある種の治療法と見受けられるが、実際には不活性な薬物であったり、治療の機序が含まれない手段であったりするもののことだ。またプラセボ効果とは、その治療が施される文脈に対して脳が示す反応を指している。

プラセボ（placebo）という言葉は「私は喜ばせるだろう」という意味のラテン語に由来するが、英語における評判はあまり芳しくない。中世ヨーロッパで〝プラセボ〟は葬儀で唱えられる歌に出てくる単語だったが、それがやがて〝プラセボを歌って〟ご馳走の分け前にありつこうと葬儀に押しかけるペテン師と結びつくようになった。そしてさらに、あらゆる用例が機嫌取りやおべっか使いと同じことを意味するようになっていく。一四世紀にジェフリー・チョーサーが書いた『カンタベリー物語』には、プラシーボという名前の人物が登場する。いいかげんな気休めばかり言うごますり男で、兄弟分に向かって何の忠告も反対もせず、恐ろしい決断をさせてしまう。[2] 今日この語は「他人に媚びへつらう・うまいことを言う人」の表現としてはもう使われないけれども、その一方で「まやかし」の含みは医学の世界に伝わっている。

薬効のない薬や偽の治療が人間の身体に作用して痛みを和らげる――そんな超自然的ともいえそうな力は、何世紀にもわたって科学者たちを困惑させ、プラセボ効果を神秘と疑惑のベールに包んできた。

たとえば、一九五四年に『ランセット』誌に掲載されたある論文は、プラセボは特に「知能が低い、ノイローゼ、もしくは社会的に不適格な患者」にとっての精神的な支えと慰めにすぎないと断言している。(3) 昨今では、プラセボ効果というもの自体が虚構であって、患者さんは（実際は違うのに）病気がよくなったと思い込まされているだけだと論じる医師もいる。(4) しかしながら、最近のエビデンスの大半はこの主張と反対の結論を示している。すなわち、プラセボは私たちの脳を変化させ、脳が調節している症状や疾患を本当に改善できるのだ。ここ二、三十年にわたって行われた多数の興味深い研究によって、プラセボ効果はまさに痛みの経験の核心に触れるものであり、現代における痛みの治療に革命を起こす可能性もあることが明らかになっている。

プラセボは糖錠や食塩水注射と決まっているわけではない。二〇〇〇年代の初め頃、ヒューストンを拠点とする大胆かつ創意ある整形外科医のグループが実施した「プラセボ手術」は、記念碑的な研究のひとつとなっている。(5) 当時、整形外科でもっともよく行われていた手術のひとつに「関節鏡視下デブリドマン」という手術があった。これは膝を切開して膝関節の中が見えるようにし、炎症を起こした組織や断裂した軟骨・骨の一部を取り除く処置だ。変形性膝関節症の痛みの軽減を目的とした治療で、多くの場合に改善が見られる。ところが、じつは医師たちとしても、この手術による除痛効果がなぜ、どのようにして生まれるのかは誰ひとりよくわかっていなかった。そこで、彼らは痛みを伴う膝関節症の患者一八〇人をいくつかに分け、ある群にはデブリドマン、また別の群には偽の手術（全身麻酔をかけて皮膚を切開するが、関節鏡は挿入せずにおく）を施してみた。驚いたことに、プラセボ手術の効果は本物の手術にまったく劣らなかった。さらに驚くべきことに、二年にわたる追跡期間中、プラセボ群ではデブリドマン手術群を上回る改善が報告された（なおこの期間中、患者さんは自分がどちらの施術を受けたかはまだ知らなかった）。この研究は、関節鏡視下手術で得られる除痛の効果は組織の変化によるのではなく、期待と希望から脳が変化した結果もたらされることを明らかにしたのだった。

最近の研究はこの結論を裏づけており、変形性関節症による膝の痛みには（靭帯損傷で手術が必要なケースを除けば）運動療法が手術と同程度に有効であることさえうかがわせている。[6] プラセボ手術はもちろん、膝の関節鏡視下デブリドマンに限定された方法ではない。二〇一四年のあるレビュー論文によると、本物の手術をプラセボと比較した五三の試験のうち、偽手術の効果が本物の手術と変わらなかったものは半数に上ったという。[7] これらの研究に関して、その時〝本当に〟行われた手術に効果がなかったのではという臆測も成り立つだろう。しかし、これは効果がなかったのではなく、その手術がプラセボ手術とまったく同じように機能していたにすぎない。つまり、手術の効果は組織損傷を処置した結果ではなく、プラセボ効果によるものだったわけだ。もしプラセボの力を（可能ならば偽手術に伴うリスクなしに）利用できるとしたら、疼痛医学は根本的に変わるはずだ。私たちは〝何でもないもの〟を与えることがどのようにして有効にはたらくのか、またそれはなぜかを知る必要がある。

二〇〇四年に、コロンビア大学のトア・ウェイジャーが率いるチームは、プラセボ効果が生じるときに脳で実際に何が起きているのかを神経機能画像を用いて調べることにした。チームはまず、ボランティアの協力者の脳活動をｆＭＲＩスキャナーで観察しながら、電気ショックを与えた。すると予想通り、ショックが与えられると痛みを感じる脳の領域（視床、前帯状皮質、島皮質など）が明るくなった。続いて、ショックを与える前に痛みを軽くすると伝えてプラセボのクリームを皮膚に塗布したところ、痛みに関連する脳領域の活動は減少した。[8] 相関関係が見られたということで、そこまでは何の問題もない。だが、ウェイジャーはこの鎮痛効果がどのようにして生じたのかを知りたかった。それから数年後、彼のチームはポジトロン断層法（PET）スキャンを用いて脳内のオピオイド受容体の活動を測定した。[9] そして、プラセボ治療は痛みにかかわる一連の脳領域でオピオイドの放出を増加させることを発見したのだった。単に「痛みは和らぐ」と期待すること、つまり「痛みは軽くなる」と信じること。それだけで脳は手持ちの薬箱を開け、エンドルフィン（実質的には中毒性のないモルヒネ）をはじめ、すばらしいオピオイドの強力な一服を投与してくれるのだ。ウェイジャーの実験は数々の先行研究の確認に役立ったが、そういった中にはオピオイド拮抗薬ナロキソンを投与するとプラセボ効果が打ち消されることを示した一九七八年の独創的な研究もあった。[10] 二〇〇九年に行われた別の研究によれば、ナロキソンは前帯状皮質（ACC）や中脳水道周囲灰白質（PAG）など、痛みに影響を及ぼす脳の主要な領域でオピオイドの作用を遮断することが判明している。[11]

脳内でプラセボ効果の影響を受ける分子はほかにもある。たとえば、カンナビノイド（大麻草に含まれる鎮痛成分。体内にはカンナビノイド様物質として存在する）など、各種の天然の痛み止めの放出が起きる。[12] また、痛みを予期しているときにプラセボを投与されると、脳の側坐核と呼ばれる領域では、意欲や快感にかかわる分子であるドーパミンが放出される。[13] 側坐核は脳の報酬系回路においてきわめて重要な役割を果たす。報酬系回路が活性化すればするほど、私たちは鎮痛という報酬を強く求めるようになり、プラセボ効果も大きくなる。重要な点だが、こういった研究では、プラセボ効果で痛みが軽減するのは何でも鵜呑みにする人をだまして具合がよくなっていると思い込ませたからではないことが示されている。プラセボ効果は紛れもなく痛み止めの強力なカクテルを脳内に放出させ、それは有効成分を含む薬物で利用されるのとまったく同一の経路に作用しているのだ。痛みを引き起こす刺激を受けるとしても、プラセボが与えられていれば、身体から脳に伝わる危険信号は、脳から下行する抑制性経路によって阻止される。この天然の鎮痛カクテルは、戦闘の真っ最中に負傷した兵士たちの痛みを和らげるものと同じだ。プラセボ効果が脊髄のレベルで危険信号を止め、信号が脳に達しなかったことを示すエビデンスもある。(14)

ここでは因果関係を取り違えないようにしたい。これはプラセボ、すなわち何らかの不活性物質が効いているということではなく、脳のおかげだ。私たちが治療を信じる気持ちが脳の薬箱を開ける。つまり活性（有効）成分は期待ということになる。これはプラセボの階層性を考えてみればよくわかる。プラセボであればどれも同じというわけではないからだ。食塩水注射は偽薬よりも鎮痛効果が高い傾向がある(15)し、偽手術の効果となると当然ながら薬や注射よりもはるかに高い。一般に、高価なプラセボは安いものよりも効く。(16)また介入が大がかりであればあるほど、患者さんはその治療を重要なものと解釈する。そして、患者さんと治療者のあいだによい関係が保たれているほど、痛みが鎮まることへの期待は大きくなり、したがって実際の鎮痛効果も高い。意味ありげで儀式めいた雰囲気の中で受ける密度の濃いセラピーは往々にしてとても効果的だが、それにはこんな理由があるのだろう。

ドイツで行われた大規模かつ厳密な試験では、偽鍼治療（鍼がほとんど皮下に刺入されない治療、また意図的に正しい経穴ではない部位を刺激する治療）に本物の鍼治療と同じ程度の鎮痛効果が確認された。(17)だが、おもしろいことに、この研究ではプラセボ〔偽鍼〕と鍼治療はいずれも、痛み止めや非薬物療法を含む従来の治療にくらべて鎮痛効果に優れる傾向があることもわかった。鍼治療における有効成分が信念だけとしても、それによって痛みが和らぐ人がいるのは明らかだ——もしかすると、標準的な治療であまり改善が見られなかった患者さんが特にそうなのかもしれない。ここでひとつきわめて重要な点に注意していただきたいのだが、私は持続痛の治療法として鍼治療を勧めているわけではない。期待の力によってしか効果が得られない治療法を推奨するのは誤解を招く。高額になることがあり、痛みを抱える本人が（自信に満ちた、自発的な個人ではなく）従順な病人でいることを助長しかねない治療となればなおさらだ。それでも、痛みを抱えている人々の状態を本当に改善する、エビデンスに基づく治療の可能性を探る中で、ケアの提供者と患者さん本人との相互作用がもつ鎮痛の効果に認められる何か、すなわち信念や期待や自信の力を無視することは怠慢になるだろう。当然のことながら、私自身を含め、医師が新しい治療法を使いたいと考えるのは、痛みを和らげる〝有効成分〟やメカニズムの有無はともかく、それが試験でプラセボよりも優れた有効性を示していた場合に限られる。臨床試験において「プラセボ」という言葉は失敗と結びついている。ある新薬に関する初期段階の試験でプラセボを上回る結果が出なければ、それは事実上ロケットが発射台で爆発したようなものだからだ。しかし、期待それ自体にある鎮痛の効果を無視すれば、私たちは大切なものを見落としてしまう。何かが誰かの痛みを和らげるなら、その何かは誰かの苦痛を軽くしている——それがよいことでないわけがない。

　痛みが和らぐときの信念の力は、これまた興味深い別の現象の背後にもあるかもしれない。モントリオールのマギル大学に所属するジェフリー・モーギルと彼のチームは、一九九〇年から二〇一三年までの膨大な臨床試験データを分析した。その期間を通して、アメリカではプラセボの効果が強くなっていた一方、ヨーロッパやアジアでは変化がなかった。[18] この原因は不明ながら、プラセボ効果が次第に強くなった結果として、製薬会社では新薬の有効性を示すことがいっそう困難になっている。研究チームによれば、アメリカで実施される試験はこの時期に長期化、大規模化したが、ほかの国々ではそのようなことは起きなかった。もしかすると、長期間にわたる、資金が潤沢で精巧な試験は、プラセボ群の実験参加者において自分がもらった薬は効くという信念を強めるのかもしれない。あるいは、アメリカは消費者向けの医薬品広告が認められている世界で数少ない国のひとつであるため、そのことが信念に影響を及ぼし、期待を高めているのかもしれない。これは製薬業界にとっては頭の痛い問題だけれども、時間を割き、注意を向けることによって治療の鎮痛効果が高まる可能性があるというエビデンスの充実につながっている。

もうひとつ次第に明らかになりつつあるのは、治療を施す人はその治療を受ける人の苦痛を和らげることに巨大な影響力をもっているという事実だ。まず、誰かが自分の痛みを止める処置をしてくれるのを目にすること自体が鎮痛になる。鎮痛薬が点滴で投与されるときは、何が起こっているかを医師が説明すると、コンピューター制御で患者さんが知らないうちに投与する場合にくらべて有効性が五〇パーセント高くなる。[19] さらに薬を投与する側の自信も、治療の有効性を大きく左右する。このことは次のようなユニークかつ驚異的な試験で見事に例証されている。それは、親知らずを抜歯した患者さんに三つの選択肢からひとつ選んで注射を行うという試験だった。選択肢のひとつ目であるフェンタニルは、強力なオピオイドで鎮痛効果をもつ。二つ目のナロキソンはオピオイド拮抗薬なので鎮痛作用があるはずのない薬。そして三つ目は食塩水、つまりプラセボだ。歯科医を二群に分け、一方の群にはフェンタニルかプラセボのいずれかが患者さんに投与されると告げた。もう一方の群にはナロキソンかプラセボが投与されると伝えた。そしてプラセボの鎮痛効果を両群で比較したところ、びっくりするような結果が出た。患者さんは二分の一の確率でフェンタニルを注射されると歯科医が考えていた場合、プラセボで痛みは三〇パーセント軽減したのに対し、患者さんがフェンタニルを注射される確率はゼロ（選択肢はナロキソンか食塩水のみ）だと歯科医が考えていた場合、プラセボ群の痛みは二〇パーセント強まったのだ。[20] 自信は伝染する。患者さんは言葉以外のじつにかすかな手がかりを感じ取ることができるし、またそれが本人の鎮痛に対する期待に大きな影響を与えることもある。

プラセボ効果によりよい反応を示す個人と集団のタイプを把握することは、臨床試験におけるプラセボ対照群の理解を深めるためにも、また——さしあたり倫理の問題を無視して——プラセボを治療に組み入れることで一部の人に鎮痛効果が得られるかどうかを調べるためにも、たいへん有用だと思われる。医療父権主義《パターナリズム》が支配的であった（そう遠くない）過去には、プラセボ効果は一般に情緒不安定で知能に問題があるような人だけに作用するものであると考えられていた。実際のところ、データはその逆のことを示している。楽観的で、報酬を手に入れようとする傾向が強く、順応性が高い人ほど、鎮痛への期待が大きくなり、そのためにプラセボ効果の影響を受けやすいという。二〇〇九年、マンチェスター大学の疼痛研究グループ（Human Pain Research Group）では、ポジティブな結果を期待する傾向、いわゆる「特性的楽観性」が高い人はプラセボ反応が強く出現しやすいことを発見した。[21] プラセボ効果に〝かかりやすい〟というのは、決して悪いことではない。じつはむしろよいことだ。それは私たちの最終目標、「痛みのさらなる軽減」に通じているのだから。

プラセボ効果については誰しも聞いたことがあるだろうが、その邪悪な双子について語らずに、プラセボの効果（と、それが痛みの緩和にどう関連しているか）を十分に理解することはできない。それは「ノセボ効果」のことだ。ノセボ（nocebo）とはラテン語の「私は害を加えるだろう」という意味の言葉で、ネガティブな期待のためにネガティブな効果を及ぼす治療を指す。ノセボ効果の研究に倫理審査の承認を得るのは当然ながら難しいけれども、これは私たちの周囲（と内側）で起こる身近な現象だ。臨床試験でプラセボ群の実験参加者に副作用が出てしまうとき、試験の開始時に説明を受けていた実薬の副作用と同じものしか出ないことが多い理由はこれでわかる。[22] 二〇二〇年の終わりに発表されたひじょうに興味深い研究によれば、スタチン〔高コレステロール血症の治療薬〕の服用で経験される副作用のおよそ九〇パーセントはノセボ効果によるものであるという。[23] ノセボ効果は〝集団ヒステリー〟発作の発端にさえなるかもしれない。紛争地域の学校では生徒たちが集団で失神する例が多数報告されている。[24] これらは初めこそ何らかの中毒が原因とされがちだが、医学的に詳しい検査をしても、事件性を示す証拠は見つかっていない。ひょっとすると、張りつめた、暗示にかかりやすい環境は何か害になることが起きるという心理的期待につながりやすく、その影響が広がり、身体症状として現れることがあるのではないだろうか。

ノセボ効果はごくありふれた現象で、持続痛を抱える無数の人々の生活を左右している。医者がノセボ効果を引き起こすのは信じられないほど簡単だ。「あなたは高リスクの患者さんです」「痛くなったら言ってください」といったフレーズは、痛みを悪化させ、不安をあおる結果につながりかねない。ちょっとしたひとことが大きく響いてしまう場合もあるし、ネガティブな言われ方はマジックテープのようにずっと引っかかるものだ。「なまった膝の調子はどう?」「腰がだめになった」「身体がガタガタだ」——私たちは他人や自分に知らず知らずのうちにノセボ効果を及ぼすことができる。医者にかかる前に症状を〝ググる〟というのも、痛みに関して一定の期待を抱くことなのかもしれない。人間として、私たちはふだんでさえとても暗示にかかりやすいが、身体的に脅威を感じたり、傷つけられたりしたとき、ネガティブな言葉は計り知れない影響をもち得る。言葉によって引き起こされた不安は神経伝達物質の放出につながる。これらの物質は痛みのブレーキを一気に解放してしまう可能性があり[25]、画像イメージングでも脳内の痛みのネットワークを刺激することがわかっている[26]。例のはなはだしく間違ったことわざ——棒や石で打たれると骨が砕けるかもしれないが、言葉では傷つかない、つまり口でなら何を言われても平気だ——は、そろそろ見直されるべき時にきている。言葉は実際に人を傷つけ、痛めつけることができるのだ。

朗報は、ポジティブな言葉や暗示は痛みにもポジティブな効果をもたらすことだ。私は医師として、患者さんに本当のことを話さなければならないし、そうしたいと思っている(またこちらから少しも痛くないですよなどと言ってしまうと、痛みが始まったときにたぶん余計に痛むだろうと考えている)けれども、だからといって、プラスの面にフォーカスして患者さんの痛みを軽減するような工夫ができないわけではない。たとえば、腕にけがをした患者さんを診察し終えたとき、私はそこから立ち去って報告を書いたり、その件で同僚の意見を聞いたりすることもできるが、無事なほうの腕について患者さんに尋ねて、悪いことばかりではないと気づかせることもできる。「そっちの腕はどうです? 何ともない? よかった! 伸ばせますか……指を動かすと……痛みは? ない? すばらしい!」[27]。ハーバード大学医学大学院が行った研究では、お産の前に脊椎麻酔の注射を受けるときにプラセボの言葉（「いまから局所麻酔薬を注入しますが、そうするとお腹のあたりの感覚がなくなります。処置中は楽にしていただきます」）をかけられた女性は、ノセボの言葉（「じゃあブスッと刺しますね。これがいちばん嫌なところです」）をかけられた女性よりも注射の痛みが少なかったことがわかっている。(28) そんなのは常識ではと思うかもしれないが、実際に臨床の現場でこのような対応を目にすることはごくまれにしかない。こういったポジティブな暗示は、短期的な痛みを本当に和らげることができる。確信をもって思いやりの心を示されると、それ自体が強力な鎮痛薬になるのだ。しかし、おそらくもっと心躍るのは、安全だという感じを強め、危険だという感じを減らすポジティブな言い回しや比喩、あるいは考えが、長期的な痛みを管理する上で信じられないほど効果的、端的にいえば革命的な方法であることだろう。これはプラセボの範囲を超えて、脳の再配線が絡んでくることだ（脳の再配線については第11章で検討する）。

痛みの不思議にまっすぐ切り込み、痛みについて私自身が信じていたことに関して疑問をもつきっかけとなった、シンプルかつ巧妙な研究がある。(29) 私はジュニアドクターになってからでさえ、痛みの強さは組織損傷の程度に比例する、痛みは薬で管理すると教え込まれてきた。要するに、痛みが強いほど、痛み止めも強くしていくのだ。その研究はオックスフォード大学・脳fMRI研究センター（FMRIBセンター）の神経科学者で痛みの専門家でもあるアイリーン・トレーシーのチームが二〇一一年に行ったもので、健康な実験参加者に点滴をつなぎ、痛みを引き起こす熱刺激を与えた。なお、参加者たちには知らされていなかったが、点滴をつないだ時点でレミフェンタニル（強力なオピオイド鎮痛薬）の注入が始まり、実験中ずっと続くことになっていた。レミフェンタニルは参加者の痛みを軽減したものの、その効果はわずかでしかなかった。そして、その後のある時点で参加者に対してレミフェンタニルの注入がまもなく始まると告げる（すでに投与されているのだが）。すると鎮痛の効果は倍増した。続いて、そろそろ注入が止まると伝える（これも事実ではないが）。そうすると、実際にはまったく同じ速度で点滴が続いているにもかかわらず、鎮痛の効果は突然消失し、参加者はまた痛みを訴えるようになった。最初からこっそりと始めていた強力なオピオイドの注入はあまり効果が出なかったが、この結果を補完するものとして、オピオイド鎮痛薬の効果は本人がその服用・投与を知らない場合に約三分の一弱くなることを示した複数の研究がある。(30) fMRIイメージングによると、試験の〝プラセボ〟の段階、すなわち注入が始まると言われたときに、実験参加者の下行性疼痛抑制系（危険信号が脳に向かって伝わることを抑制する脳の領域）が活性化することがわかった。プラセボ効果を得るためにプラセボを服用する必要は、じつはないのだ。一方、この試験の〝ノセボ〟の段階、つまり注入が止まると言われたときには、不安によって痛みが増強するネットワークが活性化していた。

もしかすると、プラセボ効果とかノセボ効果とかいった表現をやめ、代わりに「期待効果」と呼ぶべきなのかもしれない。私たちは痛みの経験を信念や期待によって――よいほうにも悪いほうにも――かなりの程度まで操作できる。人間の脳はとてもパワフルなので、ここは脳に頼ろう。実際の応用のひとつとしては、薬の服用に意味を付け加えることがある。(31) たとえば、わかりやすく毎日同じ時間に飲む、あるいはその薬で症状が改善する場面を具体的に思い浮かべるなど、鎮痛剤を飲むときにちょっとした儀式を行うようにする。ミシガン大学の人類学名誉教授でプラセボ効果の専門家であるダン・ムアマンは、自分の薬に向かって話しかけるそうだ。「やあきみたち、すごい仕事をしてくれるって信じてるよ！」。(32) 運動にしろ、人とのつきあいや瞑想のような活動にしろ、健康的な生活のために日々の習慣をつくるというのも、プラセボ効果をポジティブなかたちで利用することといえる。

だが、近頃のプラセボ研究のもっとも顕著な影響、最大の収穫といえば、おそらく介護者（ケアをする人）の重要性だろう。これは医師や配偶者、理学療法士など、どんな人でもかまわない。西洋医学は新しい薬や手法、技術の分野では大きな進歩を遂げてきたが、多くの面で介護者と患者の触れ合いがきわめて大切であること、信頼できる誠実な関係を築くことの必要性を顧みなかった。(33) ポジティブな情報、建設的な会話、長期にわたる有意義な交流は、実際本当に効く。私が思うに、これこそイギリスの一次医療《プライマリケア》のシステムの中で失われてしまったことではないだろうか。そのような事態を招いた複雑な原因としては、ずっと同じかかりつけ医に診てもらえない場合が多くなったこと、診察時間が一〇分に制限されていること、一次医療にしろ二次医療にしろ患者さんは自分がかかる専門家を自分で選べないことなどが挙げられる。親しい関係にある医師、あるいは技能と知識がしっかりしていると思われる医師に診てもらうという期待は、まさにそれ自体が薬だ。ちりも積もれば山となる。こういったことが重なると安心感が増し、脅威や危険の知覚を減少させるので、痛みが軽減する。そして――重要なことだが――希望がもたらされる。

プラセボ効果は、私たちがこれまで人体について教えられてきたことすべてに反しているように思われる。それにもかかわらず、プラセボには効果がある。しかも、一〇代後半の私がある雨の日曜の午後に喜びと驚きをもって知ったように、ひときわ風変わりな効き方をすることもある。すでに述べたが、私は催眠療法でどうやら治るまで、子どもの頃からずっと過敏性腸症候群（ＩＢＳ）に悩まされていた。

その日の昼間、ソファーに丸まって過ごしていたところ、思いやりのある親戚のひとりがお見舞いに来てくれた。その人はホメオパシーの熱烈な信奉者だ。ホメオパシーは代替医療のひとつながら、今日その有効性は全面的に否定されている。ホメオパシーの丸薬に生化学的な薬理作用はない。というのも、有効成分（そもそもそんなものがあればの話だが）は分子一個も残っていないほどに希釈され、「水の記憶」という、あらゆる自然の法則に反する怪しげな概念によってその薬の中に存在すると考えられているからだ。何十年にもわたる研究と数え切れないほどの試験を経て、ホメオパシーの薬にはプラセボ以上の効果はないとのことで圧倒的なコンセンサスが得られている。(34) 私の親戚は小さな円筒形の透明容器を開け（ラテン語に似せたような名前が書かれたラベルが貼ってあったが、私は読もうともしなかった）、砂糖だったに違いないが、丸い粒をひとつ手のひらに出した。「疑っているんだろうし、こういうのを信じていないのは知ってるけど、試してみたら」

私は勧めに応じて何の意味もないその粒を指でつまみ、飲み込んだ。すると、二、三分でお腹のひどい痛みがすっかり消えた。私は気分がよくなって恍惚とし、プラセボ効果で治してくれたことに、半ば皮肉のようなお礼しか言えなかった。だが、私の意識には不安になるような思考が染み込みはじめ、それはやがてじわじわと私を浸食していった——プラセボ効果が信念と期待から成り立っているなら、あの砂糖の粒が、それは砂糖の粒であるとわかっていて、何の効果も期待していなかった私に効いたのはどういうわけなのだろう？　こうして私はテッド・カプチャクの研究に出会った。

カプチャクはハーバード大学医学部の教授だが、ふつうのやり方でそのポストに就いたのではない。彼は一九六八年にコロンビア大学で学士号を取得したのち中国のマカオ〔当時はポルトガル領〕で四年にわたって伝統中医学を学んだ。アメリカに帰国後は習得した技術を活かしてボストンに鍼治療と漢方のクリニックを開いた。このクリニックの治療はとても効果が高く、にわかに西洋医学界の注意を引くことになる。一九八〇年代から九〇年代にかけてはボストンの各病院で痛み研究の部門に所属し、一九九八年に補完医療の研究のためにハーバードに採用されたのだった。[35] しかし、カプチャクは以前から、自分の治療の効力は鍼治療や漢方薬そのものにではなく、患者さんが自分に寄せてくれる強い信頼にあることに気がついていた。つまりプラセボ効果だ。こうして彼の研究はそちらの方向に進み、仰天するような（そしてまた多少物議を醸すような）成果を上げている。プラセボ効果の中心となる定説は、プラセボが効果を発揮するためには、患者がそのときに本物の治療を受けていると信じている必要がある、というものだ。ところが、二〇一〇年にカプチャクの研究室はＩＢＳの患者に対してある実験を行い、この定説を覆した。[36] その研究では、ＩＢＳの患者を無作為に二つの群に分けた。一方の群の患者は医師と楽しくおしゃべりはするが、まったく治療は受けない。もう一方の群の患者にはプラセボが与えられ、その際に「不活性物質からなるプラセボ、たとえば糖錠のようなものでも、心身の自己治癒のプロセスを通してＩＢＳの症状が著しく改善することを示した臨床研究がある」という説明を受けた。信じ難いが、この「オープンラベル・プラセボ」（非盲検プラセボ、「正直なプラセボ」ともいう）を服用した患者群では、何の治療も受けなかった群よりもはるかに大きな改善が認められた。プラセボは、それが偽物であると患者さんが知っていた場合でも効果を発揮するのだ。カプチャクのチームは、ＩＢＳとは別の痛みの症状（慢性腰痛、片頭痛）を抱える患者さんについても同じような結果を確認している。[37][38] このうち片頭痛の試験では、オープンラベルのプラセボによる鎮痛効果は従来の治療薬であるリザトリプタンほどではなかったが、まったく治療を行わない場合よりも高くなった。実際のところ、プラセボはリザトリプタンの五〇パーセントを上回る効果を示していた。これらの結果から得られるひとつの重要な知見としては、理論上プラセボは、倫理にかなったやり方で、あるいは少なくとも患者さんを欺かずに投与できるらしいということがある。こういったオープンラベルのプラセボが実用に適うのは、それによく反応する人をきちんと識別できる場合に限られるだろう。その識別は、個人の遺伝子マーカーとプラセボ反応の強弱の対応を調べることで実現される可能性がある。これは「プラセボーム」(placebome)研究と呼ばれるひじょうに新しい領域だ。[39] だがもしそんなプラセボが効くなら、副作用がなく、過量摂取や依存の恐れもない鎮痛剤を手にすることになるのかもしれない。

臨床でプラセボを応用できそうな方法はもうひとつある。こちらはプラセボ効果は潜在意識下で学習(条件づけ)されるという事実を踏まえたものだ。プラセボをめぐる期待が言葉による暗示で変わるのは明らかだが、何度も直接経験するというやり方で書き換えることもできる。ある研究では、実験参加者に繰り返し痛みを与えながらプラセボを投与し、参加者に薬の鎮痛効果がいちだんと強いと信じ込ませるためにこの痛みの強さをこっそり弱めたところ(「前条件づけ」という)、プラセボ効果は五倍に増大し、しかも数日間継続した。[40] ある薬とある反応が関連づけられると、やがては脳が将来の反応についての期待を学習して適応できるようになる。この条件づけは、「パブロフと犬」の例とそう違わない。犬たちはベルの音と餌を関連づけることを学習し、ベルの音を聞くだけで唾液を分泌するようになったという現象だ。二〇一六年にコロラド大学ボルダー校で行われた研究によれば、前条件づけがなされた実験参加者は、プラセボのクリームを皮膚に塗ると、それはプラセボであると知っていたにもかかわらず、痛みがかなり鎮まったという[41]。重要なことだが、前条件づけは自分自身の過去の痛み経験から生じなければならないわけではなく、痛みの治療に対する他者の反応を見聞きすることによっても起こり得る[42]。とりわけ興味を引かれる予備的な研究データでは、見た目が同じプラセボと本物の鎮痛薬を混ぜて処方し、患者さんにそのことを説明すると、本物の鎮痛薬の投与量を増やす必要を小さくできるかもしれず、なおかつ副作用や依存、費用を減らせる可能性もあることが示されている[43]。

オープンラベル・プラセボが有効であるというのはじつにおもしろい事実だが、なぜこれが起こるのかはまだよくわかっていない。カプチャクは、意識的な期待や無意識的な前条件づけだけでは、この奇妙な現象を説明するのに十分ではないと考えている。ひとつには、何度も治療に失敗し、前条件づけがなされた様子がない患者さんでこういった正直なプラセボが強い影響を及ぼす理由が示されていない。早い話が、現在の生物医学モデルはプラセボ効果について科学的かつ実用的な興味深い情報を大量にもたらしたけれども、それですべてを説明できるわけではない。オープンラベル・プラセボは、統一的なプラセボ理論を立てようとしている人にとっては邪魔な存在だ。しかしながら、数十年にわたる研究によって、カプチャクはプラセボ効果ばかりでなく、神経科学全体の統一理論となりそうなものに少しずつ近づいている。私は「予測処理モデル」という言葉を初めて目にした時、うっかりＳＦを読んでいるのではないことを確認しなければならなかった。それは直感に反している上、とても奇抜な印象を受ける。わかっていることと同じくらい臆測も多いのだが、このモデルを裏づけるデータは着実に増え続けている。

あなたは将来を予測できる、と私が言ったらどう思われるだろうか。そして、あなたはいつもそうしていると続けたとしたら？　知覚に関する従来の生物医学的な理論では、脳は身体の内外から来る感覚入力（視覚、音、有害な信号など）の受動的な受信機であって、これらの入力をベースに世界の知覚、すなわちモデルが形成されるとする。いわゆる「ボトムアップの」アプローチだ。たとえばつま先をどこかにぶつけると、危険信号が脳に伝わり、脳はその信号を評価して痛みをつくり出す。一方、予測処理モデルでは、脳は外界に関する見方を常に細かく調整している。世界がこう見えるはず、という自らの期待や仮説、信念（これらは「事前情報」と呼ばれる）と、新たに入ってくる感覚入力とを比較し、そのとき外界で何が起きているかについていちばん可能性が高いと思われる推測をしているという。脳は一種の予測マシンなのだ。これが実際に起こっているところを見たり想像したりするのは難しいが、私がこの文にわざと紛れ込ませた誤りが編集者の見落としではないとしたらどうだろうか〔正しくは「紛れ込ませた」〕。あなたの脳は、脳としてあなたが見るはずだと思っていたものを見せたわけだ。さてここで、次ページの逆さまの写真二枚を見てほしい。

では続いて、本書を逆さまにしてもう一度見てみよう。すると、〔本を正しく持って〕右側の写真では、女性の口と目が上下逆さまになっていることがはっきりする。顔を逆さまにすると部分の異常に気づきにくくなるというこの錯覚は、初めて報告された際に使われていた写真にイギリスの首相マーガレット・サッチャーのものがあったことにちなんで「サッチャー錯視」と呼ばれる(44)が、これからわかるのは、私たちは自分で予測したことを知覚しているということだ。こういった予測はすべて、信じられないほどのスピードで絶えず起こっている。しかもこのプロセスは大部分が無意識のうちに進む。これを適応的な、効率に関連する観点から考えてみると、脳がそうするのは理にかなっており、時々刻々と提示さ

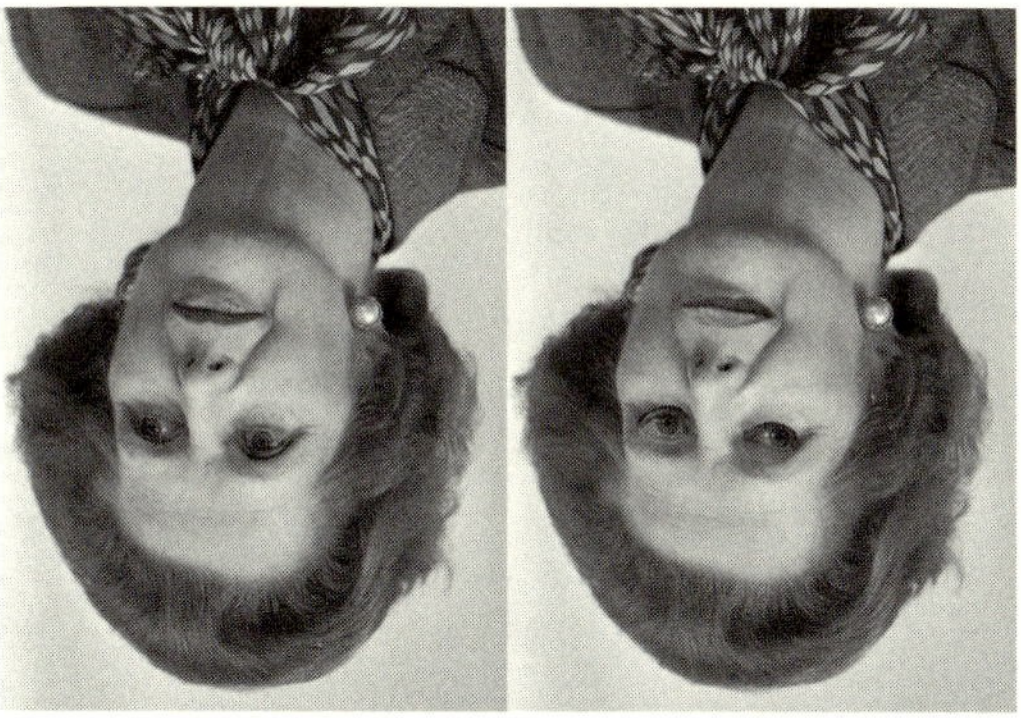

サッチャー錯視

れる感覚情報の圧倒的な激流全体の計算にエネルギーを浪費しないようになっている。この結果として、脳は本当に関心のあることに集中できる。それは「予測誤差」、入ってくる感覚情報と脳が期待するものとが異なっているときに生じる誤差だ。ごく小さな誤差なら、ふつうは「ノイズ」と判断されて知覚にかかわる脳の領域に届くことはないため、私たちが描く外界の姿は変わらない。しかし、誤差が十分に大きいと、私たちの脳は世界のモデルを修正するか否かの決断を迫られる。私たちが周囲の状況を意識するのは、感覚が脳の期待に背いたときだけなのだ。

　このようなデータフィルタリングのプロセスは、じつは静止画像の圧縮方式であるＪＰＥＧのしくみとよく似ている。ＪＰＥＧでは見た目に違いが出るほど解像度を下げずに画像の保存と送信ができるようになっているが、たいていの場合、任意のピクセルの値から隣り合うピクセルの値は予測でき、〔予測値との〕差が認められるのは画像中のオブジェクトの明確な境界に沿った部分だけである。そして、この予測から外れたデータだけを符号化することで圧縮が可能になる。つまり、伝達される情報は予測誤差だけなのだ。視覚を例に説明しよう。光が網膜に到達した時点で、私たちの脳は何が見えると思われるかの予測をすでに終えていて、高次の脳に伝えられるのは、その脳の予測に対する誤差のみとなる。(45) この考え方は、視覚野（視覚情報を処理する脳の領域）から下行する線維は上行する——小さな信号で期待と感覚情報との相違だけを送る——線維よりもはるかに数が多いという、旧知の解剖学的事実に一致する。(46) 相違がなければ、私たちには脳が期待した通りのものが見えるわけだ。

この顕著な例に、インターネット上でバイラル化したひとつの画像がある。二〇一五年の春のことだが、私がパブに遅れて着くと、一角に陣取った友人たちが、スマートフォンを取り囲んで激論を戦わせていた。近づいていくと、そのひとりが電話をつかみ、頼むよというふうに私の鼻先に突き出す。「おいモンティ、これ何色だ?」。のぞき込んだ私に見えたのは、紛れもなく白と金のストライプのドレスだった。聞いた本人は明らかにうろたえていた。「違うよ！　青と黒に決まってるじゃないか。いったいどんな魔法なんだ?」。その〝ドレス〟の写真は、ある人には青と黒に見え、別の人には白と金に見えた。それは一見でたらめに、友人や家族、カップルを分断したのだった。おまけに興味深かったのは、大多数の人が自分の見方を簡単には変えられなかったことだ（錯視であればほとんどの場合変えられる）。この現象が大きな話題になって以来たくさんの科学研究が行われ、まだ見解の一致をみていないものの、突き詰めれば予測処理モデルの問題であることを示すデータが得られている。曖昧な状況に直面すると、何を見ることになるかに関して脳は一定の判断を下す必要があるが、それは過去の事前情報や、ドレスを照らしているのは人工光か自然光か、あるいはドレスが陰になっているかどうかについての想定に基づくと考えられる。私が気に入っている説は、日頃どれだけ自然光あるいは人工光を浴びているかがドレスを見たときの脳の想定に影響を及ぼすというものだ。夜更かしをする人には黒と青に見えがちだが、私のような早起きの人には自然光に照らされているように（白と金に）見える傾向があるという。(47)

私たちが見ているものは世界で起きていることそのままではない（通常かなり近いものではあるが）。それは脳による最善の推測、世界をまだ見てさえいない時点でなされた推測だ。EUのヒューマンブレインプロジェクト（HBP）の一環で、きわめて高度な神経画像イメージングを用いて予測処理モデルの試験を行っている神経科学者のラース・ムックリ教授は、いみじくも「視覚はもうすぐ起こることへの期待から始まる」(48)と述べている。私たちは予測を通して、ある物体の動きと方向に見当をつけられる。テニスをするときには便利だし、道路を横断するとなれば命を救う能力だ。こういった予測は私たちが知覚する対象にも影響を及ぼしている。もしあなたがアマゾンの熱帯雨林で毒ヘビが多いことで知られる一帯をトレッキングしているなら、あなたの脳は——イギリスの森をぶらついているときにくらべて——微妙な形の枝を危険な爬虫類の動物だと解釈しやすい状態になっているはずだ。

おそらくこれは、自分で自分をくすぐることができない理由でもあるのだろう。私たちの脳は、くすぐっている手がこれからしようとしている動きがわかるので、このあと感じるはずのまさにその感覚を予測できる。ゆえに、その感覚は興奮したり、意外に思ったりするようなものではない——脳のほうではいつ、どこに手が触れるかをすべて承知しているということだ。私たちが生きているあいだ、脳は身体と外界についての内部モデルを調整・改良するために統計をとりつづける。予測処理モデル説によれば、こういった統計はベイズの定理にしたがうという。ベイズの定理とは、一八世紀のイギリスの牧師トーマス・ベイズが賭けゲームの勝率を計算しやすくするために考案した公式で、ある事前情報が新しいデータや条件に即して真である確率を記述する。予測誤差が生じたとき、私たちはその新しいデータに照らして、それまでもっていた信念を更新する。

二〇一八年と二〇一九年に発表された一連の論文で、テッド・カプチャクは新しいエビデンスに少々の推測を交え、鎮痛の経験とは身体の状態が改善する直接の結果ではなく、その改善が進行していることや痛みの刺激が取り除かれたことを脳が認識するプロセスであると主張している。つまり、自分は危険にさらされている、どこかを損傷したという脳の推測が、ボトムアップの情報その他の手がかりが違ったものになることによって修正されるわけだ。(49)(50) 痛みが和らいでいるというヒントが外部から与えられた場合、痛みが鎮まるのは速く、かつ強くなる。アイリーン・トレーシーによる点滴の実験で、参加者がそうとは知らずに強力なオピオイドを投与されていたときの鎮痛効果は穏やかだったのに、注入が始まると言われた途端に効果がはるかに強くなった理由はこれでわかるかもしれない。こういった手がかりやヒントは、言葉による暗示にとどまらない。薬を服用し、自信に満ちていて安心感を与える医師と話し、臨床環境に身を置くという治療の儀式によって、脳は体内のいかなる変化も鎮痛につながっているという考えをもつようになる。そして、予測誤差を最小にするために、脳は痛みの知覚を減らすのだ。

カプチャクは、オープンラベル・プラセボの効果はこの理論で説明がつくと確信している。私がIBSの発作のさなかにあのホメオパシーの錠剤――プラセボ――を飲んだ時、頭の中には次のような葛藤があった。薬を飲むという行為の刺激と儀式を受けて、脳は痛みが続くという予測を変更すべきか、それとも、錠剤に有効成分が入っていないことは論理的にわかっているのだから、予測はそのままにしておくべきか。カプチャクは、このようなミスマッチが起きると、理性に基づかない無意識的・情動的な反応が理性的な意識に優先されることがあると論じる。なお、このオープンラベル・プラセボの効果は、神経学的な事象が治療の儀式的な行為に無意識に影響されていることによるもので、意識的な思考のせいではない可能性もある。カプチャクは、「プラセボ効果は第一に行動によって誘発される。思考による効果は二次的なものにすぎず、それがまったく引き出されないこともある」と断言する。この見方はまだ推測にすぎず、オープンラベル・プラセボの科学はごく初期の段階にあることを繰り返しておくのは大切だ。しかしながら、予測処理モデルは、（意識的なものにしろ、無意識的なものにしろ）期待が知覚に影響を及ぼすのはなぜか、また痛みが驚くほど影響を受けやすいのはなぜかということもきちんと説明している。さらに、痛みを解明するという点ではプラセボ効果の範囲を超え、痛みが組織の損傷ばかりでなく、集中や情動、期待、過去の経験にいともたやすく影響される理由まで示している。もしかすると、このモデルは人々が持続痛を概念的に理解し、それに対処する助けとなるかもしれない。長年腰痛に悩まされている人がいると想像してみよう。この人は何年も前に「椎間板ヘルニア」をこれ以上悪化させないようにと言われ、動いたり、重いものを持ち上げたりすることに対する恐怖が事前情報に含まれるようになった。じつは、長期にわたる腰痛・背部痛の場合、大多数の患者さんは軽いものから始めて段階的に強度を上げていく運動によって痛みが和らぐ。だから、腰痛に詳しい理学療法士、オステオパシーの治療家、あるいは医師がそのことを説明し、ゆっくり腰を曲げたり、何かを持ち上げたりするのを手伝うとすれば、本人は痛みを感じるだろうが、思って（恐れて）いたほど痛くはないはずだ。そして、そこで生じるであろう大きな予測誤差が、世界についての内部モデルをだんだんと変えていく。つまり、患者さんとしても身体を動かすことが安心感や痛みの軽減に結びつくようになり、回復への旅が始まるわけだ。

脳の期待と予測は、私たちが痛みをどのように知覚するかにきわめて大きな影響力を及ぼしている。この事実は、西洋医学における心身二元論的な見方にはうまく適合しない。痛みに対して〝正直な〟プラセボ、つまりオープンラベル・プラセボの投与が効くかどうかが解明されるまでにはしばらくかかるだろうが、私たちがその〝期待効果〟を利用して、痛みを和らげ、生活を改善できる方法はかなりたくさんある。ポジティブな治療文脈——クリニックの診察室の物理的環境から医師の態度まで——を育むというのは、単なる添えものではなく、むしろ肝心なことだ。痛みを抱える誰かをケアする機会を得た人は皆、信頼を培い、不必要に不安をあおるような言葉遣いをやめ、ポジティブな結びつきを強くし、現実的ながらはっきりと前向きな姿勢を求める状況をつくり出すよう努力しなければならない。期待効果の利用とは、偽薬（糖錠）を投与したり、プラセボでしか効果の出ない治療法を勧めたりすることではなく、知識に裏打ちされた自信を養い、不安を和らげることだ。何よりも重要なのは、その結果として医学が人間らしいものになり、痛みを抱える本人と治療を施す人の両方に希望と回復への道を指し示せるようになることだ。

5 痛みの意味

情動と心理の力

人類が抱く感情のうち、もっとも古くもっとも強烈な感情とは恐怖である。そしてその中でもっとも古くもっとも強烈なのが、未知への恐怖である。

――H・P・ラヴクラフト

生理機能が落ち着き、治癒し、成長するには、本能的に安全・安心を感じる必要がある。

――ベッセル・ファン・デア・コルク

エヴァンは人当たりよく、歯切れもいいオーストラリア人の男性で、ビールの温度調節計の利点を激賞していたかと思うと、そのまま流れるように国際人道法の厳しい現実を解説することもできる。私は彼といろんな話をしながら、こんなにも賢く、憎めない笑顔を見せる人がこの世の地獄を見たとは、ほとんど信じられないと考えていた。

二〇〇六年、エヴァンの生涯の夢がかなった。当時二三歳の兵士だった彼は「サンディーベレー」の着用資格を得たのだ。オーストラリア陸軍特殊空挺連隊（SASR）の選抜に挑戦していたタフで健康、頭脳明晰な兵士一六〇人のうち、そのプロセスをくぐり抜けたのはエヴァンを含めわずか一九人。こうしてエヴァンは国際的に評価の高いエリート特殊部隊の一員となった。しかも、その年オーストラリア政府が、アフガニスタンのウルーズガーン州への治安維持・復興支援部隊派遣を発表したことを受け、同連隊は戦闘に加わる準備をしていた。支援において機動部隊の役割は直接的にも比喩的にも橋渡しをすることだったが、特殊部隊は機動部隊に対する脅威を特定し、抑止もしくは制圧するという任務を帯びていた。特殊部隊が捕らえた敵性戦闘員は、オーストラリア国防情報機構（DIO）所属の尋問者によって九六時間を限度に拘留され、その後アフガン治安当局に引き渡されることになっていた。この任務に備え、DIOの担当者らはSASRの若い兵士たちを相手に尋問の練習をした。ただ指導教官は経験に乏しく、説明責任もなかったがゆえに、これが大惨事となることは必至だった。

エヴァンが言うには、この〝尋問への抵抗〟訓練は、捕獲されてしまった場合に何が起こるかを限定的に、管理された状況下で疑似体験させるものだという。「拷問が目的ではないし、屈服させようとしているわけでもない。というか、それに近いようなことすら意図していない。あくまでそこに身を置く、その経験をする、ということなんだ」。訓練の一環として、兵士たちは「ビッグフォー」と呼ばれる事項――自分の名前、認識番号、階級、生年月日――のみを答えながら、少なくとも四八時間耐え抜くことを求められた。ジュネーヴ条約の条項によれば、尋問を受けた捕虜が明かさなければならない情報はこの四つに限定されている。(1)

エヴァンは頭から袋をかぶせられ、トラックの荷台に投げ込まれて、秘密の場所にある尋問センターに連れて行かれた。「そこに着くと、彼らは装備を取り上げて、きみが誰であるかを特定しようとする。

どの隊の所属か、とかね。彼らはこんな情報をすべて把握できることを誇りにしているし、実際うまい。だけど、ぼくはそれを知っていたから、装備はどれもクリーンにして、任務や所属をばらしてしまいそうなものは全部取り除いておいた。彼らにとっては明らかに挑戦だ。だから出だしから決めつけたのは間違いないね。『よし、こいつをつぶそう』って」

エヴァンはほぼ一〇〇時間に及ぶ拷問を受けた。「連中がどんな手を使えるか……どこまで人を従順にさせてしまうかは、本当にすさまじい。魔法をかけられているみたいだ。自分の感覚は一切遮断される。顔には黒塗りのスキーゴーグルが装着され、耳をつんざくような音楽が四方八方から響く。手錠をかけられ、冷たいコンクリートの床に足を広げたストレスポジション〔特定の筋肉に過大な負荷がかかる姿勢〕で座らされる。着ているのは病院で見かけるような検査用ガウンだけ、あとは素っ裸だ」。エヴァンはのちに、これらはグアンタナモ湾収容キャンプで行われていた手法を直接引き継いだものであったことを知る。二〇〇一年のアメリカ同時多発テロ事件以降、尋問・取り調べの担当者たちは、この基地で罪になるような組織損傷の証拠を残さずに耐え難い苦痛を与えることにかけてのエキスパートになっていったのだった。

エヴァンは、九六時間中に九回、尋問のために別の部屋に連れ出された。尋問者はエヴァンの真向かいに座り、次の言葉を大声で浴びせる。「**名前、認識番号、階級、生年月日。名前、認識番号、階級、生年月日。名前……**」。執拗な、催眠術にかけるかのような尋問は、捕虜が言う必要のないことを言うように仕向ける戦略だ。しかしエヴァンは折れなかった。ある尋問のあと、エヴァンはトイレに行かせてもらいたいと言った。だがこれは許されなかったばかりか、エヴァンは教官たちからひどい暴行を受ける。独房へと引きずり戻され、冷え切ったコンクリートの床でストレスポジションを強いられたエヴァンは、両足に血の筋があることに気づく。暴行者のひとりがエヴァンの尻を強く蹴りつけたために、肛門に裂傷が生じていたのだ。緩慢な拷問の時間がさらに続いた。

エヴァンは、手も足も出せない屈辱的な状況に追い込まれた上、絶えず身体的な脅威にさらされていた。殺されてしまうのではないかと、彼は心底おびえていた。そして、本当に軽くそっと触られたり、ほんのわずかに筋肉をひねったりしただけで、痛みを感じるようになった。「また痛い思いをすると考えることさえ痛みにつながった」という。心理状態や情動、その場の文脈は、痛みの経験において身体的な入力とまさに同じくらい重要だが、実際にはそれ以上に重要なことも往々にしてある。「痛み――時には激しい痛み――にも、我慢できるものがある。ほら、〝週末戦士〟っていうけど、トライアスロンの大会に出たり、途方もない距離のウルトラマラソンを走ったりする人たちがいるじゃないか。ああいったレースは管理された環境だ。自分でコントロールできる状況で、本当の脅威はなく、参加する側には目標がある。目標を念頭に置けば、そのときの痛みには耐えられる。実際ぼくがSASRの選抜コースにいたときも、痛いとかつらいとかはよくあったけど、サンディーベレーっていう目標をもっていたし、それに全員いつでもやめられると知っていた。ところが、あれはまったく違った」。拷問が始まってからおよそ七二時間後（この間彼は食事も睡眠も禁じられていた）、エヴァンは意識を失った。

この厳しい試練に続く数か月、エヴァンは自分の身に何が起きたかを口に出せなかったし、理解することすらできなかった。そんなある晩、彼が兵舎のトイレに入ると、突然姿の見えない誰かの声――あの「**名前、認識番号、階級、生年月日……**」を繰り返す声――が響き渡った。心的外傷後ストレス障害

（PTSD）には多くの症状があるが、エヴァンの場合はこの声が聞こえたことが最初だった。彼の症状のうちでもとりわけひどく、また本人を大いに混乱させ苦しめたのは、痛みに極度に敏感になったことだ。エヴァンは自分の痛みの閾値の高さとSASR兵士に求められる過酷な仕事に耐える能力を誇っていたが、それがいまや、ブーツを履いたり、通常の風呂より低温のプールに入ったりすると、激痛を感じるようになってしまった。その痛みは全身にわたって感じることが多かった。エヴァンのトラウマとなった拷問の経験によって、彼の脳は短期の痛みから持続する痛みへの素早い切り替えを強いられた。その結果、彼の脳は実質的に配線がやり直され、あらゆる潜在的な脅威を過剰に警戒するようになる。大ざっぱなたとえだが、痛みを屋外防犯灯だとすると、ふつうは人間サイズの何かが夜中に家に近づいてきたときにオンになる。ところがエヴァンの防犯灯は風に舞う一枚の葉っぱでオンになるようになってしまったということだ。持続痛は拷問のあとにはきわめてふつうなのに、心的外傷後の症状としては見過ごされやすい。興味深くかつ重大なことに、拷問後に生じる長期的な痛みの経過は、その経験で被った身体的なダメージの程度によるのではなく、拷問の心理的・情動的なインパクトとPTSDの発現に左右される。(2)

痛みは感覚的なものであると同時に情動的なものでもある。この二つの要素は脳の物理的なスペースにおいて、また私たち自身の実体験という面でも、重なり合い、絡み合っている。あまりにも入り組んでいるので、どれがどれだか見分けがつかないほどだ。科学者たちは昔からこのことを知っていた。たとえば、もっとも広く受け入れられている国際的な痛みの定義によると、痛みは「……感覚かつ情動の不快な体験」(3)であるという。拷問者らもまた、このことをずっと知っている。彼らは人間の情動と思考がいかに痛みに影響を及ぼすかについての専門家だ。エヴァンを尋問した者たちは、期待と脅威の感覚を高め、彼が自分の身体についてもっていたあらゆるコントロールの感覚を奪った上で屈辱を与え、一見適当に、予測できないタイミングで痛みを加えたのだった。

しかし、拷問者が利用するのと同じ情動回路のネットワークは、人々が痛みに対処するためにはもちろん、時には痛みを排除するためにも役立つ場合がある。さて、最新のわくわくするような研究について掘り下げる前に、用語を簡潔に定義しておこう。この点では、情動の定義にコンセンサスがなく、科学者たちがまだ熱い議論を交わしている最中だけになおさらやっかいだ。[4] それでも、一般にほとんどの人は、「情動的な経験とは、体内の生物学的な活動の結果として生じる感覚である」という定義に同意するだろう。私たちが味わう情動的な経験は、たいてい恐怖や怒り、嫌悪などのカテゴリーに分類できるとはいえ、個々の経験はそれぞれにユニークなものだ。あるひとつの情動的な経験を、さまざまな材料からつくられる一個のケーキだと想像してほしい。たとえば末梢神経系からの入力（つま先をぶつけた、お腹が空いている）、認知プロセス（記憶と注意）、判断や心理的な評価といったことが混ざり合ってできているという意味だ。ケーキにはいろいろな種類がある（し、通常その違いは見て取れる）が、同じ種類のケーキ一個一個も少しずつ違っていて独特だ。そして、情動は身体的な感覚（たとえば空腹感）や周囲の事象（自動車事故を目撃する）、あるいはより深い認知プロセス（ばかなまねをしたときのことを思い出す）によっても喚起され得る。

情動と感覚入力とを混ぜ合わせ、ひとつの統一された経験をつくることになると、（ケーキのたとえを最大限に引っ張るなら）ベテランパティシエのひとりは前帯状皮質（ＡＣＣ）と呼ばれる脳の領域だ。ＡＣ

Ｃはブーメランのような形で、ちょうど「情動にかかわる」辺縁領野と「認知にかかわる」前頭前野（前頭前皮質）のあいだに位置しており、この解剖学的構造はＡＣＣの役割にとってきわめて重要な意味をもっている。ＡＣＣは身体から脳に入ってくる感覚情報、たとえばぶつけた足先からの有害な信号の流れをモニターする。身体にダメージや危険がないかと絶えず監視しているわけだが、ＡＣＣとしては自分のことを単なる痛みの探知者というより、むしろ痛みの教授に近いと思っている。ＡＣＣは前頭皮質で自分の象牙の塔に閉じこもり、有害な信号がどこから来ているかというような凡庸な痛みの情報には無駄に時間を割かず、その代わりに痛みの意味を求める。社会的排除や不安、気分の落ち込みといった経験において、痛みの身体的・情動的・社会的な要素を統合するのだ。このＡＣＣは、私たちが誰かに「気持ちを傷つけられる」と実際に傷つき、文字通り痛みを感じることを理解する助けとなってきた。ＡＣＣは私たちが身体的な痛みを感じたときだけでなく、拒絶されて傷ついたときにも活性化する。[5]注目すべきことに、痛み止めのパラセタモール（アセトアミノフェン）は情動的な痛みと社会的拒絶による苦痛・不快感を軽減するが、画像イメージングの研究でＡＣＣの活動を抑えることが示されている。[6]また複数の研究によると、「身体的な」痛みを鎮める一般市販薬には、所有物を手放したときのつらい気持ちを、その物を想起させるイメージに対する情動的な反応を抑えて和らげる効果があるという。[7]ＡＣＣをはじめ、情動的な痛み回路のネットワークにかかわる領域の重要性は、脳卒中や脳腫瘍などでそこが選択的に障害された場合に明確になる。第2章に登場した痛覚失象徴の女性患者アンナは、自分が痛みを経験しているときにはそれがわかったが、痛みがもつ不快な、情動的な性質はまったく感じなかった。彼女の場合、痛みは嫌悪をつくりだすものでなかったため、知らないうちにけがをしてしまうことも防げなかった。情動的な要素を欠いている以上、アンナが感じていたものはもはや本当の痛みではなかったと論じることもできるかもしれない。

このような痛みの情動的な成り立ちは最近、ある型破りな神経外科医のグループによって活用されている。脳深部刺激療法（DBS）とはいろいろな症状の改善を目的に施される神経外科的な処置だが、特定の周波数で作動するごく小さいペースメーカーのような電極を脳内の決まった場所に慎重に埋め込む。これがある種の痛みを和らげるために最初に用いられたのは一九五〇年代のことで、現在でも、多くは脳卒中後疼痛——脳卒中のダメージによって痛みを処理する脳の領域に引き起こされる痛み——を含め、さまざまな難治性の慢性痛に対する「最後の賭け」として施術されている。(8) この手術では、感覚的な痛みの信号にかかわる脳の部位、すなわち痛みの感知と識別をつかさどる領域に電極が留置される。しかし、オハイオ州クリーブランド・クリニックに所属する神経外科医アンドレ・マチャドは、DBSの成果が一定しないことに不満を抱き、通常のコースを外れてみることにした。二〇一七年に開催された米国脳神経外科学会の年次総会で、マチャドと彼のチームは思いがけない結果をいくつか報告している。(9) 彼らの研究では、神経外科医がDBSの手術を行い、慢性脳卒中後疼痛の患者さんの脳に電極を留置した。ただし、電極は感覚的な痛みの信号に関連する領域ではなく、情動的な脳の領域、具体的には腹側線条体と内包前脚に埋め込まれた。その結果は予想外ながら、ひじょうに興味深いものだった。全体として、患者さんに痛み強度の減少は認められず、たとえば手術前の痛みが一〇のうち九だったとすれば、手術後も同じような激しい痛みを覚えていた。ところが、患者さんの気分や幸福感、自立性、生活の質（QOL）については劇的な改善が見られた。痛み強度は変わらなかったのに、苦痛は和らいだ。

つまり、痛みの意味と痛みの経験が変化したわけだ。この研究はこれまでの流れを一気に変えるようなもので、情動にかかわる脳の領域に調整を加えることにより、相当にひどく、しつこい痛みを楽にできる道を切り開く可能性がある。

読者は、痛みがもつ情動的な要素が大きくものをいうのは拷問のような極端な状態や最先端の神経外科学に限ったことだと考えているかもしれない。だが、私たちの誰もが体験する痛みは、それが持続する時間の長短によらず、すべて私たちの気分や情動、思考によって形づくられている。オックスフォード大学のアイリーン・トレーシー教授は、いくつかの情動に関して、健康なボランティアと持続痛を抱える人々の痛み経験がそれぞれの情動からどのように形成されるかを確かめた。彼女が最初に調べた（おそらくはもっとも強力な）情動としては、不安と、その近縁にあたる恐怖があった。トレーシーらが行った二〇〇一年の研究では、健康な男性のボランティアにfＭＲＩスキャナーの中に入ってもらった[10]。各ボランティアには三角形または四角形の視覚的な合図が提示され、この合図が出てからおよそ一〇秒後、左手の甲に熱風が吹きつけられることになっていた。二つのマークの一方（たとえば三角）が出たあとには必ずほどほどの熱刺激が続いた。もう一方のマーク（四角）は、最初のうちは三角の場合と同じくほどほどの刺激が続くのだが、実験が進むにつれて、四角のあとに時々かなり熱い刺激が与えられるようになった。実験参加者にとって、この四角は徐々に忌まわしいシンボルに変わったということだ。四角に続いてどんな熱さの風が来るかがはっきりしなくなると、参加者の不安のレベルは急上昇した。そして、四角のあとにほどほどの痛み刺激が与えられた場合でさえ、その痛みは三角に続くまったく同じ刺激よりも強く知覚されるようになった。fＭＲＩの画像では、脳の中でも特に嗅内皮質と呼ばれる領域が痛みを予期してずっと活性化しており、またそのために痛みをめぐる情動の処理（前帯状皮質）と強度のコーディング（島皮質）に関連する脳領域もいちだんと活性化した状態になっていた。うまくデザインされたこの研究からは、不安が痛みを悪化させること、さらに恐怖と痛みの関係は「予言の自己成就」になってしまう場合があることがわかる。

たとえば私の注射恐怖症を考えてみよう。医者の立場では、患者さんの採血や注射は日常茶飯事で、歯磨きをするのとあまり変わらない。それなのに、自分が医者にかかることになり、注射をされる立場になると、子どもの頃からの恐怖症をまだ引きずっている。診療所の建物に入るなり嫌なドキドキが始まり、待合室で座っているあいだに膨らんでいく。そして「ドクター・ライマン、三号室へどうぞ」とふつうに言われただけで脈が速くなり、パニックになりかける。感情の高ぶりと考えすぎとが相まって、たいていの人ならまずわからない程度にちくりとやられても、自分としてはそれこそ槍で突かれているような感じがする。それは、注射をしてくれる医者なり看護師なりがたまたま学生時代の――あまり出来がよくない――知り合いではという恐怖かもしれない。あるいは、昔注射で特別痛い思いをした経験が次の注射を控えて猛烈な不安につながり、それ自体が痛みの経験を悪化させ、そのことが注射を待つ間の不安を強め、さらにそのことが注射後の痛みをいちだんと悪化させ……という可能性もある。

個人のレベルでいうなら、私の注射をめぐる恐怖と痛みの悪循環はエヴァンの経験にくらべればまったく些細なことだ。しかし、広く人口全体にスケールを拡大すると、これはとてつもなく重要なことになる。ワクチンを考えてみよう。ワクチンは効く。実際、人類がこれまでに生み出した中でもとりわけ偉大な医療介入のひとつだ。アメリカでは、個々の出生コホート（同じ年に生まれた人の集団）について、小児予防接種プログラムがおよそ二〇〇〇万件の疾患と四万件の死亡を防いでいるという[11]。そしてまた、ワクチンは新型コロナウイルス感染症の災禍を退ける上で唯一の長期的な解決策だった。ところが、注射に関する恐怖と痛みのサイクルは、ワクチンをはじめとする医療介入の効果と真っ向から対立する。現に、注射恐怖症をもつようになった子どもは予防接種を避けるばかりでなく、血液検査や歯の治療、献血などもしないらしい[12]。そんな人たちが自分の子どもに予防接種を受けさせる可能性は小さいだろう。一方で、恐怖はおそらく伝染し、例のサイクルは続いていく。予防接種に応じないと、本人にとって危険な状況がつくられるだけでなく、集団免疫が低下するため他人を危険にさらすことになる。重要な点だが、恐怖と痛みのサイクルは予防接種のたびに不安と痛みを強めるので、本人は惨めな思いもする。さらに悪いことに、予防接種の痛みが医師らの優先事項となることはあまりない。それは単に「ちくっとする」ことだとみなされ（実体験を反映していないにもかかわらず、大半の医療従事者がこの表現を口にする）、痛みは処置に伴うものとしてあきらめるべきと考えられているからだ。反面、明るいニュースとしては、注射の痛みを軽減するためにはローテクで実用的、なおかつエビデンスに基づいた方法がたくさんあり、将来の予防接種や侵襲的な処置について、患者さんとの長期にわたるポジティブな関係づくりに役立てられることが挙げられる[13]。

注射が痛くないように見せかけようというのではない。じつは、患者さんに「痛くありませんよ」と言葉をかけることは、疑わしく信用できない状況をつくり出し、痛みの経験を増強させることとさえある。そうではなく、目的はむしろ安心感と快適さを高め、脅威や危険の意識をできる限り小さくすることだ。乳幼児の場合は、親または介護者がまっすぐに座らせて、抱きしめるようにする。子どもを寝かせるのはよくない。横にされると、その子のコントロール感が低下するので恐怖が高まり、痛みの悪化につながる。もし乳幼児がまだ小さければ、予防接種は授乳しながら、あるいは砂糖水など甘くおいしいものを与えるのと同時になされるべきだ。こういったことは注意をそらさせるほか、快感や安心感といった痛みを和らげる要素を兼ねる。楽しく気を散らすという体験は欠かせない。ゲームやジョークは子どもの注意をほかのものに向けさせるだけでなく、注射を打たれたことを満足や安全と結びつけて考えるきっかけを与える。また、深い呼吸も安らぎやコントロールの感覚を引き起こす。子どもにシャボン玉を吹かせるのは、これを遊びの要素と組み合わせるやり方だ。五歳以上の子どもでは、予防接種の前とその最中に注射をする／したところの周辺をさすると痛みが軽減するというデータがある。その他のエビデンスに基づくアドバイスとしては、注射の前に麻酔クリームを使うことや、複数の異なるワクチンを同時に接種するときには、いちばん痛みの強い注射を最後に打つようにすることなどがある。

さらに、言葉の力も信じられないほど強い。ひょっとすると直感に反しているかもしれないが、安心させるつもりで「大丈夫、すぐ終わるよ」「ああ、ごめんね」などと子どもに声をかけると、実際のところその子は何か憂慮すべきことがあると考えるようになる。潜在意識は否定形（〜ない）をあまりきちんと認識しないことに留意されたい。脳がまず受け止めるのは、否定されている、具体的な意味をもつ言葉のほうだ（「痛くない」ならまず「痛い」をイメージしてからそれを否定する、ということ）。それよりもむしろ、介護者にとって鍵となるのは、予防接種を終えてからプラスの面――何がうまくいったか――について話をし、その子に自信をもたせることだ。そうすれば、次に予防接種を受けるときの不安や、痛みを感じる可能性を小さくできる。恐怖や不安が深刻な場合には、暴露療法に類する心理療法で効果が見られることが多いので、試してみる価値はきっとあると思う。注射恐怖症における恐怖と痛みのサイクルが個人や社会に及ぼす影響を考えれば、これは「ちくっとする」だけで片づけられる問題ではない。

不安と恐怖は痛みを悪化させる。それは、不安と恐怖によってダメージや危険、あるいは脅威の感覚が強まり、脳がよりいっそう身体を守ろうとするからだ。情動的な痛みにかかわる脳の領域（ACCや島皮質、前頭前野など）は、その痛みは自分で誘発したものか、それとも外部の何かによって引き起こされたものかを判断するときにも重要な役割を果たす。北京のある研究チームは、いささかひねくれた拷問器具を用いてこのことを実証した。(14) 握力を鍛えるハンドグリップにはリング型のものがあるが、彼らはその内側に先のとがったビーズを付けて、いわばあべこべのナックルダスターに改造したのだ。実験の参加者は各自左手にこのリングを巻きつけ、そこを自分の右手で握るか、あるいは施験者に握らせる。同じ力を加えるのだが、施験者が握ったときのほうがずっと不快だと判断され、画像イメージングでも、脳は外部の脅威からもたらされる圧力について、自分で握った場合とは異なる解釈をしていることが確認された。

この「外部の脅威」という概念は、コントロール〔自分で制御できること〕の喪失と相まって、エヴァンが受けた拷問が耐え難いほどの苦痛を伴った理由を説明している。視覚はゴーグルで奪われ、聴覚は片時もやまない大音量の音楽に圧倒された状態で、冷たくじめじめした床に何時間も座らされたことで、エヴァンの脳はあらゆる接触を有害で命にかかわる可能性があるものと解釈し、痛みのシステムの活動が過熱状態になったのだ。無力感によって痛みが悪化することは長く知られている。一九四八年に行われたある実験では、ラットが餌を食べると必ず電気ショックを与えるようにした。(15) 一方の群のラットはジャンプをすると一時的にショックが来なくなることを学習したのだが、もう一方の群には、ジャンプをしてもしなくてもショックが与えられた。後者のラットは明らかにいちだんと落ち着きがなく、餌を食べたがらなかったという。それから二〇年後、アメリカの心理学者ケネス・バウアーズは、人間の実験参加者に電気ショックをコントロールする感覚を与える（ショックを避けることはできるし、そうすべきだと伝える）と、その人たちはショックを避けるためにできることはないと言われた人にくらべ、ショックの痛みをはるかに弱く評価することを発見した。(16) エヴァンは、自分で合図を出せばすぐにやめられると聞いていたSASRの選考中に経験した痛みのほうが、拷問の最中、自分ではどうにもならないと感じていた時の痛みよりもずっと我慢できるように思われたとはっきり言った。* これは（実験にしろ現実にしろ）拷問というひどい苦痛の世界だけに関係することではない。もし持続痛を抱えて生きている人々がコントロールとパワーの感覚を身につけられたなら、痛みそれ自体の強さと不快さはきっと小さくなるだろう。これを実現する最善の方法は、明らかに、痛みとは何であって、何でないかを説明することだ。また次善の策は、日々の痛みに対処するテクニックを人々に教えることだ。

短期的な痛みを著しく悪化させる唯一の情動は不安だけではない。あなたがいまポジティブな気分で、それでいてその幸福感をどれほど速く数段階下げられるかを知りたければ、セルゲイ・プロコフィエフのオーケストラ曲「モンゴル治下のロシア」〔カンタータ『アレクサンドル・ネフスキー』作品七八の第一曲〕を半分の速度で聞くといい。この作品は数々の心理学の研究で悲しい気分を引き起こすことに成功している。(17) アイリーン・トレーシーのチームは、健康な学生のボランティアにこの曲を聞かせ、同時に「私は人生に失敗した」「私には友達がひとりもいない」といったネガティブな文を読んでもらった。(18) そして、もっと不幸になれとばかりに、左前腕を刺激し、痛みを誘発する熱を突発的に与えた。実験参加者はその後、明るい調子の音楽（ドヴォルザークの交響曲第九番『新世界より』の第二楽章ラルゴ）を聞きながら当たり障りのない文を読んでいるあいだに、まったく同じ痛み刺激を与えられた。本人たちの報告によれば、悲しい気分のときは、そうでないときにくらべて痛みがより不快に感じられたという。これはたぶん意外でもないだろうが、重要な点を裏づけている。気分は痛みの経験に影響を及ぼすのだ。大切なのは、この研究では、その背後にある生理的なプロセスがｆＭＲＩスキャナーに入った実験参加者の脳画像にはっきり現れていたことだ。悲しい気分が呼び起こされた場合には、痛みの感覚的・情動的な側面にかかわるいくつかの脳の領域（扁桃体、島皮質、下前頭回、前帯状皮質など）の活動が高まっていた。この研究によって、誰かの心理状態をネガティブなほうに操ると、脳の中にある〝不安の音量ボタン〟が作動して不安が大きくなることがわかった。痛みの経験とは結局何であるかを考えれば納得できるだろう。それは本質的には自分の身体を危険や脅威から守ることに尽きる。不安や心配があったり、恐怖を感じていたりすると、私たちの脳はこの警報の出力を増幅させようとするわけだ。痛みが火だとすれば、こういった情動はそこに注がれる油ということになる。

ネガティブな情動や脅威の感覚は短期的な痛みを悪化させるだけにとどまらない。それは短期の痛み

＊エヴァンは自身の処遇に対して正式に苦情申し立てを行ったが、その後オーストラリア軍特殊部隊と七年にわたって争う結果となり、大いに注目を集める訴訟にもつながった。この裁判でエヴァンは国会議員のジャッキー・ランビー氏の支援を取り付け、同氏は議員特権によってエヴァンの存在を一般に知らしめた。エヴァンは部隊から外され、階級も剝奪されていたが、最終的には階級を回復し、多額の訴訟費用はオーストラリア国防省が負担することになった。

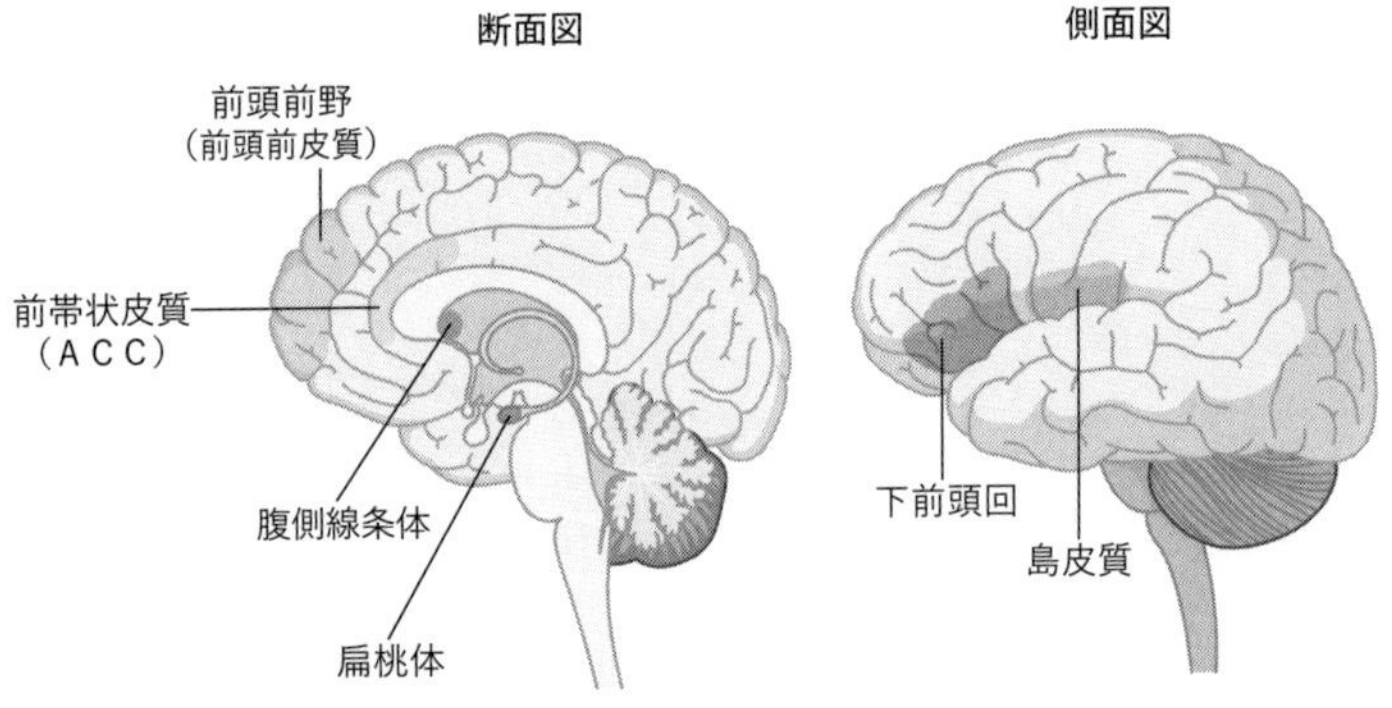

痛みの情動的な処理

から長期の痛みへの移行を容易にするほか、痛みと苦しみを予期するような脳の配線が生じるのを助長する。一例として、長期の腰背部痛を取り上げよう。腰や背中の痛みは欧米ではひじょうによく見られる。欠勤理由の第一位でもあり、私たちの大半が人生のある時期に体験することだ。[19] 腰や背中に痛みがあるのはつらいものだし、何か深刻なダメージを負ってしまったと思うのはとてもよくわかる。ところが、じつに興味深いことに、腰背部痛と背骨（脊柱）の状態との関連はきわめて弱い。膨大な数の研究によると、慢性の腰背部痛ではほとんどのケースで構造的異常の兆候は認められず、しかもそのような異常（椎間板ヘルニアなど）がある人の多くはまったく痛みを感じていなかったという。現に、大多数（九〇パーセント以上）の症例で組織損傷は一切見当たらない。また、世界の発展途上地域では慢性腰背部痛の患者さんが少ない。日々〝ひどく骨の折れる〟作業に従事し、人間工学に基づくデザインの椅子や特殊なベッドマットなどは使わない人々にはあまり見られない症例なのだ。

では、背骨の状態と慢性の腰背部痛の結びつきが弱いのだとしたら、何が起きているのだろうか。慢性の腰背部痛は実在する痛みで、ひどく不快なものでもあり、往々にしてその人の一生を台なしにしてしまう。私はこれまでに、そんな腰背部痛に悩む人たちを病院の内外で数えきれないほど診て／見てきた。朗報といえるのは、なかなか治らない腰背部痛の大半のケースでは、簡単に手に入る知識や情動的な脳の力を利用したテクニックを使って惨めな状態を和らげ、そこから抜け出せるという事実に圧倒的なデータの裏づけがあることだ。腰や背中にいきなり思いもよらない痛みを覚えると、さまざまなことが気にかかる。背骨がやられたのだろうか、痛みはいつまで続くのだろう、痛みは自分で抑えられるものか、などと矢継ぎ早の質問を自分に投げかけるかもしれない。痛みは、前頭皮質のうち思考の破局化や反復にかかわる領域を活性化する（持続する痛みの場合は特にそうだ）。情動の面ではダメージに対する恐怖が支配的になり、痛みは究極的には防護のためのものであることから、結果として痛みは大きく増悪する。腰をちょっとひねってしまい、小さな痛みが走ったとき、その痛みは背中をかばうよう促す一方で、脊椎にダメージが生じたと思い込ませることも容易にできる。このような恐怖は、脳の「過剰警戒」、すなわち通常なら痛みを伴わない信号を危険やダメージを想定する理由だと解釈してしまう状態につながる可能性がある。さらにそこから、「恐怖とあらゆる動きの回避」という無限の悪循環も起こりかねない（じつは運動の継続は慢性痛の緩和にかなり有用な方法のひとつなのだが）[20]。実際、あなたの脳があらゆる種類の動きを痛みと結びつけるまでに、さほど時間はかからないだろう。回避は痛みに対する反応としてではなく、痛みを予期することで起こりはじめる。不安や脅威、気分の落ち込みは痛みを悪化させ、それがさらなる気分の悪化につながる。このようなネガティブな気持ちは、ほかの天然の痛み止め――質のよい睡眠、人づきあいや健康的な食生活など――をあなたの知らぬ間に奪ってしまう。また、身体のホルモンや免疫系のバランスが崩れるために慢性のストレスが増大し、痛みを悪化させる。こうしてどんどん悪いほうに落ちていくわけだ。

この転化の現象は多くの画像イメージング研究でも実証されている。二〇一三年にイリノイ州ノースウェスタン大学で実施された研究では、短期（＝急性）の腰背部痛が生じた患者群を分析し、経過を一年にわたって追跡した。[21] 一年がたった時点の脳スキャンでは、痛みが消失した患者と慢性痛に移行した患者のあいだでじつに興味深い違いが認められた。腰背部痛が一時的なものから長期的な痛みになった場合は、たとえ最初の痛みの原因がすっかりなくなっていたとしても、脳活動の神経サインが情動に関連した脳内ネットワークのほうにシフトしていたのだ。痛みが長引くにつれて、情動と恐怖にかかわる脳領域（扁桃体、前頭前野、大脳基底核）の関与が強まる。一〇年以上しつこい腰背部痛を抱えている人でも同様の結果が見られることから、このサインは脳内に深く刻まれる可能性があるようだ。予想できることかもしれないが、急性痛から慢性痛へのこういった移行は、もともと気分障害がある人の場合にはいっそう起こりやすい。[22] また、自分が抱える痛みを気にしがちな人も、痛みが長引いたり、オピオイド依存に陥ったりする傾向が高い。[23]

幸いにも、このサイクルは断つことができる。人間の脳は生涯を通してすばらしい順応性、いわゆる「神経可塑性」を示す。リフレーミング〔あることをそれまでとは異なる視点でとらえ直すこと〕とリトレーニング〔再教育〕を通じて恐怖と痛みのサイクルから脱却することは可能だし、それで痛みが大幅に減少、あるいは完全に消失することさえある。アプローチのひとつとしては、対話療法（より正式には「心理療法」）の活用が考えられる。ワシントン大学が二〇一六年に行った研究では、慢性腰痛の緩和には二つのタイプの心理療法が「通常のケア」にくらべて有効であることがわかった（なおこの「通常のケア」とは、そのグループに割り当てられた参加者に五〇ドルを渡し、それまで頼っていた治療法や医薬品を継続、あるいは必要に応じて新たに入手させることだった[24]）。この二つの心理療法の一方は、痛みに対する認知行動療法（CBT）だった。これは痛みについて患者さんを教育することに加え、痛み経験に影響を及ぼすネガティブな思考を識別し、それを変化させるテクニックを習得させる療法だ。もう一方はマインドフルネス・ストレス低減法（MBSR）。こちらはマインドフルネスの瞑想とヨガを取り入れたトレーニングで、思考や情動、感覚に注意を向け、現状をありのままに観察できるようになることを目指している。

高い関心を呼んでいる心理療法としては、アクセプタンス＆コミットメントセラピー（ACT）も挙げられる。「アクセプタンス（受容）」という語を長期的な痛みに悩まされている人に対して持ち出すというのは、当然ながら異論のあるところだ。私自身、ある患者さんがこう言ったのを覚えている。「私があそうですかと納得して自分の痛みを受け容れると本気で思ってらっしゃるんですか？」。だが、受容とはあきらめて降参することではない。自分の痛みを自分で管理し、心理的な柔軟性を高めていく上で、受容というのは実際とても使える足がかりだ。ACTのポイントはいくつもあるが、直接的な痛みの経験をコントロールしたり阻止しようとしたりせず、それを受け容れること――価値判断をしない、中立的な観察者となること――をとりわけ重要視する。これにはマインドフルネスが役に立つことが多く、時間の経過とともに反芻（なかなか消えないネガティブな思考）と、痛みに対する情動的な強い反応が減っていく。ACTの実践によって多くの人が痛みとともに生活できるようになったが、ACTは痛みを軽減することもでき、時には消失させることさえある[25]。

マインドフルネスに基づく心理療法がどのように作用するかを見通したければ、(極端な例ながら)ベテランの瞑想実践者を調べてみたい。ウィスコンシン大学マディソン校のチームはまさにこれに取り組み、少なくとも一万時間の瞑想をこなした仏教の瞑想実践者に、レーザーで誘起される熱の痛みを与えた。[26] おもしろいことに、瞑想のベテランと初心者で感じた痛みの強度に差はなかったが、痛みの不快さについてはベテランのほうが著しく低かった。画像イメージングによると、ベテランの瞑想者では情動的な痛みに関連する脳領域(前帯状皮質や島皮質)の活動が初めこそ高まるものの、それは繰り返し刺激が与えられると低下し、さらに痛みに先立って扁桃体(恐怖と不安を引き起こすことにきわめて重要な役割を果たす領域)の活動も低下するようになったことが示された。この研究論文の著者らは、痛みに対する「経験的開放性」を養うと、痛みを予期し脅威を感じることが少なくなり、それに伴う不安と恐怖が低減すると示唆している。

持続痛は過去のトラウマ的経験によって悪化することが多く(時にはトラウマ的経験が持続痛を引き起こすこともある)、その点への対処から痛みを大いに緩和できる場合がある。デトロイトのウェイン州立大学とミシガン大学の共同チームが考案した新しいタイプの心理療法では、自分の痛みを情動や人間関係、過去のトラウマの影響を強く受けているものとしてとらえることを患者さんに教え、ポジティブとネガティブな感情を両方とも表現できるよう、つまり自分の情動に敏感になれるようサポートする。最近のデータによれば、この「感情認識・表現療法(EAET)」は持続痛の軽減に有効という可能性が示されている。[27] ところで、エヴァンは最終的に、強い薬に頼るのではなく、心理的な苦痛を軽減しなければ、痛みが消えることはないと悟った。エヴァンの長期にわたる耐え難い全身の痛みは、過去のトラウマによる苦しみに照準を合わせた「眼球運動による脱感作と再処理法（ＥＭＤＲ）」という心理療法によってほぼ完全に解消した。これはＰＴＳＤに対してエビデンスのある治療で、患者さんは両側性の刺激タスク――たとえば、自分の目の前で左右に動く治療者の指を眼球で追う――を行いながらトラウマ的な記憶を想起するという段階がある。おおまかな考えとしては、タスクを実行中の患者さんはトラウマについて限定的な情報しか取り出せないので、そのトラウマに結びついているネガティブな情動が弱まる。そして、その記憶はネガティブさが薄まったかたちで再処理され、患者さんには脱感作〔刺激に対する感受性が弱まること〕が起こるわけだ。ここに列挙した心理療法は網羅的なものではなく、ほかにもいろいろな治療法が開発されているが、[28]有効なものにはいくつかの共通点がある。それは痛みについての教育を通して患者さんにコントロール感を身につけさせること、危険と脅威の感覚を減じること、そして、情動の健全な処理をしやすくすることだ。

身体的なことがらよりも心のあり方を重視するアプローチが、誰にでも、またどんな種類の痛みにも効果を発揮すると言うつもりはない。事実、二〇二〇年八月に発表された大規模研究によると、ＣＢＴやＡＣＴといった心理療法は――概して――人々が痛みに対処する助けとなることはよくあるけれども、それ自体の痛み軽減効果はほんのわずかにすぎないことがわかっている。[29]これら特定の治療法は、一部の人にはとてもよく効くが、その一方で何の効果も出ない人もいる。なお、重要な点だが、痛みを気分や情動のひとつにすぎないととらえ、そのように扱うことは、危険である上に間違っているということにも注意してほしい。また、心理療法は逆効果になる恐れもかなりある。誰かが実際に抱えているひどい痛みを「気のせい」あるいは「認知のゆがみ」だとして、念じさえすれば消えると考えるのは科学的に正しくないし、はっきりいえば痛みに苦しんでいる人に対して無礼だ。それでも、気分や情動、心理的な態度が痛みにきわめて大きな影響を及ぼしているのは確かだし、この影響を些末なことのように扱うのは私たち自身のためになっていない。痛みとそれに結びついた情動を知覚する方法を変えるには時間がかかり、相当な練習が必要だが、これはローテクで一般には副作用もほとんどなく、生活がすっかり変わることもあり得る。

ポジティブな態度を培い、状況は上向くと理解することは、たとえそのために努力と辛抱が必要だとしても、痛みがもたらす苦しみと制約を減らすことにつながり、それらをすっかり取り除くことさえできる。また、落ち込んだ気分を回復させる方法――人と会っておしゃべりする、目標のある仕事・活動に従事する、あるいは抗うつ薬の適切な使用――は何であれ、痛みの経験を改善する可能性も高いとわかったことは、もうひとつの大きな収穫とみなせるだろう。気分の良し悪しだけに目を向けてとにかく気分をよくしようとするよりも重要なのは、当事者に知識を授け、その人たちが自らの態度を恐怖と絶望の枠組みから自信と希望に基づくものに切り替えられるようにすることだ。長期的な痛みからの回復とは、脅威や危険という見方を保護と安心・安全のそれにシフトさせること、すなわち、痛みを組織損傷の通報者としてではなく、いわば保護者（私たちを守ろうとしてくれているが、往々にして過保護）だととらえるようになることだ。人間の心は痛みの強力な調整器であり、意味を与えることは強力な薬になり得る。

6　痛みなければ益もなし

苦痛と快楽、そして目的

痛い思いをしないかぎり、痛みは気にならない。
——作者不詳（オスカー・ワイルドが言ったとされる）

＊注意——本章の最後には自傷行為の描写がある。

一八世紀イギリスの哲学者で「功利主義」の父とされるジェレミー・ベンサムは「自然は人類を、苦痛と快楽という二人の主権者の支配下に置いてきた[1]」と主張した——私は学校でそう習った。功利主義者らは、人間の幸福における最終的な目標は快楽の最大化と苦痛の最小化である、と唱えたのだった。与《くみ》しやすい目標にも思える。苦痛は唯一の悪であり、快楽は唯一の善なのだから。ところが、議論をふっかけるのが好きなクラスメートはこれに納得せず、手を挙げて（いつもながらうまいことを）言った。「でも先生、もしお尻を思い切りひっぱたかれるのが好きだったらどうなるんですか？」。これを合図に、内気な教師は一六歳の子どもたちの集団の興味をサドマゾヒズムの話題からそらせようと躍起になるのだが、この生徒のからかいの言葉には、じつは本人が意図した以上の洞察が含まれていた。

痛みと快感は必ずしも相反するものではないし、痛みが快く感じられる場合さえあることを、私はすでに経験から学んでいた。冒頭のできごとからひと月ほど前、私はイギリスの子どもにとってはじつに貴重で、神聖なひとときを過ごした。それは雪の日だ。学校は休校になり、私は近所の友達のグループに交じって街角のあちこちで雪合戦を楽しんだ。敵がどんな連中だったかは思い出せないけれども（おそらく別の学校の生徒たちだったのだろう）、雪玉が自分の身体や顔にぶつかるたびに、私は達成感に満ちた高揚が湧き上がるのを感じていた。あれは痛みではなかった。友達をかばって雪玉を食らい、そうすることで彼ら（と私自身）に本気の戦いぶりを示していたのだった。その翌朝、雪はまだ残っていたが学校は休みにならず、私は教科書を抱えて道を歩いていた。すると、突然腰のくびれのあたりに殴られるような痛みがあり、続いてすぐに首の後ろ側でぱっと雪煙が舞った。雪の玉が崩れたのだ。振り返ると、弟が茂みから姿を現し、私めがけて雪玉をもう一個投げようとしているところだった。客観的にいえば、腰にあたった玉の衝撃は前日に私が浴びた雪玉の大半よりも弱かった。しかしながら痛みはずっとひどく、それから一時間は背中全体に不快な感じがまとわりついていた。これは文脈が変わったからだ――雪合戦は終わり、弟からの攻撃は思いもよらないことだったのだ。

この話は、同じような感覚でも、文脈によって苦痛に感じられたり、心地よいものに感じられたりすることを示している。そんなことはあるだろうと長く考えられてはいたものの、研究室の制御された環境で実証されたのは比較的最近になってからだ。まったく同じ刺激をある状況では痛いと感じ、別の状況では快いと感じることのとりわけ印象的な例は、二〇一二年にオックスフォード大学のアイリーン・トレーシーのチームが行った研究に見られる。この研究では、「快楽度の反転」を確かめる実験が初めて用いられた。(2) 実験参加者を二つのグループに分け、皮膚に熱刺激を与えたのだが、一方のグループ（対照群）の参加者には、痛くない程度の温かい刺激が与えられる時間と、軽い痛みを引き起こすことを意図した中程度の熱刺激が与えられる時間があった。もう一方のグループでは、その中程度の刺激と、さらなる痛みを引き起こすような高強度の刺激を与えた。そして刺激が与えられるごとに、参加者はそれがどれほど痛かったか、あるいは快かったかを記録し、刺激の強さを評価するよう求められた。

最初のグループでは、中程度の熱刺激は不快かつ痛いと解釈された。ところが、二番目のグループでは、中程度の刺激で安らぎを覚えるとの結果が出た。それは強い痛みの刺激にくらべればずっとましだったからだ。驚いたことに、二番目のグループに属する参加者の多くは、この中程度の痛み刺激をしばしば快いものと解釈した。こういった経験の報告は生物学的な所見によっても裏づけられた。fMRIスキャンを用いた神経機能画像から、「心地よい痛み」を経験している人は情動的な脳の領域（島皮質と前帯状皮質）の活動が低下していたが、報酬系回路にかかわる領域（前頭前皮質と眼窩前頭皮質）では活動の亢進さえ見られ、脊椎に向かう痛みの信号を弱めていることが確認されたのだ。報酬系は特定の状況で最大の成果が得られたとき、たとえば金銭的な利益を上げたとか、大損する可能性があったが小さな損失で済んだというような場合に活性化される。注目すべきは、この報酬系が文脈に依存する相対的なものであることだ。そのため、もうひとつの選択肢は強い痛みであるという状況において、実験の参加者は中程度の痛み刺激に安堵を――さらには快さを――感じたわけだ。

この巧妙な研究は、まったく同一の刺激が、ある文脈においては痛みを引き起こし、別の文脈では安堵と快感をもたらすことを明らかにした。痛みが経験される文脈を変えれば、痛みの経験をネガティブなものからポジティブなものに転換できるということだが、これを「快楽度の反転」という。この現象は、痛みについて私たちが知っていることのすべてに反しているように思える。痛みとは痛いものだし、何であれその痛みの原因となっているものを通常は嫌悪の対象として避けるために、自分の行為を変えようという気にさせる経験だ。ところが、ひじょうに興味深いことに、ある状況においてあるタイプの痛みがいちばん痛みの少ない選択肢である場合、私たちの脳はそれを快いものととらえ、それを求めるよう仕向けさえする。

このきわめておもしろい研究について読んだあとでも、私は「快楽度の反転」は現実離れした例外事象のようなものだろうと思っていた。学校での勉強や現場の経験を踏まえれば、おおよそ人間は快楽を求め、苦痛を避ける。痛みを感じる（したがって痛みを回避する）ことができない先天性無痛覚症という病気の患者さんでは、悲しいことに二〇代まで生きていられる例がめったにない。痛みが生命の維持のために欠かせないものであることはここからも明らかだ。はるか紀元前四世紀にさかのぼると、アリストテレスは苦痛と快楽が人々の行為を決定する、人間は「快いものを選び、苦痛を与えるものを避ける」と見ていた。(3) アリストテレスはまた、これはよいことであるとし、「人々は若者を教育するにあたり、快楽と苦痛を用いて操縦する」と述べている。ジェレミー・ベンサムなら、すべてにご満悦というところだろう。つまり苦痛は悪であり、快楽は善なのだ。それでも、私としてはここでおもむろに一歩下がり、現実の世界と実際の人間の行為を眺めてみることにしたい。人々の活動を任意の尺度――これまでに食べられたトウガラシの量、ジョギングで走破された距離、読まれた『フィフティ・シェイズ・オブ・グレイ』の部数――で評価してみると、人間がしばしば積極的に痛みを求めることがあるというのはどうやら確かなようだ。

　これを理解する鍵は、安全装置としての痛みの役割、また私たちが自分の身を守ろうとするときの、行為の動因としての痛みの役割にある。人間がそういった振る舞いをするのは、報酬を求め、罰を避けることによって首尾よく生き残るためだ。また人間の身体も常に綱渡りをしているような状態にあり、体内のバランスを整えて均衡を図ろうとしている。そこで身体を均衡状態に近づけるような刺激はすべて快いものとして感じられるし、身体を不安定な状態にさせるような刺激はすべて不快なものと感じられる。うだるような夏の日に冷凍グリーンピースの袋を額に押しつけるのはものすごく気持ちがよいけれども、寒い冬の夜に同じことをしても惨めな気分になるはずだ。古くなったパンひと切れは、まる二日何も食べていない人にとってはこの上ないごちそうだが、満腹の人には見るのも嫌なものだろう。同じように考えれば、快感はある刺激にメリットがある、有益だというサインだし、痛みはその人に対する危険あるいは罰のサインだ。刺激によって身体が均衡状態に近づけば近づくほど、その刺激から得られる快感と報酬は大きくなる。

　私たちの痛みや快感の解釈は、将来の報酬あるいは脅威についてどれだけ知っているかにも左右される。危険や脅威を強く感じるほど、痛みの不快感も強くなるのだ。実験環境下でコントロールされた痛みや陣痛など、健康や命への脅威には関連づけられていない痛みを経験した人は、その不快さの程度を痛みの強さよりも低く評価することが多いが、がんや慢性痛の患者さんでは、痛みの不快さのスコアが強さよりも高くなる。(4) さらに、まもなく鎮痛というかたちで報酬を得られるはずという期待は、それ自体が実際に痛みを鎮める効果をもたらす――これはプラセボ効果（期待効果というべきだろうか）の核となる原則のひとつだ。(5) 重要なことだが、報酬があるにしても、わずかな痛みと引き換えでなければ得られないというとき、私たちは喜んでその痛みに耐える。痛みの経験は報酬の快感を高めることさえあるが、その単純かつ基本的な一例は、人間が食料になるものを栽培したり狩猟したりする上で味わってきた苦労と苦痛だろう。

快感と痛みの関係のシフトやたびたび起こる反転は、そのるつぼに社会や文化の影響を投げ込むと、いっそう気まぐれなものになる。私の弟はイギリス陸軍の将校なのだが、訓練を経て痛みを楽しむようになった（少なくとも私にはそう思える）。人文科学を修めた初々しい若者から強健な兵士へ。この変身は、士官学校で毎朝五時スタートの過酷な教練を受けた一年に始まり、その後 Platoon Commanders' Battle Course という厳しいことで有名な小隊長訓練コースをもって完成を見た（こちらは三か月間、もっぱらレンガを担ぎ、雨をついてウェールズの山々を駆け上るというものだったようだが）。たまに会うと、彼はいつもふふん、とからかうような表情で私の身体――二、三キロのジョギングは平気ながら、軍隊では一週間も耐えられそうにない身体――を眺め、庭でにわかブートキャンプを始める。そして私が腕立て伏せ三〇回で限界を感じると、いかにも愉快そうに痛みにまつわる陳腐なスローガンを大声で唱え、私の苦痛にさらなる屈辱を与えるのだ。「痛みは身体から出ていく弱み」「今日の痛みは明日のパワー」、そしてもちろん「労なくして益なし――痛くなければ効いてない！」

こういった〝励まし〟の掛け声には弟ならではのサディスティックな皮肉が込められているけれども、それらはいずれも痛みと快感、目的についてなかなか深いことを述べている。私がバーミンガムのクイーン・エリザベス病院に設置されている軍病院で勉強していた時は、痛みを必要かつ意味のあるもの、あるいは心地よいものとさえとらえる若い兵士たちによく出会った。この軍病院で実施された心理学的研究によれば、痛みに対して軍人が示すアプローチには二つのタイプがあり、文脈に応じて切り替わることが明らかになった。その一方は〈no pain, no gain 無痛無益〉、つまり痛みは必要であるという立場、もう一方は〈roughie-toughie 心身強靱〉のイメージで、こちらは痛みを感じたり、痛みを人に見せたりすることは弱さの表れであると解釈する見方を指す。[6] 格闘家に期待されるタフで鍛えられたイメージに自らを合わせるボクサーであろうと、はたまた名誉と恥の文化の中で育ち、たとえ病の苦しみの中にあっても痛みを外に出さないことを誇りとする人々（これは第9章で検討する）であろうと、社会的学習と文化的期待は痛み行動に影響を及ぼすし、痛みを快いもの、あるいは望ましいものにすることさえある。私は痛みを抱える患者さんを診るたびに、その人の経歴や痛みの目的に関する固定観念を知ることはきわめて役に立つと身にしみて感じている。

人間の行為は、私たちが快楽はすべて善、苦痛はすべて悪だとは考えていないことをはっきりと示している。私はここまで、人は快楽を求め苦痛を避けるという前提で話を進めてきたが、そうではなくて、私たちはじつのところ報酬を求め罰を避けるのだ――これは微妙ながら決定的な違いだ。ここでいう報酬は身体を平衡状態に近づけ、社会的受容を高め、究極的には私たちの防護と生存の可能性を向上させる。なお、何が報酬になるかは個人差が大きいし、その人ひとりの中でもかなり変わることがある。私たちが痛みあるいは快感を感じると、身体へのさまざまな感覚入力、体内のバランス、また潜在的な報酬や脅威についての認識が組み合わさり、その人個人の痛みに関する「主観的効用」というものが生じる――つまり痛みの〝意味〟だ。これを踏まえると、痛みの根幹をなす難問のひとつ、刺激の強さと最終的な痛みの経験のあいだになぜこれほど大きなばらつきがあるのかの核心に迫ることができる。この隔たりの背後にあるメカニズムは、カリフォルニア大学サンフランシスコ校の神経学教授ハワード・フィールズが提唱した「痛みの動機づけ－意思決定モデル」でうまく説明される。フィールズによれば、「侵害刺激の強さと、その刺激による痛み経験の強さとの関係に見られる変動性は、一種の意思決定プロセスの現れとして理解できる」(7)という。

ここでの意思決定とは、痛みを引き起こしている刺激に対して反応するか、それとも痛みと競合する衝動に焦点を合わせるかの判別を指している。重要なことだが、このような決定は意識的に行われるものではない。コンマ何秒かのうちに、これら相反する利益が脳内の防衛省によって評価検討され、痛みの経験をつくり出すか否かの命令が下る。極端な例をひとつ挙げるとすれば、ある人が公園をジョギング中、リードにつながれていない大型犬に足を噛まれてしまったという場面が考えられる。この人は噛まれた痛みをまったく感じないが、それは痛みを感じるよりもずっと重要な衝動——生命に対する直接的な脅威と戦うこと（そしてその脅威を消滅させるか、それから逃れること）——に集中しているからだ。結局のところ、動機づけの面で対立があるときは、何であれその時点で痛みよりも生存にとって重要度が高いものは鎮痛の効果を生じさせる。ちなみにこの事実は陣痛のさなかの女性が出産の痛みをコントロールする際にも役立っている。さらに、このモデルによれば、その重要度のより高い報酬に鎮痛効果がある限り、痛みは我慢できるということにも留意すべきだ。

痛みと快感をめぐるこのような難問の中で、意思決定の根底にある神経科学はいろいろと複雑だが、煎じ詰めればかなりのところは二種類の物質——オピオイドとドーパミン——とのかかわりと見ることができる。モルヒネとヘロインが代表的なオピオイドであることは間違いないけれども、多くのオピオイドは私たちの体内で産生されており、それらはある刺激や経験を好きになるため、要するによい気分になるために必要なものだ。たとえば、オピオイドのシグナル伝達を増強させると食物の報酬から得られる快感が増大するが、反対にオピオイドを阻害すると食物による快感は明らかに減少する。[8] 重要なことに、オピオイドの阻害は報酬に関連した鎮痛の効果も低減させる。[9] オピオイドは何かを好きになるときに必要だが、もう一方のドーパミンは何かを欲しくなるときに必要な神経伝達物質だ。ドーパミンは私たちが実際に報酬を得る前に作用する。つまり、報酬を求める、あるいは罰を回避する行動を起こすよう促しているともいえる。ドーパミンは、将来（あるいはまもなく）報酬が得られると予期される場合に、いま現在の痛みを軽減することに重要な役割を果たす。ドーパミンを投与されると、人は将来のさまざまなできごとから得られる快感に対して著しく大きな期待を抱くようになる。

ユニヴァーシティ・カレッジ・ロンドンが行った研究では、実験の参加者に世界から八〇の旅行先を挙げたリストを見せ、それぞれの場所に行けるとしたらどのくらい幸せかについて、各自の期待を評価するように求めた。続いて、参加者全員にプラセボと先の旅行先を半分にしたリストを与え、それぞれの場所で自分が休暇を過ごしているところを想像するよう指示した。その後、半数の参加者にはドーパミンを（パーキンソン病の治療薬L－ドーパの剤形で）投与し、もう半数には再度プラセボを与えた上で、再び全員に対して、二番目のリストにはなかった旅行先で休暇を過ごしているところを想像するよう指示した。そして翌日、実験参加者は前日に二番目のリストで同点の評価を付けた旅行先のペアからどちらか一方を選ぶよう求められ、さらに元のリストにあった八〇の旅行先の評価をあらためて行った。注目すべきことに、ドーパミンが効いている状態で休暇を想像した旅行先については、快の期待値が著しく上昇していた。[10] ドーパミンは私たちが報酬を求めるようはたらくが、重要なのは痛みを伴う刺激が止まったときにもドーパミンが放出されることで、ここから痛みの緩和も報酬だと認識されることがわかる。[11] なお、痛みの緩和に結びついた快の感覚に関していうならば、悲観論者でいることはじつは得になる。オックスフォード大学の研究によると、悲観的な実験参加者が痛みが和らいだ時点で感じた快の感覚は、楽観主義者が経験した感覚よりも大きかったという。[12] 痛みがなくなったときの報酬は、ネガティブな期待に背くことに加えて驚きという情動的な要素から生じるが、よい結果を期待していない人では両方ともより大きくなるためだ。

ドーパミンとオピオイドがどのようにして痛みを快に変えるのかを理解するために、ここでケイティーの例を考えてみることにしよう。ケイティーはいまロンドンマラソンを走っていて、二〇マイル〔約三二キロメートル〕の地点に近づこうとしている。三時間ほど走り続けた結果、筋肉中に大量の乳酸が産生されているが、乳酸は侵害受容器を刺激し、侵害受容器はさらに脳に向かって不快な信号を放つ。

しかし、ケイティーはこのレースを完走すれば個人的にも社会的にもかなり大きな報酬が得られると期待しているので、脳の腹側被蓋野と呼ばれる領域ではドーパミンが産生され、段階的に放出される。それに伴い、脳の報酬系回路においてきわめて重要な構造（側坐核、腹側淡蒼球、扁桃体）からはエンドルフィンをはじめとするオピオイドが放出されるようになる。これらの領域では、快の感覚を期待しているときばかりでなく、その感覚を経験しているときにもオピオイドの放出が起こる。このオピオイドの放出によって、最終的にはケイティーの脚からの不快な信号はブロックされ、その結果通常であれば

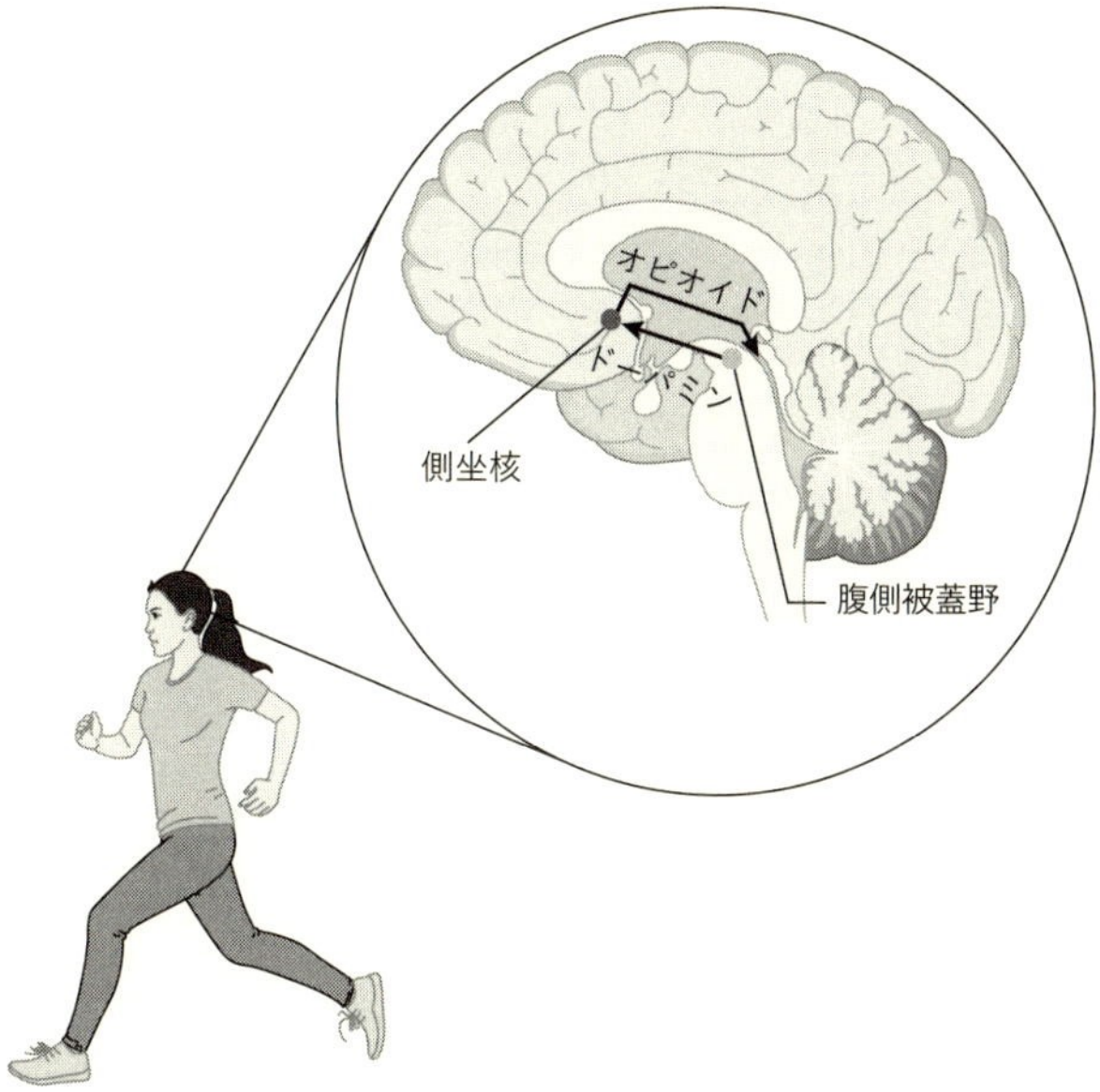

報酬系回路と鎮痛

痛みの出現につながる信号が阻害される。人間では一般的な遺伝子変異のひとつのおかげで、痛みを伴う刺激にさらされているときには高いレベルでまずドーパミンが段階的に放出され、続いてオピオイドが大量に放出される。[13]

興味深いことだが、脳の「痛み中枢」と「快感中枢」のあいだには驚くような重なりもあり、脳内報酬系にかかわる領域では特にそれが目立つ。快感と痛みとが実際相互にリンクしていることは、オハイオ州立大学の研究からうかがえる。この研究では、鎮痛薬パラセタモール（アセトアミノフェン）は情動的な痛みの要素を好転させる――不快な刺激の不快度を減じる――だけでなく、快感も減少させることがわかった。[14] さらに、痛みと快感は直接影響を及ぼし合うものであることも明らかだ。食べものやセックス、音楽といった快い経験によって痛みが著しく軽減することは昔から認められている。[15][16] 気を散らすという要素も一因ではあるが、結局は快の刺激が脳の中で安全だという感覚をつくり出していることになる。逆にいえば、痛みの経験は快感を減らし、快感を求める行為を少なくさせる。私はこれを、持続痛の患者さんが抑うつ状態の中核症状のひとつである無快楽症（アンヘドニア）を発症している例で本当に何度も見てきた。無快楽症とは、以前はとても楽しいと感じていた活動から快感を得られなくなっている状態を指す。快感を求めたり、それを経験したりしないことに加えて、長期にわたる痛みでは目標の追求や行動を起こすことに関連した回路も妨げられるため、痛みと向き合う上での意思決定や対処戦略の策定がうまくいかず、そこから残酷な負のスパイラルにつながってしまうのだ。[17]

それればかりか、急性痛から持続痛への移行に脳の報酬系回路が決定的な役割を果たしていることも明らかになりつつある。持続痛を抱える人では報酬系回路の主要な領域で構造的な変化が見られ、活動も変わってくることを示した研究は多い。[18][19] また持続痛があるとドーパミンのシグナル伝達が減少することもわかっている。健康な人の場合、ドーパミンは刺激に対して動機づけの反応――痛みを伴う刺激の経験を回避すること、そこから学習すること、あるいはポジティブな刺激から快感と報酬を期待すること――を促す。だが持続痛でドーパミンのシグナル伝達が減少していると、それは意欲の低下と気分の落ち込みにつながる。[20] 線維筋痛症といって身体の広範囲に痛みが持続する疾患の患者さんでは、痛みを予感したときと痛みが緩和したときにおける腹側被蓋野（ドーパミンを放出する領域）の反応が、いずれも健康な対照群にくらべて著しく減少していた。[21] 線維筋痛症その他、持続痛の症状がある患者さんは痛みに対する感度が高くなっているが、その理由はこの事実から説明できるかもしれない。痛みと快感、そして脳内報酬系が織りなす複雑な関係を理解することは、持続痛に苦しむ人々のためによりよい薬理療法と心理療法を見つける上で、きわめて重要な課題となるだろう。

痛みによって報酬がもたらされるなら、人間がある程度までの痛みを積極的に求めることがあるのは明らかだ。一方、生存と繁栄のために痛みよりも重要なことがあると脳が判断したときは、脳による鎮痛の作用がはたらくことも疑いない。ここまでは問題なさそうだ。ケイティーがロンドンマラソンを走っているあいだは、レース完走という報酬が認識された結果として、彼女の痛みは緩和されている。ケイティーの脳は天然の鎮痛剤であるオピオイドやカンナビノイドを大量に分泌するため、ランナーズハイさえ経験するかもしれない。だが、痛みそれ自体が目的である痛みに私たちが興奮するのはなぜだろう？ 辛いトウガラシを食べても、取り立てて報われるところがあるとは思えない。読者がもし、舌に触れるトウガラシの焼けるような感じを愛してやまない、世界に何億人といる人たちのひとりだとしたら、あなたは「無害なマゾヒズム」の実践者だ。この用語を考案したペンシルベニア大学の心理学教授ポール・ロジンによれば、無害なマゾヒズムとは「初めはネガティブな、危うい状況だと身体（脳）が誤解する経験から喜びを得ること」だという。「じつは身体（脳）はだまされていて、現実に危険はないと気がつくことが〝身体を超えた心〟から得られる快感につながる」[22]。

程度の差はあるだろうが、人は誰しも快感を得るためにいくらかの痛みが生じる活動を求めるものだ。それは辛いものを食べたり、激しいマッサージを受けたりすることかもしれないし、自分に身体的・精神的苦痛を与えるような性行為、あるいは水風呂や熱湯風呂に入ったりすることかもしれない。重要なのは、それが「安全な脅威」であることだ。私たちの脳は、その刺激は痛みを引き起こしてはいるが、結局は危険をもたらすものではないと了解する。興味深いことに、これはユーモアのしくみに似ているといえるかもしれない。ユーモアの「安全な脅威」とは、世の規範に背いてふざけてみせても愉快さ（快感）が得られる、ということになる。[23] やっかいな立場に立っていても、危険はないと感じているわけだ。このような文脈、つまり生死にかかわる問題ではないことがはっきりしている場面において、痛みを求める気持ちとは、実際のところ報酬が欲しいという気持ちであり、苦痛や罰は望んでいない。そして、痛みを乗り越えたという感覚から、こういった報酬に近い効果が生まれる。たとえばトウガラシを食べる習慣を考えてみると、詳しく見れば見るほど、ふつうではないことのように思われてくる。じつは、トウガラシの活性成分であるカプサイシンが舌に触れると、身体の組織が焼けたときに活性化するものとまったく同じ受容器が刺激される。つまり、身体は危険信号を発しているけれども、現実にはまったく安全であると知っていることから、快感が生じるのだ。子どもはみな初めはトウガラシを嫌うが、繰り返し口に入れ、実害はないらしいと理解して、それを食べることに快感を覚えるようになるケースも多い。なお、おもしろいことに、痛みを感じたいがために痛みを求めるというのは、人間に特有の現象のようだ。好んでトウガラシを食べたり、自分の身体をわざと傷つけたりするように科学者が動物を訓練した中で唯一成功しているのは、痛みが必ず快い報酬に直接結びついているようにする方法だ。

わざと自分を傷つける——痛みだけでなく実際に身体に傷をつける——行為が何らかの安堵感につながるという考えは、自傷行為をしたことがない大多数の人々にとっては理解し難い。私自身の経験を記すと、幼なじみのエリー（仮名）がもう二年も自分の身体に切り傷をつけていると打ち明けてくれた時は、本人でさえなぜそんなことをしているかわからないようだった。一四歳の誕生日（当時のボーイフレンドとひどい言い争いをした日）の翌日、両親が仕事に出たあとのキッチンで、エリーはひとり座っていた。そして、金属たわしで前腕の狭い部分をこすりはじめた。ごしごしと、皮膚が破けるまで。「腕に血がにじんでくるのを初めて感じて、ものすごく落ち着いた気持ちになった。心の安らぎというか。それから、当然だけどとても気がとがめて、傷のことは両親にも友達にも隠そうとした。どうしてそんなことをしたのかはわからないし、もう二度としたくなかった――なのに、それにのめり込んでしまったみたい」

この種の行為は「負の強化」negative reinforcementと呼ばれることがあるが、それは悪い感情や情動が除去されるような行動をとる状況を指している。エリーはボーイフレンドに対して怒っていたが、それに加えて自分は恋愛面で安定した満足のゆく関係は決して築けないのではないかという深い不安にさいなまれていた。彼女によれば、自分で皮膚に切り傷をつけるたびに、肉体的な痛みが治まりさえすれば、短時間ではあったが「自分の身体から悩みや心配事を引っ張り出し、追い払ってくれる」ように思われたのだという。それ以上に難しい問題だとは感じなかった。自分に罰を与えているわけではなかったし、エリーが言うには、誰かの気を引くつもりも絶対になかったからだ。一方、人によっては自傷行為が「正の強化」positive reinforcementの手段となる場合もある。こちらは何かをすること（ここでは痛みを引き起こすこと）でポジティブな報酬が得られる状況であって、たとえば抑うつ状態で一切の情動を喪失してしまった人が、そのうねりの中で生きていると感じたいときの自傷行為が考えられる。また、あまり見られないけれども、自傷行為をすることがコミュニケーションの手段となっているケースもある。周りに助けを求めたり、何かをするのを止めてくれるよう頼んだりする声というわけだ。悲しいことだが、自傷行為はよく言うなら自己顕示欲の表れであって、悪く言うなら一種のごまかしだと信じている人に、私はこれまで（医師を含めて）何人も出会ってきた。だが実際のところ、この二つで説明できる症例はごくわずかしかない。

自傷行為がネガティブな情動を軽減するのは確かなことのように思われるが、ハーバード大学の研究者グループでは、この一見矛盾した、とらえがたくて悲しい現象の背後にあるメカニズムを解き明かすという課題に挑戦した。二〇一〇年から二〇一三年にかけて行われた一連の研究において、研究者のジョセフ・フランクリンは、実験で自傷行為者に痛み（両手を氷水につける、電気ショックなど）を与えると、痛みが止んだときの安堵感のために、その痛みが与えられる前に感じていたよりもいちだんと気分がよくなることを発見した。(24) 驚くのは、この「痛み後の多幸感」は対照群（自傷行為を行わない人）でも確認されたことだ。これは「痛み消失による心地よさ」pain-offset relief と呼ばれる。エリーの身体的な痛みが治まると、彼女の情動的な痛み——脳内で使われる神経学的な道具立てはほぼ同じだ——も鎮まったのはこういうわけだ。ハーバードのチームはさらに、自傷行為者が痛みと「痛みが緩和された心地よい状態」を引き起こすために毎回同じ刺激（たとえば、かみそりの刃）を用いていると、やがて本人はその刺激と痛みの緩和を関連づけるようになり、結果として痛みそのものの不快さが軽減されることも発見した。リストカットやアームカットを何度も繰り返す人がここまで多い理由はこれで説明できるかもしれない。

ところで、エリーはいつも痛みを感じるし、その痛みが緩和されることは情動を解放するために必要だと言っていたけれども、自傷行為をする人の多くは大して痛みを感じていない。二〇一四年には、同じハーバードの研究チームが、自傷行為者は自傷行為をしない人にくらべて両手を氷水に長い時間つけていられる、すなわち痛みへの耐性が高いことを示している。[25] 興味深いことだが、自分の情動のコントロールに多大な困難を抱えている人々は、より長時間にわたって身体的な苦痛にうまく対処できるようだ。これは自己批判の程度が高い人についても当てはまる。自己批判に注目すると、自己評価が低く、「自分は罰を受けて当然だ」という信念が強い人ほど、より長い時間痛みを我慢しようとするらしい。[26] 二〇一九年のある研究によると、（自傷行為者、対照群ともに）自己信念がとても弱い人では、痛みの緩和だけでなく、痛みの経験それ自体が気分を改善することもわかっている。[27]

エリーは、自傷行為をしていると私に明かした時、少し前に情緒不安定パーソナリティ障害（EUPD）と診断されたのだとも言った。これは境界性パーソナリティ障害（BPD）の別称でも知られる疾患で、特徴としては情動のコントロールが難しくなるという症状がよく見られ、自傷行為を繰り返すこととも関連があるとされる。EUPDの患者さんは、ポジティブな情動とネガティブな情動の両方を想起させる写真を見せられると、対照群にくらべて情動的な脳の回路、その中でも扁桃体（脳内に存在するアーモンド形の神経細胞の集まりで、刺激に対する情動的な反応において不可欠な領域）の活性化が亢進することが明らかになっている。しかし、同じ患者さんに痛みを伴う刺激を与えると、扁桃体の活性化は抑制される。[28] 身体的な痛みは（矛盾しているようだが）脳の情動的な領域を阻害し、結果として情動面の苦痛が短期的に軽減されるのだ。

ハーバードの研究を率いるジル・フーリーとジョセフ・フランクリンの二人は、それまでの成果を踏まえ、自傷行為の最中に経験される痛みと、それに続く痛みの緩和はいずれも利益――ネガティブな気分の減少とポジティブな気分の増加——をもたらすとする「利益・障壁説」benefits and barriers model を立てた。ここでいう利益には、三ページ前に触れた負と正、両方の強化がかかわっている[29]。しかし、自傷行為にはさらに、それを食い止める障壁も存在する。おそらくもっとも顕著なのは、自傷行為の場面や刺激・興奮（血液、傷、ナイフやかみそりその他の鋭利なもの）に対する嫌悪だろう。フーリーのチームが二〇二〇年に行ったひじょうにおもしろいパイロット研究では、自傷行為者の群と健康な対照群にかみそりと傷ついた手首の画像を見せ、fMRIスキャンを用いてその間の脳の状態を記録した。健康な対照群では、扁桃体の大幅な活性化が認められ、恐怖と嫌悪を感じたときの自然な反応を示していたが、自傷行為者ではそのような反応は少なかった[30]。また、興味深いことに、自傷行為者が画像を見ているときは脳の報酬系回路のある領域で活性化が亢進していた。この研究はパイロット研究であり、今後何年かにわたってさらなるデータ収集が必要ながら、いずれは痛み（痛みの経験と、痛みを引き起こす刺激の両方）の意味が「嫌悪感を誘発するもの」から「何か有益なもの」に変わるような再配線が自傷行為者の脳で起こっていることがわかるかもしれない。自傷行為の文脈で痛みの意味に順応性が認められることは、単に学術的な関心の対象になっているだけではない。それは、脳の配線をやり直して、破壊的な負のサイクルから抜け出せるよう人々を助けるという可能性にもつながる。たとえば、自傷行為者が痛みに長く耐えられるのは往々にして本人の自己評価（自己価値観）の低さのためであるという知見について考えてみよう。自傷行為者に対して具体的に自己価値観を高めることを目的とした心理療法を施すと、彼らの痛みへの耐性は著しく低下し、痛みから逃れようとする健康的な衝動に近づいた。フーリーによれば、「自傷行為をする人たちが自分の価値を高く評価するようになればなるほど、よくない状況を我慢しようとする傾向は弱まる」[31]という。

痛みと快感（苦痛と快楽）は、私たちが生涯を通して回避、あるいは追求し続ける「二人の主権者」、すなわち人間の行動を支配する原理ではない。一見したところではそう思えるし、ジェレミー・ベンサムもそう考えていたわけだが。それはむしろ、私たちが報酬を求め、罰を避け、究極的には生き残ることができるように、脳がはたらかせている二人の召使いなのだ。いずれも柔軟性に優れ、多芸多才。こうとらえると、潜在意識下で私たちにとって最善の決断を下すという脳の驚くべき能力がよくわかる。痛みと快感はまた、私たちが身体的にどう感じ、その上でどう振る舞うかを決定するときに、情動と思考がきわめて重要であることも明らかにしている。痛みを伴う刺激は、脅威や不安感、あるいは恐怖と組になっているときには耐えられないほどひどいものに感じられるが、安全や性的興奮、報酬への期待といった文脈ではとても快い感覚になり得る。それを感じている本人の置かれた状況や社会的背景に応じて生きおおせる助けになる意味を伝えるならば、苦痛はそれだけの価値があり、享受できるものになる。私たちに備わった複雑な痛みと快感のパラドックスから教わるべきことがあるとすれば、それは医療の世界において嘲弄され、無視されがちな要因――情動、思考、社会的影響――こそが慢性痛や依存症、自傷行為といった疾患や症状の中心的なものということ、そしてまた、これらが治療の中心になくてはならないということだ。

7 誰かの「痛い」を知覚する

痛みが伝染する理由

本人の立場に立って考えてみなければ、本当のところはわからない……
その人の皮をかぶって歩き回ってみないと、理解はできないんだ。
——ハーパー・リー『アラバマ物語』

「これは感じます?」と尋ねた私に、ジョエルは「ええ、まあ」と、ほとんどうんざりしたように応じた。ほんの少し、両眉をわざと上げているところからすると、彼に会った人は皆まったく同じ質問をしているのだろう。「同じ部屋で向かい合っているときほど強くはないけれど、それでも感じますよ。左側にね、ぼくが鏡のような具合で」

私はその時、自分の顔の右側を撫でたのだった。そして、三〇〇〇マイル〔約四八〇〇キロメートル〕離れた場所にいる男性は、私に触れられるのを感じたという。私のビデオ通話の相手、ジョエル・サリナスはハーバード卒の神経内科医だが、彼には「ミラータッチ共感覚」と呼ばれる珍しい感覚がある。彼は、他人が何かに触れたり、触れられたりしているのを見ると、その触覚——というか、少なくともその際に生じるとジョエルの脳が想像する感覚——を自分の身体に感じる。英語の synaesthesia〔共感覚、

synesthesia とも綴る）は、ギリシャ語で「ともに知覚された」という意味の語に由来し、脳が二つ以上の感覚をいちどに処理する現象を指す。あるひとつの感覚入力（たとえば視覚）の刺激から、そのときには刺激を受けていない感覚（触覚など）の活性化がもたらされることだ。共感覚者（共感覚をもっている人）の中には、アルファベットの一文字一文字に特定の色が見えるという人がいる。また、数字に性格や性別などの属性を感じる人もいるし、音を聞くと味を感じるという人さえいる。このひじょうに興味深い現象にはいろいろなタイプやパターンがあり、大ざっぱに分けて七〇種類にのぼる共感覚のタイプが記録されている。

ジョエルのミラータッチ共感覚では、視覚と触覚が結びついている。たとえば街で赤ちゃんが頭を撫でられていたり、知らない人たちがハグをしていたりするのを見ると、彼自身もその優しく心地よいタッチの感覚に浸ることができる。しかし、誰かの腕の皮膚に針が刺さるところを見てしまうと、一瞬だが、あのひりつくような、鋭い痛みを感じる。だから私は彼に聞いてみた。ありとあらゆる職業がある中で、なぜ医師になることを選んだのですか？

「いいところを突いてきますね！　医学部に応募した時点では、自分がほかの人と違っているとは知らなかったんです。痛がっている患者さんや切開の処置を受けている患者さんを見るのは、確かにたいへんです。でも、本当のところ、患者さんの痛みを感じられることは、患者さんの気持ちを察する助けになると思っています。患者さんの痛みを自分で感じてみて、診断へのちょっとした手がかりが得られることもありますし。とはいえ、外傷外科医はたぶん無理だったでしょうけどね！」

ジョエルはくすくす笑い、私も一緒になって笑った。私は、彼の笑みが今度は自分のほうに返ってきたのを感じ、人が無意識に他人の顔の表情や身振りをまねているときについて考えた。そしてようやく、人間は程度の差はあれ誰しも鏡かもしれないということに思い当たったのだった。ジョエルの生活は人間の知覚の極端な例だとしても、ごくふつうの痛み経験に関して、彼が私たちに教えてくれることもあるのではないだろうか。

スーパーパワーを操るコミックのヒーローにいちばん近いような人物と言葉を交わしていることにぼうっとなりつつ、私は矢継ぎ早に質問を繰り出した。

「出産の経験はないし、この先もありませんよね。陣痛を訴える妊婦さんを見たらどうなるんです?」

「すごく変な気分になりますけど、お腹に感じるものがあります。説明しづらいですね、陣痛ではないことは自分でわかっていますし。たまに頭の中で一歩引いて眺めてみて、その感覚の珍しさを味わったりもします」

ジョエルは、痛みを感じている人が自分に似ていると、感じる痛みはそれだけ強くなると言った。

「病院で、誰かが亡くなるところを見たら?」

ジョエルによれば、彼は患者さんが亡くなるのを初めて見た時に、自分の反応がほかの医学生と異なっていることにはっきりと気づいたのだという。その様子はジョエルの著書 *Mirror Touch*〔『世にも奇妙な脳の知覚世界――多重共感覚研修医の臨床ノート』北川玲訳、ハーパーコリンズ・ジャパン、二〇二四年〕で生々しく描写されている。「心臓マッサージが続けられている中で、ぼくは自分の背中がリノリウムの床に強く押しつけられるのを感じた。だらんとした身体は圧迫のたびにたわみ、人工呼吸の呼気がチューブから送り込まれて、胸が膨れ上がる。うつろな、すべり落ちていくような感覚。ぼくは死にかけていた、が、ぼくが死ぬわけではなかった」[1]。ジョエルはこの直後に病院のトイレに駆け込んで嘔吐し、自分は死んでいないことをそれこそ必死になって納得しようとする。自分自身と他人とのあいだに一線を画するしくみをつくることが絶対に必要だった。

「何年もたつうちに、患者さんの痛みの中でいわば迷子にならないようにする方法としては、マインドフルネスが本当に有効だと思うようになりました」

しかし、ミラータッチ共感覚をもつ人によっては家に閉じこもってしまうケースもある。自宅にいればほかの人の感覚に圧倒されることはない。つまり唯一の逃げ場なのだ。たとえば、ミラータッチ共感覚をもつアマンダという女性は、アメリカの公共ラジオNPRのポッドキャスト《Invisibilia》〔サイエンス系の番組。タイトルは「目に見えないもの」という意味〕が二〇一五年に行ったインタビューで、家にダイニングテーブルを置いていないのは人と一緒に食事ができないから、誰かがものをほおばると、その一口が自分ののどに無理やり押し込まれているように感じるからだと語っている[2]。他人からの強烈な刺激を遮断するために、ブラインドはいつも閉まったまま。姿を目にするだけで、その人たちの感覚世界がアマンダに負担をかけるためだ。家の外は危険に満ちている。ある日、アマンダはスーパーに行く途中、公園で遊んでいた小さな男の子が仰向けに転び、頭を打つのを見た。彼女の記憶では、助けに駆け寄ろうとしたその時、「突然視界がぼやけ……走るより前に膝をついてしまい……ものすごく頭が痛くて、その子のところへは這っていった」そうだ。

私はどうしても聞かざるを得ない質問をジョエルにぶつけた。「ミラータッチ共感覚はどうやって診断というか、確認されるんですか？　偏屈な人なら、全部あなたのつくり話だと思うかもしれません」

「もっともなことです。ミラータッチ共感覚の何たるかを知らないと、それを客観的に測るのはひどく難しいんです。共感《エンパシー》を測定しようとしているようなものですから。それに、共感覚の領域でもかなりのばらつきがありますし」

とはいえ、ジョエルはユニヴァーシティ・カレッジ・ロンドンの研究者であるジェイミー・ウォードとマイケル・バニシーのラボに出向いて次から次へと実験をこなしたことがあり、その意味で彼の共感覚は客観的にもっとも近いレベルで検証されている。ロンドンでの実験には、「視触覚一致タスク」といって、左右の頬にタップ装置（実質的にはプラスチックのアタッチメントが付いた小型のピンで、それぞれコンピューターにケーブルで接続されている）をテープで留められた状態で行う課題もあった。ジョエルはこのままビデオを見るのだが、その映像ではひとりの女性が左右いずれかの頬、あるいは両側の頬をタップされている。そして、この女性の顔がタップされるたびに、ジョエルの頬のタップ装置が彼をタップする。そこでジョエルはボタンを押し、いま自分はどちら側の頬（左、右、もしくは両方）をタップされたのか知らせることになっていた。ジョエルにとって、ビデオの女性へのタップと自分の顔への本物のタップを区別するのは信じられないほど難しく、どうしてもわからないと思うこともしばしばあった。すべて自分が実際に触れられているように、リアルに感じられたからだ。その結果、誤答が頻発した。果たして、実験の担当者は「ミラータッチ共感覚をもっている人だということがはっきり出ているね」とジョエルに告げたのだった。

ジョエルの驚くべき〝体質〟について私がとても興味を引かれたのは、言葉通りの意味で他者の痛みを感じることによって「超共感力」hyper-empathy が得られたという彼の主張だ。共感 empathy を「自分以外の誰かの痛みを感じ、理解する能力」と定義するなら、ジョエルがこれを有り余るほどもっているというのは確かに筋が通っているように思えるし、そのことを裏づける最近のデータもある。ロンドンでジョエルの評価を行った科学者、ウォードとバニシーは、一〇年以上にわたってミラータッチ共感覚をもつ人々の研究を続けており、二〇一八年にはミラータッチ共感覚者は一般の人と比較して共感のレベルが（ある尺度によれば）実際に高いことを発見した。ミラータッチ共感覚者は顔に表れる情動をよりうまく識別できる上、他者への情動的な反応性も高いという。[3] 意外かもしれないが、ミラータッチ共感覚者の「認知的共感」——ものごとを他者の視点で、つまりその人の立場に立って想像する能力——のレベルは一般よりも高いわけではない。しかし、ミラータッチ共感覚者を際立たせているのは、自他の境界が失われ、いわばむきだしの「情動的共感」が高まっているという点だ。共感の定義で私が特に気に入っているものはいくつかあるが、その中でも、自己啓発のカリスマとして知られるアメリカの教授ブレネー・ブラウンの定義「共感とは人とともに感じること」を、ミラータッチ共感覚者は体現していることになる。

　ジョエルのインタビューを終えた私には、大きな疑問が二つ残った。その一。私たちは皆、でなければ大多数の人は、ある程度までは（もしかすると潜在意識下で）他者の痛みを感じるのだろうか？　その二。他者の身体的な痛みを感じることは共感を引き起こす原因となり得るのだろうか？　だが先へ進む前にちょっと確認しておこう。共感が何であるかはすでに定義したけれども、何でないかも明確にしておく必要がある。共感empathyとは、誰かの痛みに気づいていることや、痛みの存在を認めることではない。それは哀れみpityだ。もう一歩進んで、誰かの痛みを気の毒に思うことは、同情sympathy。また、誰かの痛みを和らげたいと望むことは、思いやりcompassionで、理想をいえばそこから何らかの好意的な行動が導かれる。

ジョエルはまったくもって珍しい例というわけではない。ミラータッチ共感覚は人口の約二パーセントの人に存在している可能性もある。(4) これには遺伝的要素がかかわっていると思われる。共感覚の傾向には家族性が見られるようだが、共感覚がどのようなかたちで現れるかは環境や発達上の変化(その全容はまだ解明されていない)によって決まる。(5) しかしながら、不思議なことに、脳卒中や手足の切断のあとに共感覚が生じるケースもある。切断手術を受けた患者さんのおよそ三人に一人は、他人が身体に触れられているところを見ると、切断されて存在しない部位に感覚を覚えるという。これは脳内で〝目で見た触覚〟と〝触れた触覚〟の接続が変化したことによるものらしい。(6) ところで、私たちの大半が共感覚に恵まれていないのは明らかだけれども、痛みが伝染する場合があることは少し観察するだけでよくわかる。誰かが自転車から落ちて路面に身体を打ちつけると、それを見た私たちは実際に顔をゆがめる。あるいは映画で暴力や拷問のシーンを目にして身もだえすることもあるからだ。

私はこれが現にどうなっているかを確かめようと、YouTubeを使って自分で実験をしてみることにした。そして検索を始めて数分のうちに、ある「リアクション動画」を見つけた。リアクション動画とは、滑稽だったりショッキングだったり、あるいはとんでもなく変だったりする動画を見ている誰かのリアクションをそのまま映した動画のことだ。私が見たのは、ガーデンテーブルに女性が二人陣取り、緊迫感を漂わせて腕相撲をしている動画を、ユーチューバーで俳優でもあるタイロン・マグナスが見ているというものだった。最初は互角と思われたが、一方の女性が勢いづいてきたらしく、力む相手の右腕をゆっくりと、テーブルの面に向かって押し倒していった。すると突然パシッというようなひどい音がして、女性二人が映っているほうの動画は、私の画面上では（ありがたいことに）いったん真っ暗になった。だがタイロンはその動画を見ていた。彼は女性の右腕が折れたのを見た途端に叫び声を上げ、しかめ面になったかと思うと、まるで自分が骨折してしまい、三角巾でつるされたような具合に、右腕を左手で支えたのだった。ほとんどの場合、またほとんどの人にとって、これは不快な情動反応であって、痛みとまったく同じような感じとはいえないが、それでも他人が痛みに苦しんでいる場面を見て、痛みの感覚的な要素と情動的な要素の両方を自分の身体で体験するというのは珍しいことではない。一連のエビデンスによれば、誰かが痛みに苦しむ様子を見ると、私たちの脳では直接痛みを感じることに関連する多くの領域が活性化される。[7] 女性の腕が折れるところをタイロンが目にした時、彼の脳では痛みのサインが活性化されただけでなく、自分の右腕をマッピングしてその位置を把握する脳の領域も活性化されたのだ。これは「ニューラル・レゾナンス」（神経活動の共鳴）として知られる現象だが、実質的には痛みのミラーリングだ。このミラーリングは実際に起こっており、しかもふつうに見られる現象であるのは確かながら、このプロセスが人間の脳に存在する「ミラーニューロン」という特殊な神経細胞によって引き起こされているか否かについては盛んに論議されている。興味はつきないが、そんな議論は結局は本筋から外れた底なし沼に入ってしまうことになるのかもしれない。[8]

スキャナーの画像で明るく光る脳の領域が重なっていることから推測がつくが、カリフォルニア大学ロサンゼルス校（UCLA）のチームは一歩先を行き、二〇一五年に痛みと共感のつながりを立証している。[9] それはエレガントな研究で、まず実験参加者一〇二人（この類の研究としては多い）にｆＭＲＩスキャナーに入ってもらい、実際に与えられる手の甲への電気ショックによる痛みの強さと、同じショックを与えられている別の参加者の画像を見せられた場合の〝痛みの共感〟の強さを調べたところ、プラセボの鎮痛薬を投与すると両方ともが軽減することを確認した。fMRIスキャンの画像によれば、共感と痛みに関連する脳の領域でも活動が低下していた。この結果がまだまだというなら、二番目のステップこそ圧巻だ。続く実験では五〇人の参加者にナルトレキソンを投与した。オピオイドを阻害する（本物の）薬だ。すると、プラセボの効果が打ち消された――参加者は再び身体的にかなりの痛みを感じた――だけでなく、他者の痛みに対する共感も戻ってきたのだった。この研究は、私たちが自分自身に痛みを感じるときと、誰かが痛がっているのを見るときとで、よく似たプロセスが進行していることを示している。チームが研究論文のタイトルに用いたように、まさに「痛みへの共感は自分の痛みに根ざす」ものなのだ。

ニューラル・レゾナンスの構造と、共感に対して及ぼす影響を理解するためには、これが発達期の脳でどのように現れるかを検討する必要がある。子どもの脳が発達するにつれて、他者の痛みを感じる能力の基本的な兆候が見えはじめる。二〇〇八年、シカゴ大学のチームは、痛みに苦しむ他人を見た七歳児の脳では、痛みの知覚に欠かせない中脳水道周囲灰白質（PAG）に加え、大脳皮質運動野が明るく光ることを示した[10]。つまり、七歳の子どもは、自分の父親が金づちで釘を打ち損ねて親指をたたいてしまうのを見ると、父親はきっと痛がっていると理解し、自分の親指や手を意識する――たぶん反射的にこぶしを握りしめるだろうし、ひょっとすると自分自身に痛みを感じることさえあるかもしれない――というわけだ。このような、痛がっている人からそれを見ている人への痛みの伝染は、共感を構成する原始的な要素のひとつであり、ニューラル・レゾナンスの出現とみなすことができる。しかしながら、幼い子どもでこんなふうにＰＡＧが活性化するといっても、苦痛を感じている人の情動と経験を理解できるほどではないし、その苦痛が意図的に与えられているか否かを察知するのにも十分ではない。それができるようになるのは、ＰＡＧが、前頭前野で発達していく思考と意思決定の中枢や、前帯状皮質（ＡＣＣ）、扁桃体、島皮質をはじめとする情動的な脳の領域に連結したときだ。[11]

たいていの人は、子ども時代の終わりから一〇代の初めにかけて、身体的な痛みを経験している誰かに対してだけでなく、他者の情動的な混乱にも共感を覚えられるほど精緻な感覚を身につける。そしてさらに、まだ会ったことのない抽象的な人々の集団――たとえば列車事故の犠牲者、津波の生存者、独裁政権の弾圧を受けている国民――に共感する能力を発達させる。他者の痛みを〝キャッチする〟能力を養うことは、健全な対人関係にとって決定的に重要だ。ソシオパシー（社会生活障害。かつては「サイコパシー」と呼ばれ、「サイコパス」とともに現在でも俗称として使われている）の特性をもつ思春期の若者は、他人が身体的な痛みに苦しむ様子を見たとき、情動にかかわる脳領域の反応が弱い。ある研究では、ソシオパスの傾向がある若者にｆＭＲＩスキャンを受けてもらい、指がドアにはさまれる場面など、身体の部位に痛みを伴う刺激が加わる画像を見せた。[12] その部位が自分の身体だと想像するように指示されると、彼らの脳の情動にかかわる領域は明らかに活性化されたが、それが誰かほかの人の身体の一部だと想像するように指示されたときには、この活性化は著しく減少した。また興味深いことに、反応性がどの程度弱まったかからソシオパシー特性の重症度が予測できた。

とりわけおもしろいのは、人間の共感のしくみにおいては、脳のある特定の領域が中心的な位置を占めていることだ。前帯状皮質（ACC）はエラーを予測し、反応の競合を検出する機能を担っており、予期されることと実際に感知された状況とのあいだに不一致があると――たとえば特定の結果から予想外の（少なすぎる、あるいは多すぎる）報酬を得た場合――脳機能画像上でぱっと光る。ACCについては第5章で身体的、情動的、社会的な痛みの検出装置であると述べた。これは自分がふさわしい報酬を得ているかどうかの判断から、社会的に排斥されているか、あるいは身体的な痛みを経験しているかといったことまで、自己の利益に焦点を当てた脳の領域だ。となると、私たちが他者の痛みに共感するときに、ほとんどいつもACCが関与しているというのは妙なことだ(13)。二〇一〇年に韓国で実施されたある研究は、このあたりの理解に多少は貢献したかもしれない。とはいえその結果は、人間の利他性に期待を抱かせるものではなかった(14)。この研究では、他人が身体的な痛みを経験している場面を見るだけで、恐怖の学習と回避の条件づけが成立し得ることが明らかになった。重要なのは、ここでの学習にはACCの活性化が不可欠であると判明し、単に〝見ている〟以上の何かが起きていると示されたことだ。つまり、見ている側はその痛みを感じる必要がある。私たちは自分自身の痛みの経験から学習するけれども、他者の痛みから学ぶのも得策だ。たとえば私は高所恐怖症なのだが、その原因は人生で初めて体験したサーカスにさかのぼることができるのではないかと思っている。空中ブランコ乗りのひとりが足を滑らせて（たぶん一〇メートルくらいの高さから）落下し、苦痛にもだえながら担架代わりの木のドアで運び出されていくのを見てしまったのだ。あるいは、料理をするときに慎重になるのも、もとをただせば弟（当時六歳）が熱々の油の鍋にサバの切り身を無造作に放り込み、当然はねた油が左腕と額にかかって第Ⅲ度のひどいやけどを負うというできごとを目の当たりにしたせいかもしれない。私たちが苦しんでいる人を気遣い、その人を介抱するのは、確かに痛みが伝染する性質をもっているからだが、かなりの部分はまさに自分の利益のためにそうしているとも考えられる。たとえわずかにしろ、他者の痛みを実際に感じたならば、私たちはそのような苦痛を引き起こした状況や刺激をいっそう避けようとするだろう。スタンフォードの生物学・神経学教授であるロバート・サポルスキーは各種のデータを比較考量した結果この結論に達し、それを二〇一七年の著書 *Behave*〔『善と悪の生物学——何がヒトを動かしているのか』大田直子訳、ＮＨＫ出版、二〇二三年〕にうまくまとめ上げている。彼によれば、「他人の痛みを感じることは、その人が痛がっていると単に知っていることよりも学習の面で効果的な場合がある[15]」という。

　私たちが自ら痛みを経験する場合と同じく、他者の痛みを感じることは、過去の経験や文化的に培われた信念、またその他者がいまの苦しい状況に陥った経緯に関する私たちの判断なども含め、多種多様な認知の影響を受ける。そして、痛みに苦しむ誰かを見たことに私たち自身の痛みのシステムがどの程度反応するかは、こういった要因次第で変わってくる。ひじょうに興味深い二〇一〇年の研究では、実験参加者にＡＩＤＳ患者が痛みに苦しむ映像を見せたのだが、汚染された輸血用血液からＨＩＶに感染した人の映像を見たときは、ドラッグの使用で感染した人を見たときよりもＡＣＣが活性化することがわかった[16]。私自身、ジュニアドクターとして救急外来で患者さんの状態を評価していた頃を思い返してみれば、理由もなく襲われ、顔を切りつけられた人の痛みを感じることは、アルコール度数の高いビールを一〇杯も飲んだあとにバス停で転んだ人の痛みを感じるよりもたぶん簡単だった。気の滅入るようなことだが、実験の参加者におけるＡＣＣの活性化のレベルは、人種的な内集団（イングループ）に属する誰かが苦痛を感じているところを見たときのほうが、外集団（アウトグループ）の誰かが苦しんでいるのを見たときよりもはるかに高い[17]。また案の定、そういった効果はすでにもっている人種的偏見が強い人ほど強く現れる[18]。これはとりわけ懸念される現象だ。というのも、(人種的、社会的、あるいはほかのどんな区分であろうと)自分が属する集団の誰かとくらべて外集団の誰かが痛みを感じている場面から受け止める痛みが弱いほど、自分からその人を助けようとする傾向も弱まるからだ。とはいえ、人類にとって喜ばしいニュースもある。オーストラリアとチリのチームが行った研究によれば、異なる人種の人々と一緒の時間を過ごすと、外集団に属する人々が痛がっているのを見たときに感じる痛みが増すことがわかっている[19]。

ジョエル・サリナスがミラーリングによって感じる痛みは、痛みに苦しんでいる人が彼に似ていれば似ているほど強くなった。私たちのほとんどについていえば、他者の痛みに対する感受性はジョエルのそれよりずっと低いけれども、その素質は誰もがもっていることを示すエビデンスがある。要するに、私たちは振る舞いや見かけが近い人には共感しやすいのだ。痛がっている人が自分に似ていると、痛み感覚に関連する脳領域のうち情動にかかわる部分がたやすく共感を生み出せる。似ていなければ、脳の認知にかかわる領域(前頭前野など)が不足分を補わなければならない。簡単にいうなら、相手が置かれている状況を想像するには思考の努力がいっそう必要になるということだ。ところで、これを実際面から自分や他人のために役立てる方法がある。たとえば、皆それぞれに潜在的な偏見を抱えていることを認め、これらの事実についてじっくり考えてみるというのは単純なことだが、この行為は前頭前野の領域を鍛え、私たちが他者の痛みを目の当たりにしたときにその痛みを感じやすくする効果がある。なお、他人を助けようとする場面で、脳がすべき仕事が少ないに越したことはない。そのとき痛みに苦しんでいる人になじみがあればあるほど、脳が片づけるべきことは少なくなり、共感が生まれやすくなる。国際的な慈善事業における知見だが、著しい成果を挙げる活動や寄付の呼びかけは、（東アフリカの難民危機にしろ、インドの各地がサイクロンで壊滅的な被害を受けていることにしろ）必ずしも被災者の数にフォーカスしたものではなく、むしろ惨事に見舞われた個々の人々の実体験、つながりをもてるようなストーリーが語られているものだ。マザー・テレサはかつてこう述べている。「集団を目にしても、私は決して何の行動も起こさない。一人を相手にしているのなら、私は行動する」。

しかしながら、誰かの痛みを感じ、共感を覚えることは、苦しんでいる人があなたの大嫌いなタイプである場合にはずっとやっかいだ。プリンストン大学の博士課程学生だったミナ・シカラは、ボストン・レッドソックスのキャップをかぶって〔伝統的なライバルチームである〕ニューヨーク・ヤンキースの試合を見に行った時に歌やら何やらでさんざん毒づかれたことがあるのだが、その体験をヒントに博士論文を書くことにした。シカラは当時の指導教官スーザン・フィスケとともに、集団相互の妬みと憎悪はもとより、シャーデンフロイデ（Schadenfreude：ドイツ語で、他人の不幸・苦痛から喜びを感じることを指す）を評価するいくつかの実験を行った[20]。ある実験では、レッドソックスとヤンキースのファンに試合のダイジェスト映像を次々と見せ、その間の脳活動をｆＭＲＩスキャナーでモニターした。双方のファンにとって中立的なチーム（ボルティモア・オリオールズ）の試合を見ているとき、彼らの脳の画像からはそのチームが勝とうが負けようがほとんど関心がないように思われた。しかし、ライバルのチームがオリオールズに負けるのを見ると、スキャン画像の報酬と快感に関連する脳の領域が明るく光った――純然たるシャーデンフロイデだ。自己申告とｆＭＲＩスキャン、笑顔の強さ（頰の筋肉の電気的活動を測定）

を調べた別の実験でも、私たちはステータスが高く、優位な立場にある対象、すなわち妬ましいと思っている人に不幸が降りかかった場合にいちだんと喜びを感じやすいことが示されている。また反対に、私たちが妬みを抱いている人が成功すると、ACCが著しく活性化することもわかっている。[21]「人の幸せは自分の苦しみ」というわけだ。

いうまでもないが、もともと抱えているこんな感情を抑え、苦しむライバルの面倒を見ようとすれば、前頭前野で大量のエネルギーが必要になる。そしてそれは、男性にとってはなおさら難しいかもしれない。ユニヴァーシティ・カレッジ・ロンドンが行った研究では、実験の参加者に「囚人のジレンマ」がベースのゲームを一緒にプレイしてもらった[22]（このゲームではお互いに協力するか、それとも裏切るかを選択できるが、協力する場合には相手に正しい情報を与える）。そこで、各参加者がほかのプレイヤーに電気ショックが与えられるのを見ているあいだの脳の状態をスキャンしたところ、正直な勝負をしている人に痛みが加えられるのを見たときには共感に関係する領域が活性化した。また、研究者としてあるいは予想外だったかもしれないが、男性の参加者では、裏切りをはたらいたプレイヤーにショックが与えられるのを目にすると、共感反応に著しい低下が認められたばかりでなく、快感と報酬にかかわる領域が明るくなった（しかも後者の反応は女性では見られなかった）。男性は生まれながらに復讐心をもっているのだろうか。この性差は生物学的なものというより文化的なものなのだろうか。どちらにしても、痛みを感じている人から私たちが受け止める痛み（もしくは快感）は、その人の苦しみから私たちが読み取る意味に大いに左右されるということだ。

私は以前、ニューラル・レゾナンス――ここで述べているような、他者の痛みを受け止め、体験できる私たちの能力——について古い友達に説明したことがある。哲学科出身のその友達は、興味深い指摘をした。「それは脳の道徳に関するアンテナにある指向特性だと考えられないかな？　ほかの人を傷つけたくないのは、要するに自分を傷つけていることになるからでは？」。最近のデータにあたってみたところ、ひとつの答えが見つかった。二〇一七年にUCLAのチームが同じような線で考えを進め、ニューラル・レゾナンスが道徳的な意思決定に影響を及ぼすかどうかの検証に着手していたのだ。研究者らは、ボランティアの実験参加者に二本の動画（一本は手に針が突き刺さる場面、もう一本は綿棒が優しく手を撫でる様子）を見せ、fMRIを用いて脳活動を記録した。ひと月後、参加者は人に危害を加えるというテーマで道徳的なジレンマを一〇個提示された。それぞれの課題には行動の選択肢が二つ与えられていた。たとえば次のようなものだ。「あなたは戦争で荒廃した国のある小さな町で暮らしています。残忍な兵士たちが姿を見せたものの、町の住民はうまく隠れています。しかし、あなたが座っている隣には赤ちゃんがいて、いまにも泣きだしそうです。あなたは赤ちゃんが泣かないように口をふさいで窒息させ、それによって町の住民を救うことができます。赤ちゃんを殺さず泣くにまかせることもできますが、その場合は隠れている場所がばれてしまう恐れがあり、住民が死ぬことになります」。ここでの選択は、赤ちゃんに危害を加えてより多くの人間を救う——そうして「成果を最大化」する——か、赤ちゃんに危害を加えることを回避するかだ。研究者らは「他者の痛みに強いニューラル・レゾナンスを示す人ほど、道徳的なジレンマにおいて危害を加えることを拒否する傾向が強く現れるはず」だと想定した。言い換えれば、痛がっている人を見たときにより強い痛みを覚える人は、自分で痛みを感じたくはないため、それだけ赤ちゃんを殺める可能性が小さいということになる。ところが、ニューラル・レゾナンス回路の活性化と、大義のために一人の犠牲をいとわない気持ちとのあいだに相関関係は確認できなかった。この研究によると、私の友達の勘は外れで、ニューラル・レゾナンスは道徳が宿っている場ではない。だが私は、これは人類にとって朗報であると思う。なぜならそれは、私たちの道徳的な意思決定は単に自分が感じる情動的な痛みを軽減したいという利己的な欲求に左右されているのではなく、他者に対する偽りのない気遣いに基づいていることを示唆しているからだ。

他者の痛みをとらえることは、自他ともに、また社会にとっても有益なようだが、どこかで歯止めをかける必要はある。ひとつの研究では、医師と医師でない人の頭部に電極を装着し、痛みを伴う刺激が加えられている様子を見せて、その際の脳波をモニターした（脳波検査、EEGという）[23]。人体のどこかに針が刺さる動画を見せられると、対照群（医師でない人）では平均的な脳波の活動が現れた。一方、医師には情動的興奮の低下が認められた。医師たちは〝皮膚が厚く〟すなわち鈍感になり、対照群にくらべて痛がっている人から距離を置いているように見受けられた。こう述べると薄情に思われるかもしれない――実際私も患者さんに対してこちらが心配になるほど無関心な医師（複数）と仕事をした経験がある――が、これは経験によって身についた反応で、おそらくは医療従事者に見られる共感疲労、あるいは精神疲労一般を軽減する上で重要なのだろう。個々の患者さんの痛みに本能的に反応せずに済めば、その医師の脳内では認知にかかわるスペースに空きができ、患者さんを助けるために自らの知識とスキルを使えるはずだ。

ここで私たちは、実用の面で重大な岐路にさしかかる。他者の痛みを感じる経験は自分自身への痛みを回避する方法を学ぶのに役立つし、健全な人間関係を育むために重要なものでもあるらしい。しかし

（これは大きな「しかし」だ）、誰かの痛みを感じることは、必ずしも誰かの痛みについて何か対策を取ることにはつながらない。共感と思いやりとは別物だ。現に、この二つが正反対の効果をもたらすこともよくある。私たちが誰かの痛みに共感し、そのことに満足感を覚えるとき、結果として得られる報酬の感覚から、実際のところ何ひとつ達成していないのに達成感をもつことがあるかもしれない。そしてまた、誰かの痛みを目にすることで痛みや不安、苦痛を感じるなら、私たちはおそらく他人を助けるよりも自分のことにかまけるようになるだろう。この見かけ上のパラドックスを解く鍵は、誰かの痛みを――一歩引いて――感じる能力を養うことだ。実験では、参加者に対して自分自身、すなわち痛がっている誰かの痛みを感じている状態に注意を集中させるよう指示すると、痛がっている人に手を差し伸べることを控える傾向が現れる。痛がっている人を見ると自分を守るような行動が促されるのだから、これは理解できる。ところが、参加者が他者志向であることに集中すると（たとえば共感よりも思いやりにフォーカスする訓練を受けている場合）、自分が抱いた共感を慈善的な行動に転換させる傾向が強まる。[24][25] その人が目の前にいるにしろ、地球の反対側で暮らしているにしろ、誰かが苦しんでいる様子から自分も苦痛を感じるというのは悪いことではないが、肝心なのは私たちがその痛みをどうするかだ。一歩後ろへ下がり、脳に休息と思考の余裕を与え、適切な対応を考え出す。なお、誰かの苦しみに心を配っているときは自信をもってほしい。親身になってくれる、親切だと相手に認識してもらえたなら、そのことは実際に本人の痛みを和らげるのに役立つからだ。[26][27] 私たちは友人であり、配偶者であり、看護師・医師であり、介護者であって、機械ではない。人間らしさもじょうずに、愛情を込めて使えば、よく効く薬になる。

私たちが他者の痛みをミラーリングしているという発見は、持続痛を抱えて生きる人々にとってもかなり直接的な意味をもっている。たとえば、頑固な頸部痛の患者さんだったパムは、ほかの人が何かをよく見ようとして首を伸ばすところ――一〇代の息子がスマートフォンをのぞき込んでいるとか、作業員が地面から伸び上がって屋根を点検しているなど――を目にすると、決まって自分の首の付け根に刺すような痛みを感じていた。彼女にはなぜそういったことが起こるのかがわからず、混乱と心労から痛みは悪化の一途をたどった。私はパムに、ニューラル・レゾナンスについて簡単な解説をした。私たちの脳は他者の行動を〝鏡のように映し出して〟反応しており、その大部分は無意識に行われるが、時々痛みの感覚までつくり出してしまう場合があること。これは私たちがダメージを学習し、回避できるようにする防護のメカニズムであること。だが彼女の持続痛のケースでは、このミラーリングのシステムが過保護になっているということ。こういった知識で装備を固め、パムは他人の動きには何の危険もないことを徐々に理解していった。そして、ゆっくりながら着実に、そんな場面を見ても持続痛の再発は起こらなくなった。長期的な痛みの泥沼から患者さんを救い出すために、ニューラル・レゾナンスも利用できることはもはや疑いないように思われる。ミラーリングの能力を活用した持続痛の治療の中でも特に心躍るものとしては、「段階的運動イメージ法」がある。患者さんが少しずつミラーリングのシステムにアクセスし、それをコントロールできるようになることで、痛みを感じている人を見ても自分に痛みは引き起こされないようにする、この療法のパイオニアの言葉を借りれば「痛みのレーダーにひっかからないように」[28]する方法だ（詳しくは第11章で）。なお、持続痛の患者さんと話をする際には、こちらの言動が及ぼす潜在的な効果を意識する必要があり、その痛みがミラーリングによって悪化するものかどうかを確認することが大切だ。痛みが伝染すると知っていることは痛みに苦しむ人を助ける鍵だが、それは共感——他者とともに感じること——を積極的な支援にどう転化させるかを理解する上でも欠かせない。

8　心をひとつに
社会的な痛み

介抱してくれる者もおらず、ひとり病の残酷に苦しむことが、
いかに哀れで、底なしに孤独であるか。

――ソフォクレス『ピロクテテス』

社会的な痛み、「ソーシャルペイン」というと抽象的に聞こえるが、私たちは皆それがどんな感じかを知っている。疎外される痛み――学校のスポーツチームに最後まで選ばれなかった、届くはずの結婚式の招待状が来なかった――はひどく嫌なものだ。こういった心が乱れる経験は人間誰しも太古の昔から味わってきた側面ではあるけれども、ソーシャルメディアのあの手この手はこのソーシャルペインの問題を拡大させた。今日では、「いいね」やハートの数で価値が評価され、見えない集団がいつ敵に回るかもわからない空間、内輪の判断や受け入れの可否が一瞬で決まる場からスマートフォンを一台隔てたところで、ひとつの世代が育っている。

二〇〇三年に、ＵＣＬＡの研究者らは社会的排除による痛み――「心の痛み」「胸の痛み」――が単に心理的なものではないことを示した。痛みは実際に生じているわけだ。しかもこの事実は、いかにも

ぴったりだが、複数人でプレイする一種のビデオゲームの開発からわかったのだった。[1]博士課程の学生ナオミ・アイゼンバーガーと彼女の指導教官マシュー・リーバーマンは、「サイバーボール」という巧妙な実験課題を考案した。実験では、学部生にひとりずつfMRIに入ってもらい、その状態でほかのプレイヤー二人と三角になってキャッチボールをするビデオゲームをプレイさせる。ここで実験の参加者は、自分以外の二人のプレイヤーは同じ実験に参加している学生だと思っているが、じつはこの二人の動きはすべてコンピューターのプログラムで設定されている。プレイヤーは三人で互いにボールを回しはじめる（リーバーマンは「これ以上ないほどつまらないゲーム」だと認めている）ものの、ある時点からコンピューターで制御されているプレイヤーが二人だけでボールをやりとりするようになる。これが起こると、仲間はずれ状態の参加者の脳ではたいへん興味深い反応が見られる。スキャンによれば、キャッチボールに入れてもらえなかったことで、前帯状皮質（ACC）の活動が強まった。（すでに見たように ACCは身体的な痛みの知覚の発生にかかわる領域で、感覚を情動や認知と結びつけ、痛みに意味を与えようとする。アイゼンバーガーはさらに実験を続け、身体的な痛みの閾値が低い人が、社会的に疎外されたときにはさらに大きな苦痛を感じること、キャッチボールのゲームで社会的苦痛のレベルが高かった人では、ゲーム後に加えられた身体的な痛みの刺激に対しても、いっそう強い不快感を感じることを明らかにした。[2]身体的な痛みと社会的な痛みは神経学的にいくつものレベルで深く絡み合っている。これは表面的には少々奇妙に思われるが、痛みの本質に立ち返ってみれば納得できる。痛みは安全装置、私たちが危険を回避し、安心・安全な状態を確保するよう導く不快な感覚なのだった。さらに、私たちの脳は、他者から離れることがマイナスの影響をもたらし、潜在的に自分の生存を脅かしかねないことも認識する。アイゼンバーガーの最初の論文では、ＡＣＣを外科的に損傷させたハムスターの母親は子を自分の近くに置いておこうとしなくなること、またリスザルの赤ちゃんに同じような神経系の損傷を負わせると、母親から引き離されても声を上げなくなることを示した過去の研究が参考文献として挙げられている。(3)(4)

このことは痛みの理解と治療に関してひじょうに大きな意味をもっている。私が医学生の頃、疾患の「生物・心理・社会モデル」は提唱されてから何十年もたっていたが、医療や医学研究の世界で広まり、注目を集めはじめていた。それは望ましい流れだった——あらゆる疾患、とりわけ慢性痛は、患者さんの心理的気質と社会的環境を無視しては理解も治療もできない。とはいえ、この「・社会」の部分は何となく最後に付け足されたような感じを受けるし、事実、教員や医学生、あるいは医師にしても大半はそれを口先だけで言っているにすぎない。医師はたいへんな量の情報を把握し、厳しい時間の制約がある中で思い切った決断を下さなければならない。患者さんが置かれた社会的文脈は複雑で、主観的なもののように思われる上、取り散らかっていることも多いのだから、医師が生物学的メカニズムの法則や確実性に安心感を覚えるのは無理からぬことだ。しかし現実としては、個人の信念から人づきあい、社会の構造そのものに至るまで、およそ「社会」的なものは痛みの経験にとって計り知れないほど重要である。

私がもし、医学関係の教科書には載っていないが、喫煙よりも身体に悪く、抑うつ状態や自殺につながり、伝染性で多くの人がかかっていて、なおかつ罹患率がますます上昇している疾患があると述べたとしたら、読者はどう思われるだろうか。それは孤独という病だ。社会的孤立は人々の生活をむしばみ、若くして命を終わらせてしまうこともあるが、これは社会環境がいかに痛みと深くかかわり合っているかを示す顕著な一例といえる。痛みは孤立を生み、孤立は痛みを生む。持続性の（神経の損傷が原因で起こる）神経障害痛を発症したラットでは、なじみのあるラットと知らないラットの両方との交わりが減少しはじめる。そして、痛みが（神経障害痛に有効なガバペンチンの投与により）改善されると、ほかのラットとの交流を再開するという。(5) こういったことは人間でもしょっちゅう見られる。痛みのために思うように動けず、（痛みと社会的スティグマの両面から）恐怖が強まり、気分が落ち込み疲労がつのる――患者さんはどの段階にあっても外の世界からじっと身を隠し、少しずつ孤立を深めていく。個人がもつ社会的ネットワーク上のつながりの糸が一本ずつ絶たれるので、患者さんの世界は自身の重みに耐えられず崩れてしまうことになる。社会的孤立は心身の健康にすさまじい影響を及ぼす。それは自殺のリスク因子であり、健康への害は一日に紙巻きたばこ一五本を吸うことに匹敵する。(6) また、社会的孤立それ自体も持続痛を悪化させる。(7) じつにひどい、恐ろしい悪循環だ。人間は社会的な存在であるけれども、自分の身体と自分の人生についての行為者性や自律性、コントロール感も必要だ。持続痛はこういったものも奪うので、患者さんはなおさら支援のネットワークに頼らざるを得なくなる。

しかし、朗報がある。たくさんの（多くは愉快な）データによれば、「社会的きずな」にはたいていの痛みを癒やす力があるらしい。二〇一〇年、オックスフォード大学の心理学者らは（同大学で実施された研究の中でもとりわけ典型的な実験で）チームワークによって痛みの閾値が高まることを突き止めた。(8) この研究では、大学の男子ボート部のトップ二チーム、ブルーボートとアイシスから選手一二人の協力を得た。選手たちは、屋内に設置したボート漕ぎマシンで四五分間の運動をするというセッションを同じ週に二回こなした。一方のセッションでは各自が勝手に漕いだが、もう一方のセッションでは八人が一列に並び、全員そろって一艇の（バーチャル）ボートを漕いでいるところを再現した。いずれの場合も、セッション終了後の選手は利き腕ではないほうの腕に血圧測定用カフを巻かれ、虚血（組織に血液が十分に供給されない状態）の痛みを生じさせるために圧刺激を加えられた。二回のセッションで運動の強度はほとんど変わらなかったにもかかわらず、グループでボートを漕いだ直後の選手は、ひとりで漕いだときのおよそ二倍の痛みに耐えることができた。つまり、グループで運動した場合は経験される痛みが明らかに小さくなっている。選手たちがチームとして――文字通り〝オールを合わせ〟て――ボートを漕ぐと、彼らの脳はその作業に自分ひとりで運動するよりも多くの意味と目的があるとみなし、エンドルフィン（体内で産生される天然のモルヒネ）の分泌量が増えるようだ。とはいえ、そこには何か別のことがはたらいている可能性もある。漕艇競技ではクルーの選手がぴったり同期して漕ぐことで勝敗が決まるが、研究論文の執筆者らは、このシンクロした活動こそが、社会的きずなを強め、エンドルフィンの放出を増加させて、痛みを和らげるように作用すると主張している。

だからといって、グラスファイバー製のボートを川面に浮かべ、生活をより快適にするシンクロ運動を一緒にやってくれる人を七人見つけなくてはと焦らなくても大丈夫だ。たとえば音楽は、時代と文化を問わず、人とのつきあいや生き延びることに関して重要な役割を果たしてきた。現代社会で私たちは音楽のスターに心酔し、才能あるアマチュア歌手がしのぎを削るタレント発掘番組をテレビで見ている。なのでもしかすると自分に音楽的センスはない、パフォーマンスは〝少数精鋭〟の人たちに任せたほうがよいという思いがあるかもしれない。しかし、データが示すところによれば、音楽のセンスといえそうなものが備わっていない人はごくごく少数派だ(9)。さらに重要なのは、膨大な量の研究から、音楽に触れると心と身体によい効果がもたらされるとわかっていることだろう。イギリスではここ数年、地域のコーラスグループや教会の聖歌隊の数が（メディアの注目度が高まったせいで）全国的に増加したが、これは孤独の流行の問題を打開するすばらしい方法のひとつだ。仲間と声を合わせて歌うことは脳と身体のためになり、幸福感や充足感を向上させ、メンバー間で強力かつ意味のある社会的きずなが生まれるのを助け、慢性痛の軽減にもつながる。

合唱が痛みを抱える人に及ぼす影響を調べるため、ランカスター大学の研究者らは地域のコーラスグループ〝痛み合唱団《ペインクワイア》〟の参加者に詳細なインタビューを行った(10)。回答者の多くは、歌っている最中とその後に痛みが大幅に減少すると述べた。そのうちのひとりは「世の中のどんな薬を飲むよりも歌うほうが効く」と答えている。しかも、歌という〝薬〟はとても安い上に携帯に便利なので、参加者はそれを家に持ち帰り、自分で痛みを管理するのに使うことができる。「とにかく、歌うことは身体にいいんだと思います。いまは家でも歌っています」という回答もあった。合唱はいくつかの面で痛みを軽減する。まず、目的と喜びのある楽しい雰囲気のおかげで痛みから注意がそがれ、エンドルフィンが産生される。そればかりか、長い目で見ても、歌うことは痛みの意味を変えはじめる。痛みに伴う不快感がだんだんと和らぎ、痛みがもつ力が弱まっていくのだ。ある参加者はこう述べている。「私はサバイバーです。自分の人生を、自分がどんなふうに生きられるかに合わせて調整してきました」。じつに重要なことに、合唱は多くのインタビュー回答者に目的意識をもたせ（「一八か月前に始めていなかったら、自分はいま頃まだソファに座っていたと思います」）、活動レベルが徐々に上がった結果、彼らは太極拳や水泳など、合唱とはまた別の痛みを軽減させる活動にも参加できるようになっていた。歌を歌うという活動は、究極的には彼らに希望を与えたのだ。合唱仲間とハーモニーを奏でるにしろ、自宅のリビングでABBAを大声で歌うにしろ、音楽は薬になる。

同期的かつ社交的な活動で、私が思うに誰でも参加できそうなものはもうひとつある。オックスフォード大学心理学部のチームは二〇一二年に、「笑いは百薬の長」ということわざは本当かもしれないことを明らかにした(11)(ちなみに、ボート選手に痛みを与える独創的な研究を行ったのも同じ心理学部だ)。この実験ではまず、研究者の指示に応じてコメディ番組――『Mr.ビーン』から『ザ・シンプソンズ』まで――の短いバージョンか、事実に基づくドキュメンタリーの一部のいずれかを参加者に見てもらった。人間は最高におかしい場面でも、自分ひとりで見ているときはなかなか笑わないこと、また笑いは誰かと一緒なら三〇倍起こりやすいことを示すデータがある(12)ことを考慮し、この実験の参加者は全員グループで動画を見た。そしてその後、腕に凍ったカフをはめるか、血圧測定用のカフで圧迫する方法で、全員に痛みを伴う刺激が与えられた。チームはさらに〝実世界〟の状況で実験を行った。この時は参加者にエディンバラ・フェスティバル・フリンジ〔毎年夏に開催される世界最大の舞台芸術フェスティバル〕でコメディか演劇の公演をライブで見てもらい、続いて痛みを伴う刺激を与えたのだった。この研究でとりわけ興味深いのは、笑いが痛みの閾値を上昇させたばかりでなく、鎮痛効果をもたらすものとして気分以上に強い要素であったことだ。というのも、本人がポジティブな気分であっても笑っていなければ、痛みの閾値に上昇は認められなかったからだ。当時これを具体的に確かめることはできなかった(参加者の脳画像は撮影されていなかった)が、研究チームは、同期したボート漕ぎの場合と同じように、身体と筋肉を使う笑いの行為が脳の薬箱を開けてオピオイドを放出させ、痛みが和らぐとの仮説を立てた。そしてこの研究から五年後、フィンランドのトゥルク大学の研究者らは、（オックスフォードの研究チームの中心的なメンバーであったロビン・ダンバー教授の協力のもと）高度な神経機能画像技術を用いてそれが実際に起きていることを立証した。(13)

合唱やダンス、スポーツ、楽器の演奏、宗教の儀式などは、すばらしくポジティブで快いリズムをもつ社会的きずなであり、多くの人には一般的な薬よりも優れた鎮痛効果を現す。しかしながら、人と人との交流は、同期されていなくても鎮痛の効果を発揮できる。長期的な痛みの管理に関していえば、ふつうの友達づきあいがモルヒネよりも強力な効果をもたらすこともある。オックスフォードのロビン・ダンバーのチームは、人づきあいのネットワークが大きいほど、本人の痛みに対する耐性が高くなることも発見した。(14) 社会的きずなは脳内でエンドルフィンをオピオイド受容体に結合させ、それによって痛みが鎮まるのだ。こういった報告は、社会的孤立と抑うつ状態、慢性痛とのあいだに強い関係があることを裏づけてもいる。その上、意味のある人づきあいは単に痛みを軽減するだけではない。良好な社会的ネットワークの構築は、心身の健康のあらゆる側面において有益なことだ。

さらに、他者との行き来は痛みを抱える人々を救うばかりではなく、痛みを抱える人々を理解するという点でも役立つ。カナダの神経科学者で痛みの専門家であるジェフリー・モーギル教授は、自身の研究の大部分をマウスの社会に見られる社会的慣行の理解に捧げてきた。教授が行った二〇〇六年の研究はよく知られているが、それは複数のマウスを痛みを感じているマウス一匹と同じケージに入れると、その一匹がいない場合とくらべて強い痛みの反応を見せることを示したものだ。(15) 重要なのは、この現象が見られたのは、その一匹がほかのマウスたちにとってなじみがある場合だけだったことだ。その後の研究では、人間でもこのような〝痛みの伝染〟が起こることがわかっている。しかも、（第7章でも述べたが）この他者の痛みへの共感と理解は、見知らぬ人が痛がっているときにはずっと弱い。モーギルのチームは、私たちは知らない人に対してかなりのストレスを感じるため、知っている人ほどには共感できないことを示した。知らない人と向き合うとストレスホルモン（グルココルチコイドという）の産生量が増え、それによって共感能力が低下するのだ。さて、この課題はどうすれば克服できるだろう？　二〇一五年に、モーギルと彼のチームはある有効な方法を発見した——それは音楽ゲーム『ロックバンド』だ。モーギルらの研究では、自分以外の誰かの身体的な痛みに対する共感は、見知らぬ人に対しては弱まるが、ストレスホルモンを薬理学的にブロックした状態ではそうならないことが確認された。いっそう重要なのは、知らない人でも一緒に『ロックバンド』をほんの一五分プレイ——ビートルズになったつもりでコントローラーのギターをかき鳴らしたり、ドラムをたたいたり——すれば、元〝知らないどうし〟の二人が互いに痛みの共感を示すようになったことだ。いうまでもないが、研究者らのねらいは私たち皆に『ロックバンド』を買いに走らせることではない。望まれているのは、持続痛を抱えて生きる誰かのもとを訪ね、お茶を飲みながらおしゃべりをすること。一緒に田舎の散歩に出かけたり、編み物をしたり、トランプで遊んだりすることだ。それから、相手を励ますように、心を込めて身体に触れることにも強力な鎮痛効果がある。(16) ぎゅっとハグをすることの威力を侮ってはいけない。意味のある人づきあいは痛みを抱える人々のためになるが、痛みに悩んでいない人々も気づきを得られ、その痛みを理解できるようになる。双方ともにストレスが減少するのだから、これは血圧や免疫系の機能、心の健康に加え、他者、特に知らない人に向けて好意や寛大さを示す上で得策以外の何ものでもない。

人と行き来することは往々にして薬物療法よりも有効だ。この種の介入は簡単かつ安上がりで、それにかかわる人は皆恩恵を受ける。慢性痛の患者さんに対する医療従事者の接し方は変わらなければならない。そして幸い、政府機関や医療施設もそのことに気づいている。「社会的処方」といって医療従事者が患者さんを地域の支援やサービスにつなげる取り組みが、いくつかの国で浸透しはじめている。[17] とはいえ、孤独を感じている人、孤立している人の手助けをするのは私たちひとりひとりの責任だ。新型コロナウイルス感染症の世界的流行を受けて誰もが孤立の現実を経験したいま、相対的には短かったが実際にそんな時間をともに過ごしたことで、めいめいが社会の中で慢性的に孤立し、孤独な人たちを気にかけるようになっているよう願いたい。

社会的不公正があるところには、いつも不必要な痛みが生じる。アメリカ全土における膨大な救急外来件数を調べた二〇一六年の研究によると、黒人の男女が来院した場合に鎮痛剤を投与される可能性は白人の患者の半分だった。[18] 運よく鎮痛剤をもらえたとしても、その投与量は白人患者にくらべて低い傾向があった。また、黒人の子どもが虫垂炎で来院したときに中等度の痛みに対する鎮痛剤や重度の痛みに対するオピオイドが投与される可能性は、白人の子どもよりもはるかに少なかった。[19] しかしながら、同じくらい気がかりなのは、こういった格差を引き起こす思い込みや偏見がどこまで及んでいるかだろう。この点については、バージニア大学の社会心理学者からなる創意に富んだチームにより、近年多くのことが明らかにされている。彼らが行ったある研究では、六〇〇人を超える全米大学体育協会（NCAA）所属の医療スタッフを対象に、前十字靱帯を断裂した学生選手に関する症例研究を配布した（なお、その選手が黒人であるか白人であるかは無作為に割り当てた)[20]。スタッフらはまず、このケースについていくつかの質問に答える。その中には選手の痛みを1から4までのスケールで評価することも含まれる。続いて、「象徴的レイシズム尺度」Symbolic Racism 2000 Scale の項目に基づく質問がなされる。これは偏った意見(たとえば「実際問題として、一部の人は努力が足りないということだ。黒人がもっと頑張りさえすれば、白人と同じように経済的に成功できるだろう」というような文章)にどの程度同意するかによって回答者の人種的態度を測定する尺度だ。各項目のレイシスト的な意見に強く同意すればするほど、回答者のスコアは低くなる。結果は、平均的に見ると医療スタッフは黒人選手の痛みを白人選手の痛みよりも弱いと評価した。また意外なことに、各スタッフの人種的態度と黒人選手の痛みに対する認識とのあいだに関連はなかった。「ひじょうに肯定的な人種的態度を示したスタッフでも、そのような〔黒人の痛みを低く評価する〕傾向がうかがえた」と研究論文の著者のひとりであるソフィー・トラワルターは述べている。この偏見は選手がけがをした直後に感じた痛みをめぐってのもので、痛みから回復する段階においては見られなかった。つまりスタッフは、黒人は白人にくらべて痛みを感じにくいと考えはしたが、よりうまく痛みに対処できるとは考えなかったようだ。この研究は、社会構造によってもたらされるこういった偏見がなぜ存在するかの解明には至っていないけれども、それが確かに存在していることをはっきりと示している。

同じチームによる別の研究では、白人の医学生二〇〇人以上に、痛みを訴えている白人と黒人の患者ひとりずつについての症例研究を読ませた[21]。その上で、黒人と白人の生物学的差異に関する科学的に不正確な陳述(「黒人の神経終末は白人よりも鈍感である」「黒人の皮膚は白人よりも厚い」など)にどの程度同意するかを答えさせたところ、誤った考えを支持した学生には黒人の患者の痛みを低く評価する傾向があることがわかった。興味深いことに――またいっそう憂慮すべきことに――誤った考えのどれにも賛成しなかった学生は、実際には黒人の患者の痛みを高く評価したのだが、それでも鎮痛剤の増量は勧めなかった。ショッキングなのは、医学生の半数が誤った陳述のいずれかに同意していたことだ。これが健康に関する思い込みを改め、人種に関する偏見の存在を認めよという合図でないとしたら、いったいどんなことが警鐘となり得るだろう。しかも、これは単に教育されている内容についてパラダイムシフトが必要という話ではない。教育されていないのは誰かという問題だ。じつをいうと、二〇一四年にアメリカの医学部で学ぶ黒人男性の数は一九七八年よりも少なかった[22]。医学部に人種差別があり、公然と敵意が示されているわけではない。そうではなく、偏見やレイシズムはむしろ社会のあらゆる構造に染み込んでいて、それがこの状況をもたらしている。教育格差や、医学部の授業料がひどく高額であること、ロールモデルの不在などは理由のほんの一端だ。ある国の医療界がその国の人口構成を反映していなければ、危険な臆測や偏見、力関係の不均衡が大きくなり、残酷で不必要な、現実の痛みを引き起こしかねない。

私は二〇一九年に、作家で活動家でもあるキャロライン・クリアド＝ペレスとパネルディスカッションで同席した。彼女の著書 *Invisible Women*〔『存在しない女たち――男性優位の世界にひそむ見せかけのファクトを暴く』神崎朗子訳、河出書房新社、二〇二〇年〕は、女性の痛みがいかにないがしろにされてきたか（と、それが依然として続いていること）を、データを次々と提示しながら容赦なく暴いている。彼女は医療の世界における不平等に対して私の目を開かせてくれた。それはすぐ鼻先にあったのに、私のレーダーにはまったく引っかかっていなかったのだ。医学の分野では、男性中心の文化的態度がいまだ根強い。「女性が痛みを訴えると、それを信じるのではなく、〝メンタルに問題あり〟と決めつけがちだ」と同書にはある。女性たちが〝ヒステリア〟を理由に精神病院に収容されたり、子宮を切除されたり、ロボトミー手術さえ施されたりすること（そう、これらは二〇世紀の大半を通して行われていた）はもうないけれども、女性は男性にくらべて鎮痛剤を処方されることが少ない一方、鎮静剤や抗うつ薬の処方が多いという事実は、そのような態度がいまなお残っていることを示している。(23)

二〇〇八年の研究では、腹痛で救急外来に来院した女性は男性にくらべてオピオイド鎮痛薬（モルヒネなど）を投与される可能性が著しく低く、処方されても投与までの待ち時間が長いことが明らかになった。(24) 痛みの知覚の性差に関して十分に調べられていないことが数多い中で、モルヒネについては同じ鎮痛効果を得ようとすると女性のほうが高用量を必要とする傾向を示唆するエビデンスがあるのだが、(25) それにもかかわらずこういったことが実際に起きている。私はジュニアドクターになって最初の二年間、一般外科（実質的には消化器系全般の外科）に配属され、日々救急外来で何百人という女性のアセスメントを行い、彼女らの腹痛は一般外科系の問題か、それとも〝婦人科系の〟疾患によるものかを判断し、さらに一般外科の病棟に入院、あるいは手術の必要があるかどうかを自分で導き出そうとしていた。振り返ってみると、ここで挙げたような研究結果は残念ながら実態を反映している。それとなくにしろ、あからさまにしろ、女性の痛みは往々にして切り捨てられてしまうのだ。これは、女性が骨盤の痛みに苦しんでいるのに、病巣がスキャンではよく見えず、すぐに手術で切除することもできない場合には特にそうだった。女性は男性にくらべると（平均して）痛みへの耐性が低く、痛みの強さを高く評価し、より長い時間にわたって痛みを感じることを考えると、女性のほうが鎮痛剤を投与される可能性が低いという事実はとりわけ残酷というべきだろう。[26]

女性に特有の痛みについてでなくてもこうなのだから、あとは推して知るべしだ。生涯に月経前症候群（PMS）を経験する女性は九〇パーセントに及ぶ。PMSについては研究が進んでおらず、不明なところが多いが、頭痛や乳房の痛み、腹痛など、さまざまな症状をまとめてこう呼んでいる。ちなみに、人生のある時点で勃起不全（ED）を経験する男性は全体の一九パーセントだが、EDについてはPMSの五倍以上の研究がなされている。[27]また、子宮の内側にしかないはずの組織が身体のほかの場所に発生する子宮内膜症も、かなりよく見受けられる病気ながら、原因などはよくわかっていない。耐えられないような痛みがたびたび起こる一方、子宮内膜症と診断されるまで長年何人もの医師にかかり、ノートが一冊埋まるほど誤診に次ぐ誤診を経験する患者さんも珍しくはない。実際、子宮内膜症の診断が確定するまで、イギリスでは平均八年、アメリカでは一〇年かかるという。[28]

診断が遅れたために人生が台なしになるケースは多いが、その遅れが命にかかわる場合もある。二〇一八年のスウェーデンの研究によると、心臓発作を発症した女性は、最初に痛みを感じてから病院に到着するまでが平均して男性よりも一時間遅く、診察を受けるまでにもさらに二〇分長く待たされるという。[29]これにはいろいろな理由があり、友人や家族、医療スタッフまでが女性の痛みを深刻に受け止めないことから、女性の患者さん自身が〝人に迷惑をかけたくない〟と遠慮してしまうことまで、おそらくは社会に根深いものと思われる。[30]二〇一八年のことだが、フランスのストラスブールで二二歳の女性がひどい腹痛のために救急サービスに電話をした。「死にそうなんです！」と訴える女性に、オペレーターはこう返した。「あなたは必ずいつか死にますよ、誰でもそう」。この女性は五時間後にようやく病院に運びこまれたものの、多臓器不全で亡くなった(31)。人口の半分を占める人々の痛みにまつわる経験や不当な扱いについては、現在政府や保健当局が耳を傾け、その事実を認めはじめている――遅くても、何もしないよりはましだ。二〇一七年、イギリスの国立医療技術評価機構（NICE）は子宮内膜症に関する医師向けのガイドラインを初めて発表し、医師が女性の話をしっかり聞く必要性を強調した。世界子宮内膜症学会の代表を務めるローネ・ヒュンメルショイは次のように述べる。「医師の立場にある人への全体的なメッセージとしては、何よりもまず自分の耳で女性の声を聞いてくださいということになるかと思います(32)」

社会にないがしろにされている、あるいは抑圧されているどんなグループにとっても、「私の声を聞いて」は合言葉のひとつであるべきだろう。ここでは人種と性別に的を絞って述べてきた。もし社会的不公正のために痛みが悪化しているグループや個人をすべて公平に取り上げるとすれば、本書の残りのページはいうまでもなく、図書館が埋まってしまうだろう。社会的な痛み《ソーシャルペイン》の中核をなす要素のひとつは、不公正に気づくと痛みがひどくなることだ。自分は不当な扱いを受けていると思っている――たいていは知っている――とき、あなたの痛みはいっそう強くなる。たとえば、自動車の衝突事故の被害者が、この持続痛は無謀運転をして自分にけがを負わせたドライバーのせいだと（多くの場合正当に）考えるというシナリオはきわめてふつうに思い浮かべられる。しかしながら、不当に扱われたという感じは、痛みの一次的原因から直接喚起されている必要はない。腕を骨折し、救急外来で不当に長く待たされているることで頭がいっぱいになっている人、あるいは事故のあとで横柄な保険会社との交渉に四苦八苦せねばならない人のことを考えてみてほしい。だが、さらに重要なのは、不公正が痛みと結びついている必要はまるでないことだ。[33] 二〇一六年に行われた研究では、一一四人の健康な実験参加者に両手を氷水（水温は一定に保たれている）に浸して感じた痛みのレベルを評価してもらった。この際、一部の参加者には、手を水につける前に自分が不当な扱いを受けた時のことを思い出すよう求めた。すると、不公正について考えた参加者は、痛みをより強く感じたという。[34]

不公正だという本人の認識が痛みの火に油を注ぐことは、そこまで想像力をたくましくしなくても理解できる。不当に扱われたという感覚は、反感と怒り、不安やストレスにつながるが、これらはすべてネガティブな思考や行為のサイクルを拡大し、持続痛を悪化させるからだ。驚くようなことではないかもしれないが、「公正世界信念」が強い人、要するに世界は基本的に公正な場所であり、誰もが各人にふさわしい成果を手にできるという考えの持ち主は、不公正を認識することによって、いっそう強い痛みを感じる。[35] さてここで、私たちはひとつのパラドックスに陥る。私たちは不公正と戦い、最終的にはそれを根絶したいと思っているし、患者さんの持続痛を軽減したいとも思っている。ところが、不公正との戦いのために必要な思考や行動、そして情動は、往々にして持続痛を悪化させてしまうのだ。不公正に関連する痛みを和らげるには、心理的な柔軟性を高めて受容を可能にするセラピーが近道となるケースが多いというエビデンスが出てきている。[36] 重要なことだが、受容とはあきらめて譲歩するという意味ではない。自分の置かれている状況を理解し、自分で変えられることと変えられないことを区別する助けを得られるのだから、これは当人に力を与えるものだ。難しい問題だし、安易な解決策はない。といって、不平等の存在をうやむやにしているわけではない。不公正はなくす必要がある。それに、このように見てくると、どちらかといえば第三者、つまり持続痛を抱えていない側の人間が、痛みを抱えて生きている人々の立場を積極的に代弁しなくてはという気持ちになるのではないだろうか。私たちは不当な扱いをされて傷ついた人を皆で支え、その人たちの思いを口に出さなければならない。彼らはこれを絶対に自分たちだけでやらなくてもいいはずだ。

「一九八〇年代の後半まで、赤ちゃんは痛みを感じないと広く信じられていたんです、知ってました？赤ちゃんの手術は鎮痛処置なし。もっとひどいのは、神経筋の阻害薬は投与しておきながら鎮痛薬は使わなかったこと。だから赤ちゃんは身体は動かせない状態で、意識はあって痛みを感じていた……」

私はデニズ・グルスルと会ったばかりだった。彼女はその頃「赤ちゃんの痛み」をテーマに博士課程の研究を始めたところで、私は医学部をほぼ終えていたけれども、この会話で初めて乳児の痛みについて考えたのだった。のちに私は、脳画像イメージング技術を用いて乳児の痛みを数年にわたって調べていたグルスル博士にオックスフォード大学でインタビューをした。私が知りたかったのは、医学界が乳児は痛みを感じないと決めてかかっていた理由だ。親ならば——人間ならば——赤ちゃんが痛い思いをしていると必ずわかるのでは？

グルスル博士は、乳児の痛みを否定する考え方の土台が据えられたのは二〇世紀初頭だと教えてくれた。研究者らは、乳児に針を刺したり電気ショックを与えたりしたときの反応から痛みのレベルを評価していた。[37]「その時期の文献に目を通すと……信じられない、とんでもない研究です。針をもってきて、それで赤ちゃんの足を刺して、記録は〝明確な反応なし〟って」

研究者の観察によると、針を刺した場合、乳児の反応は大人よりも遅いように思われた。しかし、乳児が激しい反応を示したときでさえも、それは痛みを感じているのではなく、原始反射によるものと考えられた。この観察結果には、赤ちゃんの神経系は未熟であるとの想定や、ごく幼い時期に顕在記憶〔思い出そうと意識して思い出す記憶〕は存在しないという認識、そして、乳児への麻酔の過剰投与を恐れるという（もっともな）配慮の影響が及んでいた。このように疑わしい前提と麻酔に関する慎重さが相まって起きた〝パーフェクトストーム〟によって、乳児は痛みを感じない／感じにくいという考えは医学界の規範として確立され、二〇世紀を通して教科書に載ることにもなった。

パラダイムシフトを実現するには、ひとりの勇敢な、怒れる母親が必要だった。それは一九八五年、ジル・ローソンがワシントンDCの国立小児医療センターで息子のジェフリーを出産したばかりのことだ。ジェフリーは未熟児で生まれ、心臓切開手術を受けなければならなかった。その手術が終わってから、ジルは息子に投与されたのは筋弛緩剤のみで鎮痛薬の併用はなかったことを知る。しかもこれが標準だとわかり、さらなるショックを受けた。ジルの手紙や訴えは医療スタッフに無視され、懸念は否定された。そんな状況は、ワシントン・ポスト紙が翌年にジルのストーリーを記事にするまで続く。[38] ジルの提言は待望の研究に火を付け、そして一年後の一九八七年にオックスフォード大学のチームが実施した研究はまさにゲームチェンジャーとなった。この研究では、心臓切開手術を受けた早産の赤ちゃんについて、フェンタニル（オピオイド鎮痛薬）を投与した場合と鎮痛対応を一切行わなかった場合の傾向を比較評価した。[39] 鎮痛薬を投与された赤ちゃんはアウトカム〔臨床上の成果〕がはるかによく、合併症も少なかった。また血液検査により、手術に対する反応として身体が経験するストレスが少ないことが示された。親たちの熱い思いと科学者の創意工夫のおかげで、私たちの認識はこの三〇年でずいぶん進歩した。国際疼痛学会（IASP）は現在、痛みの定義に次のような付記を加えている。「言葉による説明は、痛みを表現するためのいくつかの行為のうちのひとつにすぎない。コミュニケーションができないからといって、痛みを経験する可能性を否定するものではない[40]」。

とはいえ、赤ちゃんが痛いことを伝えられないのだとすると、赤ちゃんが痛みを感じていると知るには具体的にどうすればよいのだろうか。私はグルスル博士に尋ねてみた。「厳密にいうと、一〇〇パーセント知ることは不可能です。痛みは感覚なので、本人が言葉で表現できなければ、何を感じたかをこちらで判断するのは簡単ではありません。それでも〝代用指標〟を用いて乳児が感じている痛みの強さをおおよそ評価することはできます。こういった指標には、赤ちゃんの啼泣《ていきゅう》〔声を上げて泣くこと〕の長さやピッチ、持続時間など、かなり粗いものもあります。博士課程の研究では、赤ちゃんを三〇秒間観察して、眉のあたりが盛り上がったり、目がぎゅっと閉じたりと、顔の表情に特定の変化があれば、それを記録するということもしました」

赤ちゃんの痛みの研究は、気の弱い人には絶対に向かない。グルスル博士は、赤ちゃんは何かにつけて泣くからこそ、乳児の痛みの測定には脳画像イメージング技術の新たな進歩が大いに重要であったと指摘した。彼女の研究では非侵襲性の手法が二つ用いられた。ひとつはｆＭＲＩ、つまり血液酸素化度の変動から脳内でどの領域が活性化しているかを読み取る方法。もうひとつは脳波検査（ＥＥＧ）で、こちらは頭皮に電極を配置して脳内電気的活動の経時変化を計測する方法だ。人の思考の読み取り、いわゆる〝マインドリーディング〟ができるというわけではないけれども、神経機能画像は声なき人々の感情を理解する上で、目覚ましい前進といえる。この仕事のほとんどは、グルスル博士の指導教官であるレベッカ・スレイター教授が率いるオックスフォードのラボで進められた。二〇一五年には、スレイター教授のチームが行ったfMRI研究により、大人が痛みを感じているときに通常活性化する二〇の脳領域のうち、一八の領域は乳児が侵害刺激を受けたとき（研究者らが使った針は皮膚に刺さらず、決して傷をつけない格納式のものなので、心配は無用だ）にも活性化することが明らかになり、乳児は大人と似通った方法で痛みを経験している可能性があることが示唆されている。[41] 実際、乳児の脳は大人の脳よりも刺激に対する反応性がさらに高いことがわかっている。つまり、医学界では二〇世紀の大半にわたって赤ちゃんは痛みを感じないと考えていたが、じつは大人よりも赤ちゃんのほうが敏感かもしれないわけだ。オックスフォードの同じチームが行った別の研究ではEEGも用いられ、侵害刺激は乳児の脳で痛みに特有の電気的活動を生じさせること、さらにこの活動は刺激の強さと強く関係していることが判明した。[42]

赤ちゃんが痛みを感じていることは明白だ。痛みが短期的に苦痛を与えるものであることは間違いないが、その一方で生後早期の痛みは生涯にわたる影響を及ぼすというデータもある。赤ちゃんの頃に痛みを伴う処置を何度も受けることは、行動障害や認知機能（知能や言語能力など）の低下のほか、痛みの処理における異常とも関連づけられている。[43] この〝関連づけられている〟が必ずしも因果関係を意味しないことに留意するのは重要ながら、幼児期に繰り返し痛みに暴露されると痛みのシステムや脳全体の発達に響くかもしれないことは無理なく推測できる。なお、生後早期における多くの痛み経験は成人してからの慢性痛の症状につながる恐れがあると言いたいのはやまやまだが、長期のデータ収集や新生児の詳細な記録へのアクセスが複雑であることから、この関係を示すデータはまだ確認されていない。それでも、私たちにはこのか弱く傷つきやすい存在の痛みを和らげる責務がある。そして、やらねばならない仕事はたくさんある。二〇一四年のレビューによると、新生児集中治療室（NICU）に入った赤ちゃんは、気管挿管（鼻から気管にチューブを挿入すること）や足底穿刺（かかとに針を刺して採血すること）など、痛みを伴う処置を一日に一〇回あまり受けているのに、大多数のケースで鎮痛薬の投与などは一切行われていなかったという。[44]

スレイター教授のチームは、どういった手法や薬剤が実際に乳児の痛みを緩和できるのかを神経機能画像を用いて調べるアプローチを切り拓いている。このチームはまた、処置に先立って赤ちゃんの皮膚に麻酔クリームを塗布すると、EEGに現れる痛みに関連した電気的活動が減少することも発見した。[45]しかし、すべての鎮痛薬でプラスの効果が得られているわけではない。同じ研究チームでは、未熟児で生まれた乳児について、血液検査や眼底検査など痛みを伴う処置の前にモルヒネを投与すると痛みを緩和できるかを評価しようとしたこともあるが、残念ながらプラセボと比較して痛みを低減する効果がまったく見られなかったばかりか、モルヒネに関連した副作用のために、試験を早期に中止しなければならなかった。[46]この研究は規模が小さく、あまり多くの結論は引き出せないことには注意したい。だが、研究チームは、簡単に使え、費用もかさまず、ローテクかつ副作用ゼロの鎮痛薬を確かに見つけた。それは手で触れることだ。私たちは皆、安心させるように撫でられたり軽くたたかれたりしたときの、気持ちがなごむ心地よい感覚を知っている。なお、撫で（られ）ることをめぐる科学は十分に確立されている。たとえば、もし読者が完璧な肌と肌との触れ合いを目指しているなら、相手の肌を（くれぐれも先方の了解を得た上で）秒速三センチメートル程度のスピードでそっと撫でてみてほしい。[47]こうすると、皮膚に存在し、社交的な快いタッチに関連する信号を脳に伝達する「C触覚線維」が活性化される。[48] 大人はこのように撫でられると、短期的な痛みにおいて本人が知覚する痛みを軽減できる。[49] グルスル博士は、乳児でも同じようなことが起こっているかを確かめようとした。そこで侵害刺激を与える直前に赤ちゃんの皮膚を秒速三センチメートル（最適スピード）、または秒速三〇センチメートル（速すぎ）で動くブラシで撫でるか、あるいは一切撫でずに刺激を与え、経過を観察した。[50] すると、最適スピードで撫でた場合に赤ちゃんの痛みに関連した脳活動は減少するが、対照群二群でそのような変化はないことがわかった。この結果は、優しく安心感を与えるようなタッチは乳児の痛みを本当に緩和できるという確信につながる。タッチによって乳児の脳にポジティブな情報が送り込まれ、安心だという印象を与えていることは明らかだ。またこれは、未熟児で生まれた赤ちゃんと直接肌を触れ合わせること（「カンガルーケア」として知られる）から、年齢を問わないマッサージまで、タッチには現実に健康上のメリットがあることを示す多くのエビデンスにも連なる。乳児の痛みに関する私たちの理解は、それ自体はまだ未熟ながら、新たな旅を始めようとしているすべての人間の不必要な苦しみを取り除ける可能性に大きな期待を抱かせるものだ。

痛みは社会的な意味をもっている。社会によって傷つけられている人――孤独な人、疎外された人、声をもたない人々――では、そのことによって痛みも悪化しがちだ。社会の構造が痛みを悪化させている手段が環境や心理を操る拷問者のやり方と同じだというのは注目に値するが、もしかしたら当たり前のことなのかもしれない。孤立や屈辱、威嚇、抑圧、不公平などは抽象的な概念のように思われるけれども、これらはいずれも身体的・情動的な痛みの経験をいっそうひどくする。痛みは安全装置であることを踏まえれば納得できるだろう。つまり、痛みは安全によって鎮められ、脅威によってあおられる。新しい痛みの理解を通して、私たちは弱い立場にある人に目を向け、虐げられている人たちに手を差し伸べたくなるはずだ。痛みは私たちを愛に導くものでなくてはならない。

9　信じることで救われる
信念と枠組《フレーム》み

死ぬことは怖くないと言う男は、嘘をついているか、グルカ兵かのどちらかだ。

——陸軍元帥サム・マネクショー
（一九六九〜七三年インド陸軍参謀長）

私の親しい友達にはひとりマンチェスターの出身者がいて、彼は私のことを——褒めた言い方だと——「南部の軟弱者」と呼んだりする。痛みへの耐性やいわゆる「タフさ」は生まれたところの緯度によって決まる〔北に行くほど強い〕というイギリス人のステレオタイプは、いまに始まったことではない。実際、痛みの知覚と痛みへの耐性は文化的に異なるという考えには、人類そのものと同じくらいの歴史がある。私たちは誰しも感想や印象、意見をもっているが、その多くは自分たちの文化がつくり出した風評や固定観念に支えられている。私は子どもの頃、歴史の本を片っ端からむさぼるように読んで育った。中でも特に好きだったのは、ギリシャ神話に登場する恐ろしいアマゾネス〔女性戦士のみからなる勇猛な民族。アマゾン族とも〕から百戦錬磨のヴァイキングに至るまで、痛みと恐怖を操る術を身につけていたらしい古代の異人について書かれた本だった。また、私は常々ある集団に対してロマンチックな尊敬の念を抱いてきた。それは「グルカ兵」、イギリス陸軍を含め世界各地の軍隊に属するネパール〔の山岳民族〕出身者（あるいはインド出身だが民族的にはネパール人である者）のことだ。グルカ兵はその勇敢さにおいて伝説的な評価を受けている。彼らはネパールの山間部でリクルートされるのだが、〔イギリス軍への登用の場合〕毎年二〇〇人程度の新規募集に対して二万五〇〇〇人もの頑強な若者たちが応募する。ちなみに、この選抜試験は「ドコ・レース」といって、候補者が重さ二五キログラムのかごを額だけで支えて背負い、五マイル〔約八キロメートル〕の山道を駆け上がるという過酷な課題でクライマックスを迎える。

グルカ兵とイギリス人の将校は同じ大隊に所属して戦闘に参加するが、痛みの閾値と痛みへの耐性はグルカ兵のほうがやはり高いのだろうかと、私はいつも気になっていた（「痛みの閾値」とは、ある刺激を痛いと感じる最低の強さ。「痛みの耐性」とは、ある人が耐えられる最大の痛みのこと）。私が調べた限りでは、この件を扱った研究論文は見つからなかった。いちばん近かったのは比較的よく知られた一九八〇年の研究で、ネパール人の登山ポーターはヨーロッパ人のポーターにくらべて痛みの閾値がはるかに高いことを示したものだ。(1) 既存のデータがない中で、私はグルカ兵の選抜に密接にかかわってきた人物の意見を仰ぐことにした。ジェームズ・ロビンソン大佐ＣＢＥ（大英帝国勲章三等勲爵士）はグルカ将校の子息としてネパールで生まれ、自らも王立グルカ・ライフル連隊に参加、二〇一二年から二〇一九年にかけてはグルカ旅団のトップを務めていた。大佐は次のように語る。「現在、ネパール人とイギリス人の兵士たちの痛みの閾値に目立った違いは認められない。しかし、以前は差があったと思う。私がグルカ兵の選抜のために初めてネパールに行ったのは一九八〇年代だったが、巡回した村落の多くは車で向かうことさえできなかった。現地の人々は大半が自耕自給の農業を営んでいて、若者たちはたくましく、西洋の人間にくらべて受け入れられる痛みの範囲が広かった。その頃の西洋人は間違いなく〝軟弱〟だったわけだ。だがこの差は、ネパールが欧米化されるにつれて埋まってきている。一九九〇年代になると、ネパール人の若者は医師となるためにインドや欧米諸国に行き、主に薬の処方がベースの医療を学んで戻ってきた。村落までは道路が通じたし、若者たちは欧米並みの快適な設備や薬をいまやずいぶん簡単に手に入れられる」

ロビンソン大佐の言葉は、私たちが暮らす世界は次第に小さくなっており、国境や文化の境界線としてかつては明確に区別できたものがますます曖昧になりつつあるという事実を反映している。これは多くの面で歓迎すべきことだ。というのも、その結果として私たちは誰かの生い立ちを勝手に決めつけたりはせず、あらゆる人を個人として扱うようになるはずなのだから。ロビンソン大佐には、グルカ兵の訓練を率いていて気づいたことがもうひとつあった。訓練のためにイギリス本国に到着したネパール人の兵士たちは、訓練中にけがをしても、よほど悪化しないと連隊の診療所に行こうとしないのだ。それは痛みの閾値が高いせいかもしれなかったが、おそらくは、離脱と帰国を強いられてしまうといけないので、けが人とみなされたくなかったからだろう。個人の痛みの認識は、その人が他者に痛みを伝える方法に結びついている。そしてこれは文化によって大きく異なる。極端な例としては西アフリカのバリバ人が挙げられるが、彼らの我慢強さはレベルが違う。バリバ語には痛みを表現する語彙がほとんどなく、それどころか痛みを一切表に出さないことは美徳とされている。家族に恥をかかせないように、女性は黙ってお産の痛みに耐え、男性は戦いの傷を甘んじて受けるべきと考えられているのだ。(2) もっとも、名誉と恥の文化はバリバ人だけのものではない。イギリスの社会における「言わずに辛抱」の精神が「本心を語ろう」に置き換わったのは、たかだかこの一世紀のあいだのことだ。疾患と痛みをめぐるスティグマはまだ残っているが、個人的な苦しみを誰かと分かち合ったり、それについて思うところを述べたりするのは、以前よりもずっと社会的に受け入れられるようになっている。

文化や民族が異なる集団間における痛みの閾値の比較には、長い科学の歴史がある。一九六五年、ハーバードの精神医学者であったリチャード・スターンバックとバーナード・タースキーは、民族的出自が異なるアメリカの〝ハウスワイフ〟に電気ショックを与える実験を行った。そして、感覚閾値〔刺激を感じたと報告するのに必要なショックの強さ〕に民族による差は認められないが、痛みの耐性には大きな差があることを発見した。たとえば、イタリア系の女性は「ユダヤ系」や「ヤンキー〔アメリカ北部出身の白人〕系」の女性たちよりも電気刺激に対する痛みの耐性が低い傾向にあった(3)。このような差は、痛みに対する当時のさまざまな文化的態度を見通す手がかりを与えてくれるかもしれない。よくなされた説明としては、イタリア系の人は表現力が豊かで、自分の痛みを伝えることに躊躇しないが、イギリスの血を引くアメリカ人は自分のことをもっと控えめで我慢強く見られたいと望むというものがあった。しかし、これらの研究が示しているのは行動のパターンであって因果関係ではないし、十把ひとからげ的な一般化やステレオタイプの強化にも結びつきかねない。痛みに対する文化的・民族的態度は複数の集団間のみならず、ひとつの集団の中でも多岐にわたる上、時代とともに変わる。ロビンソン大佐がグルカ兵に接した経験からすると、スターンバックとタースキーが一九六〇年代に確認したような態度は今日ではかなり違っているかもしれない。

このテーマに関するたくさんの文献を分析し、より質の高い研究の結果を統計的に組み合わせた二〇一七年の研究では、アメリカとヨーロッパ諸国におけるエスニック・マイノリティの大部分は、白人よりも痛みに対して敏感な傾向があることがわかった。[4] ところが、おもしろいことに、これらマイノリティのグループが民族的に多数派を占めている国で調査を行うと、そのような民族集団による差は明確にならない。ある研究によると、インドで研究に参加したインド人のグループは、インド系アメリカ人（第二世代以降）よりも痛みの閾値が高かったという。[5] どうやら、マイノリティの一員であること、またそのことに伴って被る健康・社会面でのあらゆる不公正が痛みを中心的に媒介しているらしい。このことは、二〇二〇年に発表された規模の大きなスウェーデンの研究で強く裏づけられている。[6] それは人口から無作為抽出した対象者のうち一万五〇〇〇人以上が回答した質問票を分析した研究だったが、民族的背景によらず、移民はスウェーデン生まれの回答者にくらべて慢性痛、広範囲の痛み、激しい痛みのレベルがいずれもはるかに高いことが明らかになった。また、移民としての地位と慢性痛の関係における主な要因は、抑うつ状態と不安であることもはっきりした。こういった結果は、エスニック・マイノリティの痛み感度が高いことの重大な原因は不安や抑うつ状態、ストレスであることを示す、二〇一九年にアメリカで行われた実験室研究でも確認できる。[7] 痛みの本質――痛みとは私たちを守ろうとする感情である――に立ち返れば納得できることだ。マイノリティや移民の人々は弱い立場に置かれていることが多いし、これらの集団に属する個人は、（無理もないが）往々にして脅威となり得るものごとに対する感覚を研ぎ澄ませて生活している。そしてこれが恐怖やストレス、抑うつ状態をもたらす。痛みにとっては最悪のコンビネーションだ。

痛みの認識とコミュニケーションに文化や民族による差があるという事実は、私たちに重要なことを二、三教えてくれる。そのひとつは、これらの差はとても複雑かつ流動的なものだと理解する必要があり、背景的な事情に基づく集団の一般化や個人に対する決めつけは絶対にすべきではないということだ。二〇一四年に発行されたある看護学の教科書はこの点でひどい間違いをおかしている。[8] 痛みの信念に関する文化的な差を扱った節にある記述を二つ（だけ）挙げてみる。「ユダヤ人は声高に意見を主張し、なんとかしてくれと訴えてくるかもしれない」「黒人は［中略］苦しみと痛みは避けられないと思っている」――教科書の意図にかかわらず、こんな表現は差別的で誤りだ。またこれが仮にただひとりであっても看護師の見解に影響を及ぼすとしたら、危険でもある。この件は当然ながら大騒動となり、出版社は教材を回収して謝罪した。民族的・文化的集団を比較しようとするなら、それは尊敬や異文化理解を育てるような方法でなされなければならない。さらに理想をいえば、この多様な社会に暮らす人全員が痛みに対処する上で役立てられるようなものであるべきだ。痛みに対する文化的態度にはかなりの幅がある。たとえば、私自身の痛みに対する「文化的態度」は、おそらく私の弟のそれとはまるっきり違うだろう。私は医者で、弟は軍人なのだ。私たちは何よりも、「人々」のことを「ひとりひとりの個人の集合」ととらえる必要がある。また二つ目として忘れてはならないのは、皆それぞれに個人ではあるけれども、ひとつの国の中で民族的・文化的な少数派に属する人々は明らかに慢性痛になりやすく、痛みにつながる不当な扱いも受けやすいということだ。したがって、社会として、少数派の疎外を減少させることは何であれ追求されなければならない。

痛みの経験や痛みへの耐性、あるいは痛みに関する表現における差異は、もちろん文化の影響を受けるが、これは突き詰めれば、痛みが私たちにとって何を意味しているかということになる。さて、人生とは、宇宙とは、そして万物とは何かといった問いに対して私たちが抱いている信念よりも、私たちにとって強い意味をもつものなどあるだろうか？　オックスフォード大学の〝クイーン・オブ・ペイン〟として、ここ二、三十年の痛み研究における最大の貢献者に数えられるアイリーン・トレーシー教授は、二〇〇八年にある実験のために参加者を募ったが、それは敬虔なカトリック教徒と無神論者を自認する人という一風変わったグループの組み合わせだった。[9]　各参加者にはｆＭＲＩスキャナーに入ってもらい、その状態で電気ショックを連続して与えた。初めのうちは参加者が単にスキャナーの中で横になってい るところにショックを与えたが、実験の後半では、一回一回のショックの三〇秒前に二点のイタリア絵画――サッソフェッラートの『祈りの聖母』か、レオナルド・ダ・ヴィンチの『白貂《てん》を抱く貴婦人』――のいずれかが装置の内部に映し出された。参加者は、ショックを与えられているあいだもその絵の全体を見ることができた。結果から、画像なしでショックを与えられた場合に信仰をもつ群ともたない群で認識された痛みの強さの基準値はかなり近かったにもかかわらず、カトリック教徒の参加者は『祈りの聖母』の画像を見せられると痛みの強さを著しく低く評価したことが判明した。ｆＭＲＩのデータはこれを裏づけている。カトリック教徒が聖母マリアの絵姿を見ているときに電気ショックを受けると、右前頭前野腹外側部の一部が明るくなった。これは身体から脳に伝わる危険信号の強度を抑制することにかかわる領域だ。なお、宗教的な要素と痛みの関係についてはお世辞にも研究が進んでいるとは言い難いが、二〇一九年のレビューによれば、信心深さとスピリチュアリティは痛みの処理を助け、痛みの強さを和らげる場合さえあることを示唆する別の研究もいくつかあることがわかっている。[10]　信念は痛みを楽にすることができるようだ。

宗教的信念に多少とも痛みを落ち着かせる効果があるからといって宗旨替えをする人はほとんどいないだろう——無神論者を公言していたカール・マルクスは宗教を「大衆のアヘン」と呼んだのだった(11)——が、調べてみる価値があることなのは確かだ。私が卒業した医学部では、いわゆる〝おいしい〟講義や科目がいくつかあった。授業としては患者ケアに関して大切な要素もあるのに、それらは結局試験に出ない。だから悲しいかな、学生たちがそのために自分の記憶の貴重なスペースを割くことはついぞなかった。「健康の精神的次元」というのもその手のテーマで、患者さんがもっている根深い信念と、それが患者さんの医療にどう影響するかを扱う。医者は疾患の精神的な次元を無視するきらいがある。だがこの観点は、二つの大きな理由からきわめて重要だ。まず、世界の人口の大多数は何らかの信仰をもっており、個人の本源的な信念をないがしろにするというのは傲慢で間違ったことだ。そして、特に痛みについていうと、宗教的信念の要素に痛みを和らげるものがあるなら、それは世俗的、脱キリスト教的な西洋においてきっと助けになる。人間はこれまでずっと痛みの問題に取り組んできたわけで、古代文明の知恵から教訓が得られてもおかしくない。

ポール・ブランドはハンセン病医師の草分けだ。彼は第二次世界大戦中にユニヴァーシティ・カレッジ・ロンドン病院医学部を卒業し、ロンドン大空襲が続く中で救急病棟の外科医として働いた。そして戦後すぐに〔自身が宣教師の両親のもと幼少期を過ごした〕インド東南端の州タミル・ナードゥに派遣される。ドクター・ブランドは、ハンセン病の患者が両手両足を再び使えるようにする腱移植術を取り入れるとともに、ハンセン病に見られる組織の損傷や変形は「らい菌」が直接の原因ではなく、むしろこの菌は皮膚中で危険を感知している神経にダメージを与えていることを明確にした。その結果として痛みの感覚が失われ、最終的には組織の損傷につながるのだ。生きていく上で痛みが重要なものであることを理解した経験は、彼の著作の中でもっとも知られた *Pain: The Gift Nobody Wants*〔『痛み――誰も望まない贈りもの』〕に結実する。(12) ドクター・ブランドはまた、ヒンズー教徒であれ、キリスト教徒であれ、あるいはイスラム教徒であれ、インドのこの地域で暮らす、ひじょうに信心深い人々には、彼があとにした欧米の文化に染まっている人よりも痛みとともに生きる力が備わっているらしいことに注目し、これは受容や感謝の気持ち、祈り、瞑想、家族関係の強さなどによってもたらされるものだとみなした。一九六六年、インドで二〇年働いた彼はアメリカに移り、こういった文化の隔たりをひしひしと実感することになる。「私が直面したのは、何としてでも痛みを回避しようとする社会でした。患者さんらは、私がそれまでに治療してきた誰よりも快適な生活をしているのに、痛みや苦しみに対処する準備ははるかに不十分で、精神的なショックはずっとひどかったのです」。晩年の著書や講演で具体的に述べられているが、ドクター・ブランドの持論は次のようなものだ。欧米では幸福と快楽の追求が主たる「善」とされ、科学と医学のおかげで痛みの緩和にも一部成功したが、その結果、逆説的ながら、私たちは痛みとともに生きることが下手になってしまった。

ドクター・ブランドの論はただ単にひとつの説でしかないけれども、その基礎の部分は正しいと私は思う。痛みは敵、すなわち目に見えない襲撃者となり、私たちは鎮痛剤《ペインキラー》を使ったり、自分の身体という戦地に医者を送り込んだりして立ち向かっているわけだ。完全に世俗的な社会において、痛みとは、いちばん好意的な表現をするなら、幸福で快適で自由な生活の追求がこれといった理由もなく中断されることだ。私たちが語るその物語の中で、痛みは意味のある役割を何も果たしていない。むしろ、最悪の言い方をすると、痛みは人の人生を台なしにする邪悪な何ものかがやみくもに繰り出す、無目的にはたらく力であるということになる。身体的な痛み、特に持続痛を最小限に抑えるというのは崇高な目的だが、痛みをそのように「避けるべき敵」「殺すべき敵」だととらえるのは本質的に逆効果であるということははっきりしている。

世界の大宗教には多くの点で明らかな違いがあるが、何であれ目的を達成することには痛みが関与するという見方は共通している。私が思うに、この共通点は二つの要素に分けることができる。それは——欧米では欠けていることが多いが——具体的には受容と希望だ。苦痛の現実について、また痛みは人間の存在と切り離せないという事実について、宗教は迂遠な語り方はしない。ほとんどの教典は痛みに満ちているし、痛みの説明に終始するものも多い。受容に関して説得力のある例は、アッラーの意志への服従を中心に位置づけるイスラム教にうかがえる。私はイスラム教徒の友達のひとりで、同僚でもあるドクター・イッシャム・イクバルに、イスラム教徒として彼が痛みをどう考えているかを簡単に話してくれるよう頼んでみた。「イスラム教では、アッラーは慈悲深く、痛みその他の試練を与えるのはイスラム教徒が本当の意味でアッラーに近づくためだと教える。アッラーは私たちがよりよいイスラム教徒となることを望んでいて、だからこそこういった苦難を与えたということが満ち足りた気持ちのもとになる。また、試練に耐えることで、よい結果が自分にはね返ってくる。イスラム教の教えにしたがえば、困難を経験するときにアッラーを信じることによって、私たちはじつは徳を積んでいる。痛みは罰というよりもむしろ祝福として与えられるとわかっているので、このような報いからも最終的に心の安らぎが得られる」

イスラム教において、痛みの現実の受容が自己の成長と抑制のために必要なステップであることは明らかだが、そこでは忍耐が不可欠である。たとえばソーシャルメディアでよくシェアされている次のような聖句は、仲間の信者に対して痛みを目的のあるものとしてとらえるよう促している。「アッラーが誰かに良きことを望まれると、その者に苦難を与えて試されます」[13]〔アブドゥル・ラヒーム・アルファヒーム編著『二〇〇のハディース』大木博文訳注、日本ムスリム協会、一九九三年より〕。これは決して、イスラム教徒ならばただ痛みに屈するのみと考えられているという意味ではない。痛みは避けられないという理解のかたわらには、はるか一〇世紀の昔に痛みの緩和や麻酔といった分野を開拓したイスラム教徒の医師や研究者らがいるのだ。[14]もちろん、宗教や宗教的文化に属する人は、やはりそれぞれに独自の経験と信念をもつ個人であり、誰しも決まりきった型にはめられるべきではない。だが、痛みに対する宗教的なアプローチはすべての人に役立つものかもしれず、私たちはいまそれを学んでいる途中なのかもしれない。

イスラム教とは別の二つの古い信念・信仰は、一方はアテナイの一学派として、もう一方はガンジス平原の人々のあいだでほぼ同時期に成立したものだが、痛みの受容の理解に関して近い見方をしている。古代ギリシャのストア派は、そのときの、そのままの感覚を受容し、善悪の価値判断を付加しないことを理念としていた。そして仏教においても、この受容と超越の考えは信仰の中核をなしている。痛みについてのすばらしく深い教えに、ブッダ自身が語ったとされる「第二の矢」というエピソードがある。「痛みの感覚に襲われると、悟りを開いていない凡夫は嘆き悲しみ、泣きわめき、取り乱す。このために、身体への痛みと心への痛み、すなわち二種類の痛みを感じる。それはあたかも、一本の矢で射られた人が、その直後にもう一本の矢で射られたようなものだ。したがってその人は二本の矢の痛みを感じることだろう」(15)。

このように、痛みは単に感覚的なものというだけではなく、情動的・認知的なものでもあるというのは、古くから知られている鋭い認識だ。私たちは自分を取り巻くできごとのすべてをコントロールすることはできないが、それに対する自分の反応をコントロールする方法を身につけることはできる——この思考法は持続痛の治療と管理における〝新しい〟アプローチの多くに強い影響を及ぼしてきた。マインドフルネスや認知行動療法、アクセプタンス＆コミットメントセラピー（ＡＣＴ）、催眠療法などは、そのほんの一例だ。痛みを受容することが、持続痛を抱えて生きる人々のほとんどにとって痛みを治す手段でないことは確かだけれども、必要な第一歩ではある。痛みと闘うのではなく受け容れることを選べば痛みに耐えやすくなるというのは逆説的に思えるかもしれないが、痛みとは何であるかに照らしてみれば、まったく理にかなっている。それは結局、私たちの一部をなし、私たちを守るために最善を尽くしてくれているシステムなのだ。

多くの宗教は、現在の状況における「現実の受容」と並んで「将来への希望」を示している。ドクター・イクバルによれば、この世で苦痛を味わうことを通して、イスラム教徒はアッラーにいっそう近づくことができ、来世における死後の救済が得られるのだという。ヒンズー教や仏教など、業（カルマ）を説く宗教では、痛みは信者が善をなし道徳的な生活を送る原動力となり、その結果として生まれ変わった次の世で苦痛が少なくなると考える。

痛みはキリスト教においてもまさしく中心に位置づけられている。実際、キリスト教のもっとも重要なシンボルである十字架――大聖堂の形を決め、国旗に描かれ、菓子パン《ホットクロスバン》〔復活祭の時期に食べるスパイス入りのパン〕を飾りさえする印――は、じつは身体的な拷問のための刑具だ。いわゆるラテン十字〔カトリック、プロテスタントなどで使う代表的な十字〕の形の十字架は、最大限の痛みと苦しみ、そして屈辱を与えながら死に至らせることを意図している。キリスト教では、イエス〔完全な神でありながら完全な人〕は人間の罪に対して神が正しく求めた罰、われわれが受けてしかるべき罰のために拷問にかけられ、十字架に磔《はりつけ》となって処刑されたと信じる。われわれはこの世で痛みを感じているけれども、その痛みを理解し、寄り添ってくれる神がおり、その神自身が両手両足に釘を打ちつけられたことに、キリスト教徒は慰めを見いだす。十二使徒のひとりペテロは、初期のキリスト教徒（その大部分は迫害や拷問を経験していた）に向かって、身体的な痛みを感じる彼らは「キリストの苦しみにあずかっている」と説いた。[16] キリスト教徒は現在に心の安らぎを求めるだけでなく、イエスの死とその後の復活が死と苦しみを最終的に打ち負かしたと信じている。そして、聖書の最後の最後にあたる部分に記されているように、「もはや死もなく、悲しみも嘆きも痛みもない[17]」前途に対して確かな希望を抱いている〔ヨハネの黙示録二一章四節　聖書協会共同訳〕。

私はキリスト教神学者で作家、ニューヨークシティ・リディーマー長老教会の牧師でもあるティム・ケラーに、キリスト教は痛みを感じている人に何をもたらすことができるのかと尋ねてみた。「キリスト教は、痛みの中にある人たちにたくさんのすばらしい可能性を提供しています。まず、キリスト教は主な宗教あるいは世界観としては唯一、神が自ら現世に降り、自身の受難をもって私たちを救われたという理解に基づいています。神の子イエスは、自分の弱さと苦しみにもかかわらず悪に勝利したのではありません。それは弱さと苦しみを味わうことによってなされました。そしてこのことは、苦しみを単なる消耗ととらえるのではなく、より大きな知恵や美に、また悪の克服に至る手段であると理解するユニークな枠組みをキリスト教徒に与えています。第二に、キリスト教は主な宗教あるいは世界観としては唯一、復活した物質世界のヴィジョンを示しています。キリスト教の救済は、死後の霊的な世界における安寧のために人の魂を解放するだけにとどまりません。新たな肉体の創造に備えて身体を救うことも含まれるので、私たちは、望んでいながら手にできなかった世界について慰めを得ているだけではないのです。私たちは、望んでいながら手にできなかったその世界を手に入れることができるのです。それには汚れも傷もありません。苦しみも衰えもなく、死もないのです」

ティム自身もこれまでに多くの痛みを体験し、信仰を実践してこなければならなかったのは確かだ。彼は五一歳の時に甲状腺がんと診断され、放射線療法と手術を受けた。しかも、同じ頃には妻のクローン病が特に深刻化して、一年間に七回もの手術が必要になった。私がインタビューをしたのは二〇二〇年の後半だったが、ティムはその数か月前にステージ4の膵臓がんと診断されていた。完治の可能性はかなり低い〔原著刊行後の二〇二三年五月没〕。

「当然ながら、妻と私はこのことをきっかけに、人生でもっとも徹底した、しかも濃い熟慮と祈りの時間を過ごすことになりました。苦しみについて、長年にわたって聖書から学んだことをすべてもう一度考えてみたところ、それは私たちを支えて余りあること、悲しみのただなかにあって、かつてないほど胸に迫る喜びさえ与えてくれることがわかったのです」

私たちは、自分あるいは自分が大事に思っている人が何らかの信仰をもっているかどうかによらず、痛み、特に持続的な痛みに関しては、信念が中心的役割を担っていることを認める必要がある。また、私たちは信念（信心）から貴重な教訓を学ぶことができる——それは痛みとともに生きることを助け、痛みを和らげさえする知恵だ。受容と希望という両立しない考えのように映るかもしれないが、この二つをどちらも手放さずにいることは、痛みとともに生き、なおかつ痛みを和らげる上で欠かせない。ここで受容とは、不本意な状況や生活の変化をあるがままに認め、その痛みはすぐには消えそうにないと理解することだ。一方、希望とは単純な希望的観測ではない。それは、いま現在の問題にもかかわらず、持続痛の症状が改善する可能性を示すエビデンスが現にあると知っていることを指す。自分の信念の枠組みを変え《リフレーミング》、最終的にはポジティブな見方ができるようになることは口で言うほどやさしくはないが、本当に効果がある。痛み教育のサポートが受けられる環境で習うのがベストとはいえ、痛みに関して特に重要な信念に注目すれば、このプロセスは始められる。私たちは、持続痛は身体にダメージが生じたという意味だと信じることもできる。そしてまた、新しい痛みの科学——痛みは安全装置であって、持続痛はたいていの場合に脳内の痛みのシステムが過保護になっているために引き起こされている、ととらえる立場——から得られた膨大なデータを信じることもできるのだ。

ではここで、腰痛をめぐる実例を取り上げよう。人体において脊柱は途方もなく強くしなやかで、順応性がある。また身体のほかの部分と同じように、かなりうまく治癒する。しかし欧米では、私たちの背骨はもろくて壊れやすく、椎間板はいまにも〝飛びだし〟そうで〔椎間板が変性して組織の一部が飛び出した状態が椎間板ヘルニア〕、神経の〝圧迫〟はいつ起きてもおかしくない〔飛び出した椎間板が付近の神経を圧迫して起こる痛みやしびれの症状が座骨神経痛〕、すべては〝ぼろぼろの〟骨によって支えられているととらえ方がいわば常識となっている。この見方には多くの要因が絡んでいる。医師や理学療法士の養成課程で時代遅れの生体力学モデルが用いられているのもさることながら、〝ずれた〟背骨を相手にすることを仕事にしている人も大勢いる。だが、ここは本筋から外れないようにしたい。実際のところ、腰痛のケースの大部分は永久的な組織損傷が原因ではなく、腰痛と組織損傷の形跡のあいだにはわずかな関係しかない。ひどい痛みを訴えていてもスキャンでは何の異常も認められない場合がある一方、痛いところのない健康な人のスキャンを撮ってみると、本人は一切痛みを感じていないのに、かなりやっかいな状態であることがわかったという例はいくらもある。[18] じつは、痛みのない二〇歳の人の三七パーセント、あるいは痛みのない八〇歳の人の九六パーセントに、スキャンによれば等しく「椎間板変性」の兆候がうかがえる。[19] こういった加齢に伴う害のない変性は、医学的には皮膚のしわと同じようなもので、特に注意を払う必要はない。しかしながら、長期にわたる腰痛は、たいてい過保護な脳が健康な脊椎を保護しようとすることから起きている。だからといって、その痛みがひどくないとか、本物ではないとかいうことではない。それはただ、痛みが脳の中でそのように配線されたというだけだ。痛みはダメージに等しいと考えることが実際に痛みを悪化させるのは明らかだが、反対に知識と自信、そして希望を与える治療法は、本当に痛みを治すことができる。

そういった治療法のひとつに、認知機能療法（ＣＦＴ）といって、教育とコントロールされた動きやタスクへの段階的暴露、さらに生活習慣の改善を通して、腰痛に対する患者さんのマインドセットを変えることを目指すアプローチがある。ＣＦＴの最終目標は、本人の信念をリフレームし、恐怖と回避のサイクルからエビデンスに基づく自信のサイクルへと移行させることだ。この語り口《ナラティブ》の切り替えには効果が認められている。二〇一三年のランダム化比較試験によると、CFTでの介入群（痛みの信念のリフレームを助け、身体を動かすことに自信を与えるようなセッションやワークショップに参加した群）では、徒手療法と運動療法を組み合わせた群にくらべて長期の腰痛の改善にずっと大きな効果があった[20]。しかも、その効果は三年間にわたる追跡が終わり、二〇一九年になっても継続していることが確認されている[21]。

意は医なり、というところだ（「医は意なり」のもじり）。希望には確かに癒やしの力がある。私たちがもっている痛みの信念が持続痛の経過をすっかり変えてしまえるというのは奥の深い考えだけれども、正しいツールを手にしていなければ、誤解や解釈の相違が生じやすい。持続痛をめぐる局面をどのように一転させられるのかを理解するために、私たちはここで、長引く痛みとは何であるかを本当の意味で理解しなければならない。

10　静かなるパンデミック

持続痛クライシス

しだいに広がりゆく渦に乗って鷹は
旋回を繰り返す。鷹匠の声はもう届かない。
すべてが解体し、中心は自らを保つことができず、
まったくの無秩序が解き放たれて世界を襲う。
――W・B・イェイツ「再臨」
〔『対訳イェイツ詩集（岩波文庫）』高松雄一訳、
岩波書店、二〇〇九年〕

人は誰でも、心の奥の奥では自分の名前にちなむものに憧れがあるはずだ。蝶の新種の名前として登録されたいという人もいれば、惑星の名前になりたいという人もいるだろう。好きだった場所に名前を刻んだベンチを置いてもらえれば十分という人もいる。私自身はどうかというと、ちょっと変なところのある医者たちのご多分に漏れず、疾患の名前になるのも悪くないと思っている。そういうわけで、短い思考実験におつきあいいただきたい。想像してほしいのは次のような状況だ。あなたが暮らす国に「ライマン症」という恐ろしい病気が蔓延した。それは記憶力から心の健康、睡眠や性生活まで、日々

の生活機能を破壊する疾患で、長期にわたって人生を荒廃させてしまう。感染性はないが、有病率は年々上昇しており、今日では国の人口の三分の一から半分程度がかかっているとされている。ライマン症は職場における短期・長期の病欠原因のトップを占め、国の経済にとっては何十億という負担になっている。しばらく前からあるものの、疾患として正式に認められたのはつい昨年のことだ。ちなみに、医学生は六年間の学士課程でこの疾患について平均して一三時間授業を受ける。

本章のタイトルから、読者がライマン症とはじつは「持続痛」のことだと言い当てても賞品は出ない。それに、私がでっち上げた疾患は持続痛にそっくりの病気というだけではない。先の記述はどれもイギリスにおける持続痛をめぐる事実として当てはまることであり、そのまま読み替えられる。[1][2] いやこれはイギリス、あるいは欧米諸国に限った問題でもない。おおまかな数字だが（この複雑な疾患に関する疫学的研究にはかなりの幅がある）、アメリカから途上国まで、世界のほとんどの国では、およそ五人に一人が長期的な痛みを抱えて生活しているという。[3][4] しかも、この割合は全世界で上昇している。私たちは「持続痛クライシス」に直面しているのみならず、それに対応できるだけの備えも十分にない。持続痛は複雑で、個人個人によって異なり、薬や手術で解決することはめったにない。こういった痛みとともに生き、なおかつその痛みを減らしていくことは、時間がかかる上、往々にしてつらく苦しい道だ。医師は本来、測定可能で、見ればわかり、治療できる疾患の原因を求めるものだが、長期的な痛みはそのような枠には収まらない。オックスフォード大学の麻酔科教授ヘンリー・マッキーは、この状況を簡潔に「慢性痛はよくある。ただしセクシーではない」と要約している。[5] 痛みの問題はたいていの政府機関にとっては優先順位が低いことであって、助成金を見ても、がんや感染症への支給額にはとても及ばない。

さて、ここで重要な説明を思い出そう。「持続痛」と「慢性痛」は同じものだった。医学界では「慢性」がより一般的に使われているが、幸いにも、この紛らわしい（上に少々気が滅入るような）用語は「持続（性）」という表現へと切り替えられつつある。とはいえ、持続痛という怪物を手なずけるためには、まず持続痛を定義し、それが何であるか、何によって引き起こされ、何によって悪化するかを理解する必要がある。そうして初めて、持続痛を軽減する方法を調べることができる。まさに〝知識は力なり〟なのだ。

持続痛とは、長期にわたって続く、あるいは繰り返す痛みである。本質的にはこのくらい単純なことながら、何をもって〝長期〟とするかについては意見が分かれている。国際疾病分類（ICD）の定義によれば三か月が目安だが、持続痛は特定の創傷の治癒に要すると思われる期間を超えて続くものだということは一般に認められている。いちばん重要な（そしてまた十分に理解されていない）のは、持続痛の大多数のケースでは本来の損傷――仮にそのようなものがあったとして――はすでに治っていることだ。持続痛は痛みがひとつの症状ではなくなり、疾患になった状態ということができる。なお、この件で医学界の見解が国際的にまとまったのはかなり最近になってからだ。たとえば二〇一九年五月に採択された国際疾病分類の第一一回改訂版（ICD－11）では、初めて「慢性疼痛」chronic pain が独立した疾患として分類に加えられている。(6)

痛みのパンデミックは広範囲にわたり、地球規模で拡大している。だが、それが何によって起きているのかを掘り下げる前に、私たちはその影響で進んだもうひとつの健康クライシスについて考えてみなければならない。この悲惨さはいくら強調してもしすぎることはない。二〇一五年から二〇一八年にかけて、アメリカでは過去一〇〇年で初めて平均寿命が連続で短くなった[7]。一世紀前の落ち込みの原因は第一次世界大戦と一九一八年のインフルエンザ大流行だったが、今回の死因は薬物の過量摂取と自殺、つまり「オピオイド危機」によって若くして亡くなる命ということになる。オピオイドとは、すでに見たように、脳内のオピオイド受容体に結合することによって痛みを鎮める効果をもつ物質だ。私たちの身体には体内で産生されたオピオイド（内因性オピオイド。エンドルフィンなど）が存在するが、その一方で人類は文明の夜明け以来、ケシからアヘンを採取してきた。合成・半合成のオピオイドがつくられるようになったのはもっと最近のことで、よく知られたものとしてはオキシコドン（商品名「オキシコンチン」「パーコセット」）やフェンタニルがある。オピオイド危機は、一九九〇年代のアメリカにおいて最悪のタイミングで始まった。強い影響力をもつ大手製薬会社が議員に対してロビー活動を行い、副作用を否定する不正な主張を重ねるとともに、痛み管理に関する経験が乏しい医師向けの無料研修のために資金を提供したのだ。医師や民間のヘルスケア事業者を対象とした処方のインセンティブ、消費者に直接訴求するタイプの広告、市販の薬や処方薬への信頼が著しく高い文化とも相まって、オピオイドがアメリカでもっともよく処方される薬のクラスとなり、さらに処方オピオイドの過量摂取による死亡が増加しはじめるまでに時間はかからなかった。過去三〇年ほどのあいだにオピオイド過量摂取による死亡は三倍に増え、二〇一八年までには歴史上初めて、アメリカでは不慮のオピオイド過量摂取で死に至った人の数が自動車事故による死者数を上回った[8]。きわめて重大なのは、こういった死亡の大部分が慢性痛の診断に関連していることだ[9]。

オピオイドは短期的な痛みの軽減にはすばらしい効果を発揮する薬で、私自身、救急外来やリカバリー病棟でその魔法を数えきれないほど目にしてきた。しかし、オピオイドは持続痛にはあまり効かない。長期の筋・骨格痛（腰痛や変形性関節症など）に対する効果となると、パラセタモール（アセトアミノフェン）などふつうの鎮痛薬と大差ない。[10] ボストン在住のクリフォード・ウルフ教授は、短期的な痛みが長期的な痛みになる主なメカニズムを解明した偉大な痛みの研究者だが、長期的な痛みに対するオピオイドの効能については「非がん性の慢性疼痛における鎮痛のレベルが実際かなり低いことは、相当圧倒的なデータによって示されている」[11] と述べる。患者さんには数日あるいは数週間のうちにオピオイドへの耐性が形成され、そうすると体内のオピオイド受容体が鈍感になるために薬の効き目が弱まり、同じレベルの鎮痛効果を得るには用量を増やす必要がある。[12] なお、長期にわたってオピオイドを使用している人は依存（症）、つまり薬物を摂取しなければ通常の生活機能が維持できない状態に陥りやすく、また減薬・断薬を急速に進めると、嘔吐や下痢、不眠、発汗をはじめとする離脱症状が現れる。しかも、事故による過量摂取の危険性とは別に、オピオイドの使用はいわば副作用のパンドラの箱とセットだ。さらにやっかいなことに、オピオイドの使用を長期間続けた結果、逆説的に響くが痛みに対する感度の上昇が起こる場合もある（「オピオイド誘発性痛覚過敏」という[13]）。

それでも、デメリットが大きいからといってすべてを否定してはならないし、そのことを警告するような事実もある。たとえば、オピオイドはある種のがん関連痛については有効（だし、往々にして欠かせないもの）だ。ただ、長期のオピオイド使用で恩恵を受ける人もいるとはいえ、大多数の人には効果がない。当然ながら、医師はオピオイドの処方にあたって慎重かつ抑制的であるべきだ。イギリスでは、王立麻酔科医協会の疼痛医学部会がオピオイドは長期的にはまず効果がないことを認め、現在では患者評価や（必要に応じて）オピオイドが有効かどうかを最初に確認するための試用、また効果がなかった場合の減薬・断薬に関して役に立つアドバイスを提供している。[14] もちろん、新しいタイプの鎮痛薬に加えて、副作用や依存を恐れずにオピオイドを使用できるような薬物療法の開発にも投資はしていかなければならない。だが、もっとよい方法がある。オピオイドに頼らずとも、私たちは長期的な痛みとともに生き、それを軽減させ、時に消失させることができるのだ。

痛みのパンデミックと、それが助長したオピオイド危機は社会における大惨事であり、年を追うごとに拡大している。この拡大が何によって引き起こされているかを理解することは、痛みが増殖するしくみのほか、私たちが個人として、また社会として、その痛みを和らげられる方法への手がかりを与えてくれる。いまの世の中にはよい点がたくさんあるけれども、痛みにとっては絶好の温床だ。それは社会的孤立にファストフード、ソーシャルメディア、座りっぱなしの生活に代表される。常に不安定で、格差があり、リスク回避と恐怖に満ちた世界。要するに、ストレスがあふれる世界だ。

ストレスはよいものだ。いや、短期のストレスはよいものだ、というべきだろうか。この説明として、私はここで昔々の祖先の誰かがアフリカのサバンナで野生動物と遭遇する、身の毛がよだつような場面を描写しようかと考えた。そして、そのシナリオをまさに身をもって経験した古い友達がいることに思い至った。嘘のような本当の話なのだが、私はそのせいで一生サファリに行く気がなくなったのだった。それは学校の夏休みのこと、一四歳のヘンリーはラッキーにも南アフリカのサファリを家族で旅行中だった。「四輪駆動車に乗ったまま、ガイドの案内で保護区を見て回るはずだった。なのに、どういうわけか車から降ろされ、歩いて茂みに入っていくことになったんだ」。ガイドを先頭に、ヘンリーと家族はサバンナを一列になって進む。目指すは〝ビッグファイブ〟（ライオン、サイ、ゾウ、バッファロー、ヒョウを指す）だ。「そしたら突然、ガイドが立ち止まって『静かに』って言った。ちょっと先に黒サイの母親と子サイが何頭か見えたって」。次に起こったことについて、ヘンリーの記憶は曖昧だ。ガイドが半狂乱になって叫んでいたことは思い出せる。「木の後ろへ！　逃げて！」。隠れる場所を探してくるりと振り返ったヘンリーは、そこにほんの一瞬、黒い化け物の姿をとらえた。いうなれば死の幻影だ。人間にとっての恐怖の総体が凝縮されて一トンの怒れる母サイとなり、丈の高い草むらから飛び出したかと思うと、彼に向かって突進してきた。すると「決してスポーツをしない」ヘンリー少年の全身の筋肉が何かにとりつかれたかのように素早く激しい動きを見せ、夢のようなダッシュでサイの進路から身体を遠ざけた。しかし、遅かった。ヘンリーは、まったく造作なく空中に放り上げられ、続いてアフリカの大地にたたきつけられたことをうっすらと覚えている。母サイがかなたへ駆けていき、砂ぼこりが収まり騒ぎが落ち着いた時、一行が目にしたのは地面に横たわるヘンリーだった。血が右足を伝って土を染めていた。サイの角に突かれたのだが、それはお尻の右側から入り、（あとからスキャンを撮ってわかったように）筋肉を貫通して腹部に達していた。奇跡的に主要な血管や臓器は傷ついておらず、このけがは完治する。ヘンリーの記憶では、痛みが襲ってきたのは実際に角が刺さってから二〇分後くらいだろうか、診療所に向かう四駆の後部座席だった。もっとも、縫合したあとかなりのあいだ、傷口の周辺には痛みがあり、炎症が続いた。

　ストレスがヘンリーを救った。本人もそんなことができるとは思っていなかったが、あの電光石火の反応によってサイの進路の真ん中から身体がずれ、ほんの数センチの差で命が助かったのだ。いわゆる

「闘争か逃走か」の反応は私たちをつかの間スーパーマンにするけれども、これは太古の昔から人間の生存に欠かせない能力だった。統計的に推測するなら、読者には子をかばう母サイに追いかけられた経験はないと思う。だが、たとえば大切な面接やスピーチの直前に何らかの反応が現れたことは覚えがあるはずだ。急性のストレス応答においては、身体の中では主に三つのシステムがヘンリーを守るために相乗的に作用していた。これらはストレスが痛みを助長するしくみを理解する上できわめて重要だ。このあとすぐに検討するが、次のことはぜひとも覚えておいてほしい。痛みと同じく、短期のストレスは防御の役割を果たす一方、長期のストレスは全身の健康を脅かし、持続痛にも悪い影響を及ぼす。

三つある防御のシステムの中で最初にはたらくのは神経系だ。ヘンリーの闘争・逃走反応そのものは、ほとんど無意識のうちに脳の扁桃体が脅威を認識することによって誘発された。この非常事態の知らせは、二番目のシステムである内分泌（ホルモン）系の調節を行う中枢、視床下部を警戒態勢に置いた。視床下部はすぐに特定の神経（まとめて交感神経系と呼ばれる）を無意識下で発火させ、身体全体とすばやくコミュニケーションをとる。こうしてアドレナリンやコルチゾールといったホルモンが産生され、サバンナを命がけで全力疾走する準備が整う。また、ヘンリーの脳では、闘うにしろ逃げるにしろ、脅威がすっかり消えるまでは激しい動きのほうが組織損傷を見逃さないことよりも重要だという判断を下し、そのため短期的に痛みの刺激を認識しなくなる。三番目のシステムは免疫系だが、こちらはほかの二つにくらべると少々ゆっくりだ。いったん組織損傷が生じると、免疫系は猛烈にはたらき、炎症反応を引き起こす。けがをしたことによって炎症性物質が放出され、潜在的な病原体を撃退するために免疫細胞が動員されるのだが、これらの炎症性物質には痛みを増強させる作用もある。侵害受容器の感度を高める、つまり脳に送られる危険信号の閾値を下げてしまうのだ。こうして、そっと触られるなど、ふつうなら痛いはずがない刺激を痛く感じるアロディニア（異痛症）という症状が現れる。傷口を保護し、治るまで余計なことはしないようにと注意を促しているわけだ。これは「末梢性感作」と呼ばれる状態で、たとえば調理中にやけどをした指でペンを支える、あるいは骨折して治りかけの足の指を痛めないように足を引きずって歩くときなどに、誰もが経験している。おもしろいのは、侵害受容器の神経終末は自らさまざまな炎症性物質を放出することで、その中でも「サブスタンスP」はとりわけよく知られている。[15] サブスタンスPは、皮膚にとっては地雷に相当するマスト細胞から強力な炎症性物質が放出されるよう作用する。この分子は皮膚の血管を拡張して透過性を高めるので、身体の免疫系により派遣される細胞が最短時間で現場に到着できるようになる。免疫系と痛みのシステムは互いに増幅し合う。炎症性物質が神経を感作し、そのことが炎症反応を助長するというループが途切れず続くのだが、けがをしてから数日あるいは数週間も組織にかなりの痛みが続くことがあるのはこのためだ。

神経系と免疫系との相互作用を実際に確かめたければ、自分で実験してみることができる。手の甲を爪や鉛筆など先がとがったものでひっかいてみてほしい。三つのことが必ず起こるはずだ。まず、数秒のうちに赤い線が現れる。これはその場所でマスト細胞が炎症性物質を放出するために生じる。中でもヒスタミンが真皮の毛細血管を拡張させ、ひっかいた場所への血流を増やすからだ。さらに、その後一分ほどすると、線の縁から赤みが広がってくる。これは軸索反射と呼ばれる反応で、ヒスタミンによって神経終末が活性化されて皮膚から脊髄に向かったインパルスが再び皮膚に送られる結果、線の周辺で真皮の血管がますます拡張する。そして最後に、もとの赤い線に沿って「みみず腫れ」ができる。拡張

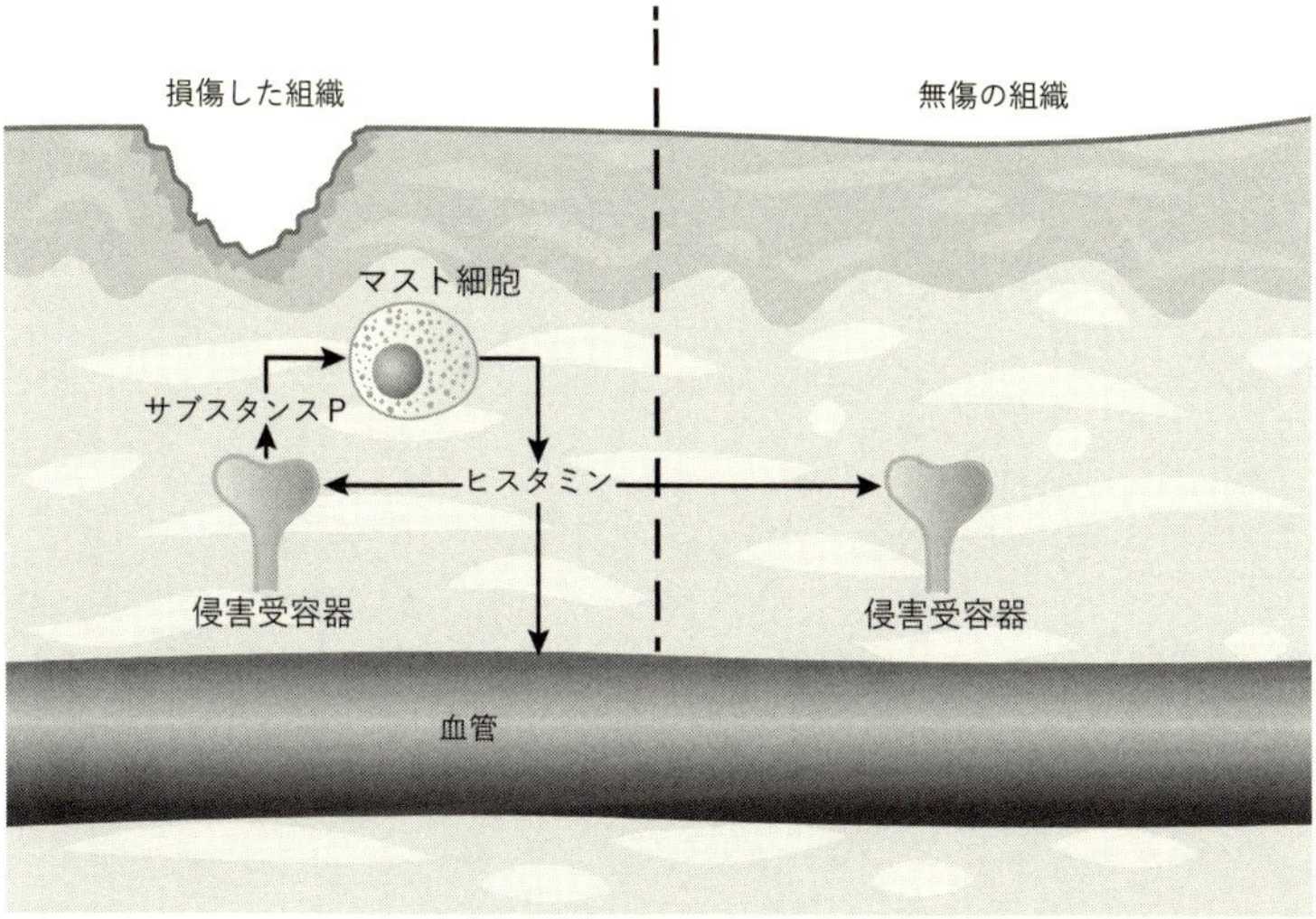

痛みと末梢炎症反応

して透過性が高まった血管から血漿（血管の中で血球が分散している血液の液体成分）が周辺の組織に漏れ出すからだ。こうして、ほぼ必ず炎症を伴う腫れが生じる。創傷や感染症との闘いにおいて、この炎症反応はダメージを受けた場所に通じる複数の道路を拡幅することに重大な役割を果たしている。短期の炎症は精密でないにしても効果的な防御の形態であり、生存と組織の治癒にとってなくてはならないものだ。私たちはそれがあることに感謝しなければならない。

ここで、いま見た防御のメカニズムを「三つまたの矛」だと考えてみよう。三本の切っ先はそれぞれ神経系、内分泌（ホルモン）系、免疫系に相当する。これらを結びつけ、動かす柄がストレス、すなわち外部の脅威に対する生物学的な反応だ。短期のストレスであれば、三つの先端はいずれも保護という唯一の目的のために連携して機能する。三つの防御システムは目もくらむほど複雑で、大部分はまだ知られていない方法によって互いに交信している。しかし、短期的な痛みが有益で、保護の意味をもっている——そして長期的な痛みは過保護な状態である——ことと同じように、身体のためになるストレスも短期的なものに限られる。

今日の私たちは残念ながらストレスのたまる社会に生きており、それが痛みのパンデミック拡大の一因であることは間違いない。欧米では暴力が原因で死に至る脅威はおおむねなくなったが、それに取って代わるように現れたのが心理的ストレス要因だ。私たちはいまや、不安とプレッシャーが間断なく続く状態で暮らしている。このことは、ある程度までは過分に心配性の祖先のせいにできなくもない。かつて生き残って遺伝子を次代に伝えた人々はひどく用心深く、(そうではないとわかるまでは)岩をサイだと決めつけたり、棒をヘビだと思い込んだりしていたのだった。現代社会におけるストレスは、たとえるならば建物解体用の鉄球のようなものではなく、私たちの身体と心の健康をひたすら削り取っていく「のみ」だろう。そして、現代のさまざまなストレス要因がここまで悪い影響を及ぼしているのは、その持続性ゆえだ。手元のスマートフォンをアンロックすれば、たちまちソーシャルメディアの批判的な投稿にはじまり、不安な気持ちにさせることを意図した広告、さらには世界各地から伝えられるどこまでも憂鬱なニュースが目に入る。頭上には暗雲が垂れ込め、その中に潜むストレス要因といえば、家賃やローン、請求書、事務手続き、不安定な仕事……と際限がない。私たちの身体は、情動のレベルから分子のレベルに至るまで、常に自分を守ろうとしているわけだが、知っての通り、こういった状態は確実に痛みにつながる。

そのサイクルから抜け出すきっかけを見つけるには、過剰に敏感な免疫系が痛みを強めるしくみを詳しく調べてみなければならない。短期的な痛みに対する炎症の効果は、誰もが経験済みだろう。傷口が癒えるまでは患部に触れると痛かったり、インフルエンザで寝込んでしまったときに皮膚と軟部組織に痛みを感じやすくなったりするのがそれだ。最古の（また特定の状況では最良の）鎮痛薬のいくつかが炎症スープ〔炎症性物質の混合物〕を構成するさまざまな分子の産生を阻害する薬、すなわち抗炎症薬であることには理由がある。関節リウマチからクローン病まで、自己免疫疾患や炎症性疾患には激しい痛みが生じるものが多いが、慢性の炎症を抑えるという新しいタイプの標的療法は、これらの病気に伴う痛みの治療に革命をもたらしている。炎症が痛みを引き起こすことはすでに明らかだが、長期の炎症が持続痛発生の根底をなしているかもしれないこともわかってきている。たとえば、脳に見られる慢性的な軽度の炎症（神経炎症 neuroinflammation という）が持続痛と通例それに伴う記憶障害の原因のひとつであることを示すデータがある。[16] 短期の神経炎症は誰しも経験があると思う。感染症にかかったときに覚える例のひどい疲労感や気分の落ち込み、いわゆる「疾病行動」はそのせいだ。これは短期の感染に対するまったく正常な反応であって、人と会わず引きこもることで感染拡大の防止に一役買っている可能性もある。しかし、ここ数十年にわたる研究から、慢性的な軽度の炎症は神経学的・精神医学的な多くの症状を引き起こす、あるいは悪化させるとの見方が固まってきている。こういった脳の炎症は、従来考えられていたよりもはるかに一般的なものかもしれない。そのために神経可塑性、言い換えれば、脳が状況に応じて自らを変える能力、が損なわれることさえあるという。[17] しかも、炎症は昔あったことをよく記憶している。

免疫——新型コロナウイルス感染症の世界的流行を受け、もはや誰でも知っている用語だが——とは、かつて体内に侵入したことのある病原体を免疫系が認識して、抗体とT細胞による強力な標的反応を組織できる状態を指す。けれども、免疫系には感染や損傷を記憶しておけるという比較的単純で原始的な要素が存在し、それによって痛みが悪化することもある。パターン認識受容体（PRR）というのは、免疫反応の初期活性化を担う免疫細胞の表面に発現し、多くの病原体に共通する分子（病原体関連分子パターン：PAMP）と、身体組織にダメージが生じた場合に放出される特有の分子（ダメージ関連分子パターン：DAMP）とを認識するタンパク質の受容体のことだ。PRRは、実質的にはバーコードリーダーと考えることができる。PAMPまたはDAMPのパターンを感知すると、PRRは自分がのっている細胞に炎症性物質を放出するよう指示し、この炎症性物質が防御反応――痛みの増強と免疫細胞の現場動員――を誘発する。PRRは身体にとっての異物は何であれうまく認識できるが、じつはほとんど見境なくそうしている。泥棒はもとより愛想のよい郵便配達の人にも襲いかかろうとする番犬といったところだ。興味深いことに、現在ではオピオイドの投与でPRRが活性化することがわかっている。モルヒネなどのオピオイドは短期的な痛みの鎮静に抜群の効果を発揮する。しかし、研究によれば侵害受容器の感度を抑える一方で、炎症を誘発するPRRを活性化することもはっきりと示されている。侵害受容器を抑制する効果は時間がたつにつれて低下するが、その間も炎症反応の刺激は続いており、結果として痛みが強まる。オピオイドを長期にわたって使用すると実際に痛みを悪化させてしまうことがあるのはこういうわけだ。オピオイド誘発性痛覚過敏として広く知られている反応ながら、免疫系が犯人だと暴かれたのは二〇一九年とごく最近のことだ。(18)

長期の炎症が免疫系にいわば〝ガソリンを注入〟し、新しい反応で生じる炎症を増加させることが明らかになりつつある。さらに、心理的ストレスや恐怖は末梢免疫反応を亢進させ、痛みに対する感度を高めることもいよいよはっきりしてきた。心理的ストレスを受けただけで皮膚と身体の炎症は何日にもわたって増加するが、これはおそらく、武器による一撃をお見舞いされたり、動物に噛まれたり——あるいはヘンリーの例でいえば、硬化したタンパク質でできた長さ三〇センチの鋭くとがった突起が刺さったり——したときに起こる感染症と闘うための準備をしているのだろう。[19] たとえばトラウマ的な記憶を引き出すとか、これから起こってもおかしくないことに不安を感じるとかいった比較的単純な思考でさえ炎症を誘発し得ると思うと、驚くほかはない。[20] ある研究では、マウスをケージから出し、実験室の特定の場所で電気ショックを与えたところ、マウスはその場所をストレスや痛みと関連づけた。そこに連れ戻されると、炎症性物質の濃度レベルが上昇したのだ。興味深いことに、その後快適なケージの中でショックを与えた際にそういった上昇は見られなかった。[21] 恐怖を学習するときには炎症が誘発される。嫌だった学校を再訪して汗が出てきたり、煙たい親戚と時間を過ごすと胃が締めつけられたり頭がずきずき痛んだりするのは、どうやらこれが理由らしい。痛みと同じく、炎症は短期的には有益だが、長期に及ぶのは望ましくない。短期の炎症は、ある国が侵略に対して行う効率的な軍事的対応のようなものだ。一方で長期の炎症は、軍部があまりに大きな権力を掌握し、その国を偏執的で極度に警戒心の強い警察国家に変えはじめた状態といえるだろう。

慢性炎症は数々の原因によって悪化する。第一に、時間の経過とともにひどくなる。じつは、炎症は生物学的老化の主な要因であり、これは「炎症老化」につながる。英語では inflammation と aging を組み合わせた inflamm-aging とこじゃれた呼び方をされ、大したことはないと誤解を招きそうだが、炎症は動脈を狭め、認知症の発病を早め、そしてもちろん老化をつらいものにする。慢性炎症とは、免疫という軍隊を手に入れるために身体が結ぶファウスト的な契約、微生物との戦いに伴ってゆっくりと与えられるダメージなのだ。しかしながら、炎症を軽くし、痛みを落ち着かせるために私たちがコントロールできる要素はたくさんある。なお、炎症を強力に促進するものとしては、慢性の心理的ストレスや不安も挙げられる(22)。これは、悲しいことだが、若い頃の不運な境遇と人生後半における炎症や慢性痛には強い関連があるという事実から明らかだ(23)。メンタルヘルスに注意を配り、必要なときに助けを求めることは、身体の健康をケアするためにもまず必要なことだ。リラクセーションは炎症を沈静化するが、これは瞑想をはじめ、太極拳やヨガが往々にして痛みを効果的に軽減するしくみを説明しているように思われる(24)。さらに、長期の炎症は社会的孤立とも強い関連がある。繰り返しになるが、人間の生物学的な状態を踏まえれば、疾患の社会的要素を無視することはできない(25)。

炎症と痛みを悪化させるまた別の原因としては、肥満、運動不足、高血圧、高血糖、高コレステロールなど「メタボリックシンドローム」として知られるさまざまなリスク因子がある。はっきりさせておきたいが、脂肪を多く抱えていると痛みが生じるのは、関節にかかる負荷が大きくなるからだけでなく、脂肪それ自体が炎症誘発性（向炎症性）であることも（おそらくより大きな）理由だ(26)。この解決策は驚くほどお金がかからず、しかもローテク。すなわち、運動を欠かさず、食事に気を遣うことだ。世の中には「抗炎症性」をうたう食品がたくさんあり、それらはいずれも多種多様なデータを根拠にしている――栄養学は迷路のように入り組んだ学問だ――けれども、普遍的なメッセージはわかりやすい。具体的には、植物と繊維質を多く含むバランスのとれた食生活をすること（植物と繊維質は腸内細菌群の増殖を促進する）、オメガ3の豊富な食べものを摂ること、無理のないやり方で余分な脂肪を落とすこと。その際に重要なのは、厳格な抗炎症性の食生活にどこまでもこだわることではなく、向炎症性の食生活を避ける、つまり食べ過ぎないようにすることだ。わざわざいうまでもないだろうが、喫煙は向炎症性であり、喫煙者は非喫煙者にくらべて三倍の頻度で慢性痛になりやすい[27]。禁煙の有効性を示すデータは歴然としている。そしてまた、アルコールを控え、カフェインとうまくつきあうことも、ストレスや炎症、痛みを軽減する効果が高いにもかかわらず見落とされている対策だ。

かなり最近まで、私は持続痛に大きな影響を及ぼすある活動のことをまったく考えに入れていなかった。だが二〇二〇年になって、人間が生涯の三分の一を費やすとされる活動——睡眠——と痛みとの関係について小論を書き、英国王立医学会で講演を行う機会をいただいた。そして論文のためのリサーチ中に、これらがいかに密接に結びついているかが明々白々になった。持続痛に悩む患者さんのおよそ七五パーセントが睡眠障害を経験している一方で、不眠症を抱える人の半数には持続痛があるという[28][29]。この関係において、どちらが原因でどちらが結果なのかという点ではいくらか議論がある。痛みのせいでよく眠れないのか、それとも、よく眠れないために痛みが悪化するのだろうか。手短に答えると「どちらも正解」——この関係は双方向に作用するからだ。興味深いことに、このサイクルでは不眠症がより大きな要因であることをうかがわせるデータがある[30]。つまり痛みから不眠になるよりも、不眠が痛みを引き起こすほうが多い。いずれにしても難しい状況だが。二〇一九年の研究——意外にも、睡眠不足と痛みに関する脳画像イメージング研究としては最初期のもののひとつ——によれば、不眠症は二方面から攻撃をしかけて痛みを増強させることが示されている。体性感覚野（通常は危険信号が身体のどこから発せられているかだけでなく、信号のタイプの感知もつかさどる脳の領域）における痛みの反応性を高める一方で、痛みを和らげるための意思決定を行う領域の能力を低下させるのだという(31)。この研究では、睡眠時間がわずかに減少しただけで痛みが悪化することが明らかになった。重要なのは、睡眠障害は過度の炎症へのいわば片道切符でもあることだ。一晩でも眠らないと、身体のどこかで炎症が生じる(32)。なお、睡眠障害はストレス過多社会で増加傾向にある。電球の発明以降、人間の睡眠時間は一日あたり一時間減った。そしてインターネットが登場したことで、さらに三〇分短くなっている(33)。

私が痛みと睡眠の悪循環を初めて垣間見たのは、ジュニアドクターになって一年目、高齢者ケア病棟で働いていた時だった。午前中の回診のあと、私はメアリーの採血をすることになっていた。肺炎で入院した八〇歳の女性だ。肺炎はすでに消散していたが、しつこい背中の痛みが悪化し（それはどうやら標準的なオピオイドでは改善されないようだった）、それが彼女を退院させ、無事に生活を続けてもらう上での大きな障害となっていた。止血帯を巻きながら、私は注射針から気をそらすための雑談を始めた。

「ゆうべはよく眠れました？」

「いいえ、あなた、全然寝られないのよ。とにかく夜はだめね。この痛みが出てからは、夜ぐっすり眠るのはあきらめたけれど」

メアリーのこの言葉が、身体的・心理的・社会的な面で彼女にひどく悪い影響を与えている複雑な負のスパイラルを洞察する機会を示していることに、当時の私は気づかなかった。それから数日間、私はメアリーが日中断続的にうたた寝をしている姿を目にした。うたた寝をすると、睡眠圧（いわゆる眠気）が下がって夜に質の高い睡眠をとる邪魔になるばかりか、理学療法士や作業療法士のもとでのリハビリにしても、あるいは単に活動室まで（介助してもらい）歩いていくだけにしても、運動という重要な鎮痛処置を受けるチャンスが奪われてしまうのだった。

いま振り返ると、そしてまた現在入手できる研究を調べてみると、メアリーの負のスパイラルを悪化させていた要因はもうひとつあった。オピオイド系鎮痛剤は、長期的に使用した場合に睡眠の質の低下と睡眠呼吸障害の悪化を招き、そのために痛みが生じたり悪化したりすることがある。[34] これは、オピオイドが本来治癒・軽快の対象である症状そのものを悪化させてしまう第二のパターンだ。オピオイドはさらに脳の覚醒中枢も刺激し、カフェインと同じような効果をもたらす。[35] 不眠によってどこかが痛くなることはあるけれども、それはオピオイドを使うといっそうひどくなりがちだ。持続痛の問題に取り組むには、睡眠不足についてまじめに考えてみなければならない。眠れていますかとメアリーに尋ねたことから私が意図せずして発見したように、持続痛を抱える個々の患者さんのケースでこの点を解決するとすれば、総合診療専門医（GP。この件に関しては、ほかの医療従事者でもかまわない）が簡単な睡眠評価を行うことがきっかけになるだろう。そのようなやりとりを通して、無限に続く破滅的なサイクルから抜け出す希望に満ちた行程が始まり、患者さんが持続痛をうまく管理し、痛みとともに生きられるようになってほしいと思う。

もしかすると、こういった複雑かつ曖昧な「生活習慣因子」は、痛みをめぐるひとつのたとえ話にまとめたほうがよいかもしれない。いうなれば、私たちの身体は手の込んだ美しい庭園だ。そこで持続痛はイバラ、やっかいな雑草のようなもので、いつかの組織損傷、過去のトラウマ、幼少期の育ちや遺伝的な影響など、変えることのできない要因からなる土壌に生えてくる。しかし、そんな雑草が大きく育つためには、水が欠かせない。要するにストレスと炎症、具体的には心理的ストレスや喫煙、偏った食生活、不眠、運動不足、不安、社会的孤立などだ。幸いにも、私たちがどれだけの〝水〟をやることにするかは、状況に応じて程度の差はあるものの、自分で好きなように調節できる。私はよく、医師たちが〝冷笑反射〟とでも呼べそうな反応を示すのを目の当たりにする――「ホリスティック」〔「全体的(な)」を意味する形容詞〕という言葉を聞いたときの、わざとらしいあきれ顔のことだ。しかし、私たちは皆、それぞれに異なる社会的・物理的環境に暮らす唯一無二の存在であって、だからこそ、ひとりひとりを全体としてとらえる必要がある。痛みを抱えている人々が自分のひどく不快な経験に対して直接的な打開策を求めるのは無理からぬことだが、持続痛のほとんどのケースでは、痛みの特異的原因を調べるよりも、いま挙げたような弱点の克服に取り組むほうがずっと効果が高い。こういった生活習慣因子を一度にひとつずつ変えていくことに集中すれば、私たちは痛みの負のスパイラルから抜け出し、再び充実した生活を始められるだろう。そうすると、どんなよいことがあるだろうか？　ストレスと炎症を減らすことによるたったひとつの副作用。それは健康状態の増進だ。

痛みとは、もっぱら保護にかかわるものだった。ストレスを軽減し、安心感を高めるというのは、私たちが個人と社会のレベルで努力すべきことだ。しかしながら、痛みを変化させる方法を本当の意味で理解するためには、タマネギの皮をもう一枚むき、そもそも短期の痛みがどのようにして持続痛になるのかを突き止めなければならない。この答えは、「脳の可変性」という、わくわくするような新しい科学の領域にある。

11　暴走する脳

痛みはなぜ残るか

人は誰でも、そうしたいと思うならば、
自分の脳の彫刻家になることができる。
——サンティアゴ・ラモン・イ・カハール
（一九〇六年ノーベル生理学・医学賞を受賞した神経科学者）

私の記憶では、近所の某スーパーにやたらと反応する万引き防止用のゲートが設置され、何だかおかしなことになって久しい。それは、商品ラベルに搭載されたミニサイズのアンテナ（防犯タグ）で片側のゲートから発せられた電波を受信するタイプのものだ。電波を受けたラベルは特定の周波数の信号を出し、この信号が反対側のゲートにある受信機で検出される。レジ係の人がタグを無効にする機械を通さなかったとき（そしてもちろん、精算をせずに商品が持ち出されたときにも）、ゲートは未処理のタグからの信号を検知して騒がしい警報音を鳴らす。なかなかよくできていると思う。だが、どうしたわけか、近所のスーパーのゲートは誰が通っても、その人が買い物をしたかどうかすら関係なく、ビーッと鳴るのだ。この店舗ではゲートの入れ替えはせず、代わりに不運なスタッフをひとり出入り口に置いて、センサーが失礼にも反応してしまった買い物客にきまり悪そうな謝罪をさせている。ひどく攻撃的な犬の飼い主が謝っているような姿だ。私としては――ひとつには比喩表現がしやすくなることから――次のように考えておきたい。その昔、売り場から最高級のドン・ペリニヨンが数本消えたのを知ったマネージャーが、万引き犯を捕まえるためにゲートの感度を上げることにした。ところが、犯人がその場を立ち去った、あるいは結局盗難ではなかったにもかかわらず、敏感すぎるゲートはそのままで、何か動けばすべて盗品と解釈してしまう。

持続痛の作用も同じようなものだ。いっときはセンサーが鳴る理由（たとえば腰の筋肉をひねった）があったにしろ、脳は脊椎へのダメージを恐れて腰のどんな動きも危険だと解釈し、当初の組織損傷の完治後ずいぶんたってからでも痛みを引き起こすようになってしまう。そして、痛みが長く続くほど、脳は痛みをつくり出すことがうまくなり、痛みと組織損傷との関連は弱まる。持続痛のほとんどのケースで、脳は組織の実情に合わなくなった情報を受け取り、それを解釈している。つまり警報は誤報。痛みは〝死後の生〟を与えられたともいえるだろう。

短期の痛みと長期の痛みとのあいだに橋を架ける重要な概念は「中枢性感作」と呼ばれるもので、一九八〇年代に南アフリカ出身の著名な神経科学者クリフォード・ウルフによって初めて説明された。(1)「中枢性」という言葉は単純に中枢神経系、つまり脳と脊髄を指している。また「感作」とは、この神経系の構造が過剰に敏感になるプロセスのことで、軽い刺激でも強い痛みを感じるようになる。危険に関するボリュームつまみを上げたところ、そこで動かなくなってしまい、痛みのゲインが上がっているような状態だ。これはさまざまなかたちで現れるが、たとえばアロディニア（異痛症）といって、軽い圧迫などふつうなら痛くない刺激に反応して痛みを感じる異常がある。私たちがアロディニアを経験するのはひどい日焼けをしたときで、何気なくほんのちょっと触れられただけで刺すような激痛が走り、シャワーは溶岩流か何かのようにとんでもなく熱く感じる。このほか、痛覚過敏という現象もある。こちらは通常痛いと感じる刺激に対して極端に強い痛みを感じることだ。足の指をドアの枠にぶつけると痛い。そして、触るとまだ痛いときに同じところをまたぶつけると、同じ力で同じ物体にぶつかったとしても、生じる痛みはずっと強くなる。なお、中枢性感作は、刺激を受けたあとに痛みが消えるまで（消えるとすればだが）の時間を長引かせるようにはたらくこともある。

中枢性感作がどのように起こるのかを知るために、ここでは腰の筋肉をひねってしまった例を考えてみよう。侵害受容器（身体への危険の検出装置）が活性化され、軽くダメージを受けた筋肉から末梢感覚神経を伝い、脊髄に向かって信号が送られる。第1章で、危険信号は末梢神経から脊髄神経へと伝わる必要があることを見た。信号を脳まで送るのはこの脊髄の神経だからだ。神経と神経のつなぎ目をシナプスと呼ぶが、そこには微小な隙間（シナプス間隙）がある。電気的な危険信号が脊髄中のシナプスに届くと、神経伝達物質という化学物質がシナプス間隙に放出され、この物質のはたらきで次の神経が興奮するか、もしくは興奮が抑制される。ここで、脊髄中の受容体の数や神経伝達物質の種類が変わるなど、いろいろと複雑な理由でこれらの二次神経がより強く、あるいはより長い時間にわたって活性化するほど、同じ刺激に対する反応が大きくなる。(2) 筋肉をひねったことによるわずかな組織損傷が完治しても、痛みの「記憶」が脊椎に残るのはこういうわけだ。繰り返し痛みを感じ、脳がその痛みをたやすく認識できるようになるにつれて、次第に痛みを強く感じるようになるが、これは「痛みのワインドアップ現象」と呼ばれる。だがこの現象は、脊椎と脳の中で起きていることのほんの断片にすぎない。脳からのインパルスは、数え切れないほどのさまざまな段階を経て脊髄まで下行し、シナプスの性能を強めたり弱めたりすることができる。なお、シナプスは身体と脊椎の神経にだけ存在するものではない。脳にはおよそ一〇〇〇億の神経細胞があり、シナプスの数は一〇〇～一〇〇〇兆に及ぶとされる。こうして、異なる経路で異なるシナプスを強くしたり弱くしたりすることで、私たちは脳を「再配線」できる——「同時に発火するニューロンは結合する」というのがその原理だ。脳の特定の回路を頻繁に使えば使うほど、その回路は強くなっていく。逆にいうなら、作動させる機会が減ればそれだけ弱っていく。「使わなければ使えなくなる」のだ。

脳内の回路やネットワークは、いってみれば森の小道のようなものだ。私は知らない田舎道でハイキングやジョギングをするのが好きなのだが、そのときには踏みならされた道を行くことが多い。すでに誰かが通ったところを走りながら、私は——ほんの少し——その道を踏み固め、道幅を広げる。もしもハイカーやランナーたちが森を突っ切るのに別のルートを使いはじめたならば、この踏みならされた道は徐々に道としての体裁を失い、下生えに覆われたが最後、すっかり消えてしまうかもしれない。私たちの脳もほぼ同じで、頻繁に活性化される経路やネットワークは強くなる一方、忘れられたり、あまり使われなくなったりしたものは重要性が下がる。脳には、生涯を通じて柔軟に変化できる「神経可塑性」というすばらしい性質が備わっている。善きにつけ悪しきにつけ、私たちは常に脳の配線をやり直している。たとえば誰かの名前を覚え、その人の外見と結びつけるとき。あるいは、新しい楽器を始めたり、スポーツの練習をしたり、何かの習慣を身につけたりするとき。持続痛のことを「習慣・癖」と表現するのは、痛みは自ら招くものという（事実に反する）含みが感じられるので、少々心苦しい。とはいえ、これは多くの点で持続痛の何たるかを伝えている。すなわち、一定のループにはまり込んだ感情と思考のパターン、痛みと神経の過剰興奮との悪循環ということだ。それは脳に痛みを刻みつけるが、その痛みは、最初の痛みの原因が消え、身体の損傷が治ってからも長く残ることがある。中枢性感作とそれに伴う脳の再配線は複雑なもので、個人個人によって異なる。しかし概念としては単純で、防護を旨とする脳が脅威に対して過剰に反応したと考えることができる。

再び腰の話に戻ると、腰の筋肉からの危険信号が脳に初めて到達した時点で、あなたの脳は痛みをつくり出そうと決める。この痛みは過去に感じたことがないようなもので、鋭くしかもかなりひどいため、あなたはいぶかしく思う――いったい何だろう？　ぎっくり腰？　座骨神経痛？　背骨を痛めてしまったのだろうか？　これは深刻なけが、あるいは一生治らない損傷かもしれないという恐怖のせいで、あなたはこのダメージを受けた筋肉のあたりから送られる信号に対して異常に注意深くなり、ストレスがつのって痛みの経験も悪化する。歩いたり立ち上がったりするたびに、ずきっと痛みが来ると予想して身構える。そして、あなたの脳は腰の筋肉の正常な動きを痛いものと解釈するようになる。「自分は腰が弱いのでかばわなければ」というあなたの思い込み（信念）は、実際のところ痛みの回路を強化するようにはたらき、さらに悪循環にはまると、自分の腰に関する総合的なとらえ方がいっそうネガティブになる（腰がぼろぼろだ！）。あなた自身、あるいはほかの誰かが「腰がひどく悪くなった」と言ったり、それを認めたりするときには、必ず脳のこの回路、つまりネガティブな神経サインが強化される。気の滅入るような皮肉だけれども、持続痛の誤報は私たちを紛れもなく痛みを悪化させるような〝行為〟に駆り立てる。けがをした場合に短期間安静にすることは理にかなっているが、長期にわたって身体を動かさなければ痛みは悪化し、身体のあらゆる機能に大きな打撃を与えることを示す膨大なデータがある。すでに見たように、痛みは睡眠を奪い、気分を落ち込ませ、ストレスを高める。そして、これらはどれも痛みをいちだんと悪化させる。私たちは痛みのおかげで危険から遠ざかることができるが、持続痛は私たちを生きることから遠ざけてしまう。目的や喜びを求めて出かけることをしなくなり、社会的なサポートのネットワークが縮小していくからだ。らせんを下へ下へと落ちれば、〝痛〟の痕跡は脳にいっそう深く刻み込まれることになる。持続痛はいろいろな意味で「学習された」痛みなのだ。

コロラド大学ボルダー校のトア・ウェイジャーが率いるチームは、二〇一八年にこのパズルでもうひとつ別の手がかりを発見した。[3] 研究者らはまず、実験参加者のグループに対して、fMRIスキャナーに入ると視覚刺激として二つの単語――low（低）あるいはhigh（高）――のいずれかが提示され、続いてlowなら低温、highなら高温の風が吹きつけられると説明した。もっとも、提示される単語と熱風の温度にはじつは何の関係もなかった。にもかかわらず、参加者は「高」の単語を目にすると、「低」を見たときよりも高温の熱風が出るものと予想し、実際にはどんな温度であっても、より強い痛みを感じた。私たちの予想（期待）は痛みの知覚に大きな影響を及ぼすが、この研究で本当に興味深いのは、参加者がいとも簡単に痛みを〝学習〟したことだ。参加者が強い痛みを予想してその通りだったとき、次に同じ刺激を受けるともっと強い痛みを感じる。しかし、強い痛みを予想していたのに受けた刺激が弱かった場合、痛みの知覚は下がらず、同じレベルにとどまった。増幅スパイラル（予言の自己成就でもあるが）の中では、強い痛みを予想すればするほど脳はより多くの痛みをつくり出し、その結果として次はもっと強い痛みを予想するようになる、ということが延々と繰り返される。私たち人間は確証バイアス——自分の思い込みや信念を裏打ちするような情報ばかりに注目する傾向——にきわめて弱いし、生き残りをかけた問題となると、脳は正真正銘の悲観論者になり得る。〝痛みのはしご〟は下りるよりも上るほうが簡単だが、それは往々にして、私たちが傷ついた組織は癒えつつあり、自分は快方に向かっているという実感をもつことを妨げてしまう。

ここで、読者が次のような疑問を抱いてもまったくかまわない。「それなら、すべて気のせい、妄想ってことになるのか？　私が身体の特定の場所に本当に感じているあのひどくやっかいな痛みは心理的なものだとあっさり片づけるつもりか？」。答えはいずれもノーだ。持続痛が現実のものであることは間違いない。心理状態が痛みに影響を及ぼすことも（ひじょうに多くの疾患が心理の影響を受けていることと同じく）確かだが、痛みは神経学的なもの、すなわち神経と脳の回路の疾患としてとらえるのがいちばん適切だ。てんかんという病気が実在するように、痛みも実在する。

持続痛を抱えていると実際に脳に変化が起こることを示す研究は山ほどある。人工膝関節への置換手術を受けた患者さんのおよそ五人に一人は、痛みがまったく軽減されないと訴える。二〇一九年にオックスフォード大学のチームがｆＭＲＩイメージングを用いて患者さんの脳を調べ、このような患者さんの群には手術によって痛みが和らいだ患者さんの群とは異なる「慢性痛」の神経サインが見られることを明らかにした。神経機能画像によると、脊髄から上行する危険信号が通りやすくなっていた一方、脳から下行する抑制性の信号の減少が認められた。膝関節の機械的な問題は解決したが、痛みは脳に焼きつけられていたわけだ(4)。

さらに、本人がいま現在痛みを感じていない状態でも、持続痛によって脳のパターンが変化することを示した研究も存在する。[5] 中でもはなはだ気がかりなのは、持続痛が脳を老化させるというエビデンスがあることだ。二〇〇四年のある研究では、持続痛の患者群と健康な対照群で脳の灰白質の密度を比較した。その結果、持続痛が五年を超えて続くと灰白質が五～一一パーセント縮小する可能性があることがわかったが、これは通常の老化の一〇年から二〇年分に相当する。[6] 一連の研究でも、持続痛は神経可塑性に異常が起きたケースであるという考えを裏づけるものが多い。ここ数年で特に知られるようになったのは、遺伝的な要素だ。英国バイオバンク（UK Biobank）に蓄積された豊富なデータを解析した二〇一九年の研究では、七六個の遺伝子が持続痛のリスク因子と同定されたが、その多くは神経可塑性の重要なプロセスをコードする。[7] また二〇一九年の別の論文は、持続痛との関連で、セロトニンの濃度を正常に保つ酵素を制御する遺伝子に生じた変異を確認している。[8] この変異をもつ人はセロトニン濃度が標準よりも低くなり、「身体アウェアネス」が向上する——あらゆる身体感覚への気づきが高まるのだ。快い感覚についてそうなるのはうれしいが、痛みに直面しているとき、そんな状態は不安や脅威をあおり、痛みの増悪に油を注ぐ。驚くべきことに、この変異は珍しいものではなく、人口の約一〇パーセントに見られるという。

ここに至って、重大な注意点に戻る必要がある。ほとんどの持続痛では、何にせよ最初の損傷を引き起こした原因は治癒していることだ。つまり、痛みがいまや原疾患〔病態の原因となる疾患〕となっている。だが、絶え間なく生じるダメージによって侵害受容線維の反応が誘発されるケースも多く、たとえば慢性炎症性疾患はこのタイプになる。なお、腰痛は必ずしも脳の過剰反応のせいばかりではないという指摘も重要だ。ごく少数ながら要注意のケースとしては、がんをはじめ、いくつかの感染症や脊椎の骨折、神経を圧迫する馬尾症候群など、重篤な病気によって引き起こされるものがあるが、その可能性は「赤旗・警戒信号《レッドフラッグ》」の症状〔本書30ページ〕に気をつけている医師ならふつうは排除できる。とはいえ、持続痛ではたいていの場合（腰痛では九〇パーセント以上のケースで）、それとわかるような組織損傷は見られなくなっている。すなわち、脳が過度に敏感になっているということだ。

中枢性感作に関してとりわけ顕著な例は線維筋痛症だろう。特徴としては、広範囲に及ぶ筋肉痛、痛み感度の増大、疲労感、そして悪名高い「フィブロフォグ」〔線維筋痛症 fibromyalgia に伴うブレインフォグ。記憶障害や精神的な不調を指す〕といった難しい症状がよく現れる。線維筋痛症の原因については医学的・科学的なコンセンサスが得られておらず、またこの病気の概要を十分に理解していない医師も多いことから、診断には時間がかかりがちだ。医師がいちばん肩身の狭い思いをするのは説明のできない症状や未解明の疾患を目の当たりにしたときなのだが、〔標準の〕検査では異常が発見できず、薬物療法や手術で治すこともできないものについてはとりわけそういえる。答えの見当がつかない場合に、弁解がましくなったり、そっけない態度を取ったり、差別的な言動さえしたりする医療従事者もいる。私自身、医師として仕事をしている人の口から「線維筋痛症の仮病使い fibro faker」「女性として失格 inadequate woman」といった擁護できない言葉が出るのを聞いたことがある（これはそのうちのたった二つだ）。線維筋痛症の患者さんが、一次医療《プライマリケア》の医師、リウマチ専門医、神経内科医のあいだで面倒ごとは避けたいとばかりにたらい回しになっているところもよく目にする。もっとも、新しい文献では、線維筋痛症の大多数の症例において中心となるメカニズムは中枢性感作、つまり痛みに対する脳の警報装置が過敏になった状態であることが示されている。[9][10] だから、現実に存在する病気であることは証明しやすくなるはずだ。しかし――そしてこれは重要な「しかし」だ――何が原因でその感作が起こるのかはまだわかっていない。たいていの持続痛について当てはまりそうなことだが、私は免疫系が関与する異常が原因ではないかと見ている。二〇一七年に、スカンディナヴィアの研究者らは線維筋痛症の患者さんの炎症性マーカーを分析し、脳と身体に炎症の痕跡を発見した（脳では神経炎症、身体に及ぶものは全身性炎症という）。[11] また二〇一九年には、ハーバード大学とスウェーデンのカロリンスカ研究所のチームが、線維筋痛症の患者さんは脳で免疫を担当する細胞であるミクログリアが健康な対照群にくらべて高度に活性化されていることを突き止めた。[12] この分野の研究はまだ日が浅いけれども、ひじょうにおもしろい。もしかすると、神経炎症は中枢性感作、さらには持続痛一般の大きな促進要因であると判明するかもしれない。

急性痛から持続痛への移行を経験した人々は世界中に数えきれないほどいる。しかし、柔軟に変化できる、可塑性をもつ脳――私たちの脳がどのようにして痛みをもたらし、どのようにして痛みから救い出すか――について十分に理解するには、途方もなく奇妙な現象に目を向けなければならない。それは人間の経験の中でもこの上なく不可解かつ神秘的な一面だ。私は昔インド北東部の片田舎にある病院を訪ねた際、架空の痛みを感じるという男性に出会った。アマンという名前のその男性は、私と会う一〇年前に、アッサム地方の平原地帯からヒマラヤ山脈の丘陵に位置するジャングルの奥、ミャンマー国境近くを目指して派手な色のトラックを走らせていた。一〇時間のドライブだ。山肌を削って通した道は険しいつづら折りで、お天気のいい日でもぬかるんでいる。私も体験済みだが、あんなめまいがするほど怖い思いは二度とごめんだ。アマンは本格的なモンスーンの中、なんとか山道を上っていた。すると半分ほど来たところで上のほうの山腹が突然崩落し、オレンジ色のトラックは土砂に飲み込まれてしまう。押し流された車体は、幸運にも道路から数メートル下にかたまって生えていた太い木にぶつかって止まった――そうでなければ、アマンは間違いなく車ごとぺしゃんこになっていただろう。もっとも、アマンの右腕は着地の衝撃をもろに受け、前腕と肘が完全に押しつぶされていた。切り立った崖からの救出作業には長い時間がかかり、担ぎ込まれた病院の医師たちはアマンの腕を肘と肩のあいだで切断しなければならなかった〔手術は成功した〕。

アマンは私と話をしながら、時々ほんのちょっと顔をゆがめた。毎日何度か、ないはずの右腕がちゃんとあるような感じがして、見えない指が熱湯につけられているような感覚が襲ってくるのだという。幻肢痛は注目すべき病態だ。存在しない手に痛みを覚えるという事実は、痛みが脳でつくり出されていることをはっきりと物語っている。また、持続痛を神経可塑性に異常が起きたケースととらえるときにも、幻肢痛はきわめて説得力のあるイメージとなるだろう。幻肢痛を医学の片隅に位置する珍しい異変のひとつだと考えても無理はないが、じつはこの現象は驚くほどよく見られ、手足の切断手術を受けた人の四分の三以上が幻肢痛を経験するという。[13] 医学部を卒業し、ジュニアドクターとして一年研修を終えた時点で、私はすでに――アフガニスタンの路上で手製爆弾（ＩＥＤ）が爆発し手足を失った兵士から、末梢血管疾患のために選択的切断手術を受けた患者さんまで――何百件という幻肢痛の症例を見聞きしていた。その中には、自分のそばを通り過ぎる看護師に向けて幻の手を振っている感じがするとか、幻の足が〝テレスコープ〟し、どんどん短くなっているような気がするといった、風変わりな症状もあった〔幻肢が徐々に短縮していく現象をテレスコーピングという〕。こうした幽霊のような痛みは何世紀にもわたって医師たちを当惑させ、その説明としてありとあらゆる理論が唱えられてきた。たとえばイギリス海軍の名将ネルソン提督は、一七九六年のテネリフェ島の攻略で右腕を失った。提督はのちに覚えた幻肢痛について、「魂が存在することの証拠にほかならない」と述べている。(14) 私は学生時代はもちろん、自分で幻肢について調べてみるまでの長いあいだ、この特異な病態は断端〔切断して残った部分〕の損傷した神経終末が脳に異常な信号を送るために生じると思っていた。実際、二〇世紀も後半になるまで、これは主流の考え方のひとつだった。外科医たちはダメージを受けた〝痛みの受容器〟を除去するためにさらに高位の再切断を繰り返すことによって、その幻影を追い払おうとした。しかし、幽霊は必ず戻ってきたし、復讐をしかけてくることもまれではなかった。

インド系アメリカ人のV・S・ラマチャンドランは、すさまじく独創性豊かな優れた神経科学者だが、医学生の頃から幻肢に魅了されていた。一九九〇年代の初頭、彼は「幻肢症候群」は神経可塑性に起因するのではないかと考えはじめた。この説は、カナダ人の著名な神経外科医ワイルダー・ペンフィールド博士が人間の脳で確認した複数の「感覚地図」に基づいている。ペンフィールド博士は一九五〇年代を難治性てんかんの治療に捧げた人物だ。(15) 博士の患者さんには、大きな発作に先立って前兆（アウラ）を経験する人が多かった。博士は、頭蓋骨を一部取り除いたのち、患者さんの意識を保ったまま脳を電極で刺激してアウラを生じさせることができれば、発作を起こす脳の領域を特定できるという説を立てた。この実験は治療としてはまずまずの成功という程度にすぎなかったが、博士は偶然さらに驚くべき発見をした。手術中、脳の表面の異なる部位に電気刺激を加えると、患者さんは皮膚の異なる場所に感覚を覚えたのだ。そこで博士は、刺激する脳の部位と感覚が生じた皮膚の場所の対応を丹念に記録していった。おもしろいことに、脳に存在する皮膚感覚の「身体地図《ボディマップ》」はかなりごちゃごちゃしているようだ。足の指の感覚を受け取る脳の領域は性器に対応する領域と隣り合っており、手の領域は顔の領域のすぐ横にある。また、脳におけるこれらの領域の大きさは身体の各部を覆う皮膚の面積には比例しない。たとえば人さし指の先の皮膚は、脳の身体地図では背中の皮膚などよりも相対的にずっと大きな面積が割り当てられているが、それもそのはずで、この指先には感覚受容器が密集しているのだ。こういった状態を表現するために、ペンフィールド博士は脳で占められている領域にあわせて身体の各部の大きさを変えた人形を考案し、これを《感覚野のホムンクルス》と名づけた。ひょろ長く、バランスが悪い体つきの「グロテスクな生き物」（博士本人の言）で、受容器が密集しているところ（手、足、唇）は実際よりも大きく、対照的に少ないところ（胴や腕など）は細く小さくなっている。

ラマチャンドランは、幻肢は断端部の神経へのダメージによって起こるのではなく、脳の再配線、つまり感覚野のホムンクルスで表される地図が描き直された結果なのではと推測した。これを検証するために、ラマチャンドランは存在しない左手に幻のかゆみを感じるというある青年――ここではマイクと呼ぼう――の評価を行うことにした。マイクはひどい自動車事故に遭い、左腕を肘のすぐ上で切断されていた。車から投げ出されてまだ空中にいる時に、引きちぎられた自分の左手がハンドルをつかんでいるのを見たという。ラマチャンドランは綿棒を使ってマイクの皮膚のあちこちに触れ、どんな感じがするかを尋ねていった。しばらくのあいだは特に何もなかったが、マイクの頰に触れたところ、わくわくするようなことが起きた。マイクは幻の手にも感覚を覚えたのだ。さらに調べていくと、マイクの顔面には失ってしまった手の各領域に対応している場所があることがわかった。たとえば、上唇をさすると幻の人さし指を触られている感じがする、といった具合だ。信じられないような話だが、マイクは頬をかくだけで、ついに幻の手のかゆみをかくことができるようになった。神経可塑性に加えて脳の地図で私たちの身体がどう描かれているかを考えれば、これは納得できる。身体から手が失われると、脳内でその手に対応していた領域にいちばん近い領域――つまり顔面――から新しい枝が出て結合が広がり、この〝デッドスペース〟を活用したということだ。となると、いわゆる「足フェチ」もこれで説明がつくかもしれない。脳の地図で足の指は性器の真横に位置しているからだ。性器からの入力を受ける脳の領域が隣にできた空きスペースを使いはじめるので、下肢切断者には自分の断端の末端に性的な刺激を感じるという人が多い。排尿する感覚を覚える人さえいるという。

ラマチャンドランはさらに、マイクの脳の活動が脳地図上で手の領域から顔面の領域に切り替わっていることを神経機能画像を用いて示した(16)。ほかの研究によれば、手術をしても幻肢痛を経験しない切断者では、こういった〝漏出〟や新しく空いた領域の〝乗っ取り〟は見られない(17)。ドイツのハイデルベルク大学に所属する第一線の痛みの研究者、ヘルタ・フロール教授による先駆的な研究では、幻肢痛の強さはこのような神経学的な再編成の程度に比例することが明らかになった(18)。幻肢痛はまさに、神経可塑性のゆえに感覚に異常が起きたケースなのだ。ラマチャンドランはその後何年にもわたって何百人という体肢切断者の評価を続け、あるパターンに気がつきはじめた。それは、幻肢が〝固まって動かせない〟、ないはずの手足の存在は感じるものの、その手なり足なりがある決まった位置で硬直していると言う人が多いことだった。のちにわかるのだが、この人たちは切断手術に向けて、つり包帯やギプスで手足を固定された状態でしばらく過ごしていた。彼らの脳が動かせない手足を身体地図に描き足し、それが手術後も維持されているように思われた。ラマチャンドランは脳についての驚くべき事実を徐々に掘り起こしていった。その結果、脳（と、その脳が自分の身体の認識をつくりだすしくみ）は動的で変化しやすいものであることが、いよいよはっきりしてきた。

幻肢痛は「記憶された」痛みであるという仮説をベースに、ラマチャンドランは天才的なひらめきとしか言いようのないものからびっくりするような仕掛けを考え出し、その装置は大勢の切断者が痛みを「忘れる」助けとなっている。ここで、新品のトースターが入っている段ボール箱くらいの、ほどよい大きさの四角い箱を想像してほしい。この箱にはふたがなく、正面に腕を通す穴が二つあいている。箱の中には仕切りがあり、空間を二つに分けている。仕切りは片面が鏡で、その鏡の面を切断されていない腕を入れる空間に向けて置く。患者さんがこの箱を上から見下ろし、差し込んだ（切断されていない）腕のほうに少し身体を傾けると、失った腕がもうひとつの空間に出現したかのように見える。この「ミラーボックス」は単純な錯覚だが、一見奇跡的な効果をもたらすこともしばしばだ。正常な腕を動かせば、患者さんにはそれまで痛みを感じ、固まっていた幻の腕が動いているのが〝見える〟のだから。ラマチャンドランは複数の患者さんにこの箱を持ち帰らせ、家でも使ってもらった。すると、さらに驚くべきことが起きた。幻肢痛が完全に消失したという報告が相次いだのだ。彼は、痛みとはつまるところ錯覚である――少なくとも、現実を一〇〇パーセント正確に表現したものではない――ことを理解した。だから彼は錯覚を使ってそれを治療した。歴史上初めて幻肢の〝切断〟を行ったわけだ。幻肢が動いているところを見ただけで、幻肢痛が治ることもある。よくなっていると考えるそのプロセスがあってこそ、実際によくなる。支離滅裂だが本当のことだ。ラマチャンドランの発見から、私たちは痛みとは何であるか、そして何でないかの核心に迫ることができる。彼はそのことをサンドラ・ブレイクスリーとの共著書 *Phantoms in the Brain*〔『脳のなかの幽霊』山下篤子訳、角川書店、一九九九年〕で見事に記している。

痛みは、損傷に対する単なる反射的応答ではなく、生体の健康状態に関するひとつの判断である。痛みの受容器から脳内の「痛みの中枢」に直接つながるホットラインは存在しない。視覚や触覚にかかわる中枢など、脳のさまざまな中枢のあいだには多くの相互作用があり、だからこそ、こぶしが開いていく様子を視覚的にとらえただけでも、現にその事実は患者さんの運動や触覚の経路にずっとフィードバックされ、本人は自分のこぶしが開いていくのを感じ、そうして実在しない手に覚えていた幻の痛みが止まる。[19]

私たちは「ダメージが生じた」と脳が考えている場所に痛みを感じるが、それは必ずしも実際に損傷のある場所ではない。したがって、痛みは脳で生み出され、身体に投射されるものということができる。私たちは誰でも幻肢をもっている。物理的な身体が邪魔になっているためにそうとわからないだけだ。自分の生身の身体と、脳によって投射された身体とを区別することはできない。ラマチャンドランは、私たちの「身体全体が幻であり、それは脳があくまで便宜上構築したもの[20]」だと述べる。「身体イメージ」は私たちの脳で形成され、身体に投射される。きわめて重要なことだが、身体イメージは物理的な身体には依存しない。幻肢痛はある意味、身体イメージがゆがんだ状態だ。なお、このことは持続痛でかなり頻繁に見られる「痛みの広がり」を説明する上でも役立つ。中枢性感作のために脳が痛みに対して過度に敏感になると、脳では痛みの地図が作成されるが、その痛みは往々にして脳内の近隣の領域にまで波及する。こうして、身体のどこかが損傷されたとき、その損傷が生じた部位とは違うところに痛みを感じるようになってしまう場合がある（「関連痛」という）。最初ある部位にけがをし、それが原因で起こった持続痛が全身に広がることもある。二〇〇九年に行われた研究によれば、頸椎捻挫（むち打ち症）から持続性の頸部痛を抱えるようになった患者さんは身体のどこでも痛みに対する感度が高かったが、そのほとんどは過去にけがなどしたことのない部位だったという。[21]

ラマチャンドランのミラーボックスセラピー（ミラーセラピー）は、多くの人が苦しむ幻肢痛の症状に対してひじょうに高い効果を上げているが、[22]あるタイプの持続痛にも効く。二〇〇三年の研究では、当初のけがや損傷とは不釣り合いな激しい持続痛が身体のどこかに現れる「複合性局所疼痛症候群」（CRPS）のために片腕をうまく動かせなくなった患者さんについて、健康な腕をミラーボックスの中で動かし、弱いほうの腕が痛みを感じずに動いているという錯覚を生じさせると、持続痛が徐々に軽減することがわかった。[23]腕に痛みはないと考えるプロセスだけで、脳を少しずつ再配線して痛みを感じない状態にすることができたのだ。また、錯覚に基づく手の動きを見ることで、脳がこの動きにはあの痛みと紐づけをするはたらきが次第に弱まっている可能性もある。痛みの感覚は、ほとんど常に動作（運動）を伴う。たとえば、熱いお皿から手を引っこめる。あるいは、けがをした手首を支えてかばう。紐づけられた痛みを感じずに身体が動く様子を自分で見ると、脳の中では痛みとの結びつきが緩むのだ。

ただし、ミラーボックスの効果が認められたのは、持続痛を訴えはじめてまだ数か月という患者さんだけだった。それ以上長い期間にわたって痛みを抱えている患者さんでは、おそらく脳の回路はかなり過保護なしくみで配線が終わっていて、脳としては痛みを感じずに手足を動かすやり方を忘れてしまっているのだろう。過保護も抑えがきかなくなると、脳は手足に〝守勢〟を取らせるため、どんな動きでも極端な痛みをもたらすようになる。さて、ここでオーストラリアの痛み研究者〔で卓越した痛みの解説者でもある〕ロリマー・モーズリー教授に登場願おう。モーズリー教授は「段階的運動イメージ法」(GMI)というリハビリテーションのプログラムを考案した。教授の表現によれば「痛みのレーダーに引っかからないように、こっそりと」、患者さんを徐々に運動に慣らしていく方法だ。簡単にいうと、GMIは三つの段階から構成されている。第一段階では、身体の部位の画像〔たとえば手の写真〕を見て、それが左右どちら側なのか〔左手か右手か〕をできるだけ早く判別していくという課題を行う。持続痛を抱える患者さんは脳の身体地図上の領域を正しく区別することが苦手になる傾向があるので、この練習は神経可塑性に基づく回復に向けた基礎固めに役立つ。第二段階の課題は、身体を実際には動かさずに特定の運動をイメージするというものだ。こうすると運動時に活性化されるのと同じ脳領域が刺激され、鍛えられるが、イメージされただけの運動は脳の痛みレーダーには映らない。そして、最後の第三段階としてミラーセラピーを行う。GMIは難治性CRPSと幻肢痛に対して効果的であることが厳密な研究で示されており[24]、ほかのさまざまな持続痛には効果がないとする理由はない。また一方、錯覚を生じさせる鏡のローテクさは称賛に値するけれども、より高度な技術も同じことをしようと参入してきている。二〇一八年に、ユニヴァーシティ・カレッジ・ロンドンとオックスフォード大学のチームは、頭部に取り付けた電極から微弱な電流を与える「経頭蓋直流電気刺激」という非侵襲性の処置を体肢切断者に対して行った。患者さんに幻の手が動いているところを想像してもらい、同時に脳地図の手の領域を刺激したところ、痛みが三〇〜五〇パーセント軽減したという[25]。脳の身体イメージを安全・健全で、なおかつ痛みが少ないものにアップデートするのに鏡が有効なら、新しい錯覚技術は当然大きな成果をもたらすはずだ。最近の研究では、バーチャルリアリティ（VR）を用いて切断者が失った手足を再現し、患者さんが楽しめる環境で行う没入型セッションも、痛みの緩和にすばらしく効果的であると報告されている。[26]

私たちの脳が生涯を通して驚くほど変化しやすい――途方もない可塑性をもっている――ことは疑う余地がない。脳は私たちの学びと成長を助け、愛情を抱けるようにする。その上、脳は私たちを守りたいと思っているのだが、時々その仕事をうまくやりすぎることがある。ほとんどの場合、持続痛とは脳のコントロールがきかなくなったことの現れだ。ところで、本章では神経可塑性は痛みを引き起こすことができるという憂鬱な見通しに多くのスペースを割いてきたが、同じメカニズムによって痛みから抜け出せることもわかってきている。もし脳を変えることができるなら、痛みを変えることもできるのだ。

12 痛みの革命《ペインレボリューション》

持続痛をめぐる新たな希望

苦痛の源泉が人間性の内に見いだされるのと同じように、
その治療法もわれわれの人間性に求められるかもしれない。
——ドクター・フランク・ヴァートシック
（アメリカの神経外科医）

「私が例の『あ』のつくもの、『あ○△□』と言っても、医者は興味を示さない。だけど同じことを『両側性でリズミカルな心理社会的介入』と説明すると、耳がピン！ となるのよね」

ベツァン・コークヒルからは、炎から放出される熱のようにポジティブなエネルギーが伝わってくる。彼女はイギリス南西部の都市バース在住のウェルビーイングコーチで、痛みを治療するある介入法に出会った経緯を私に語ってくれたのだが、その口調は新しい治療法を言葉巧みに売り込もうとする人のそれではなく、まるで秘宝の入った箱を思いがけなく見つけた人が話をしているようだった。大切な宝物とは、編み物のことだ。

コークヒルは一九七〇年代にロンドンのミドルセックス病院で理学療法士となる訓練を受けた。養成課程の内容は積極的かつ実際的なものだったが、イギリスで働きはじめた彼女は失望を味わう。その頃の医学界で支配的だった見方は（多くの点で今日でも変わっていないが）構造主義、すなわち、患者さんの全体を診るのではなく、身体の各部位、生体力学にかかわる問題を治療しようとする立場だった。コークヒルは一時スイスにある医学リハビリテーションのクリニックに勤め、目からうろこが落ちるような思いをした。そこで彼女が見たのは、患者さんをひとりの人間として扱い、精神的な健康と社会的な健康も身体の健康とまさに同じくらい重要なことだとみなして治療に当たれば、よりよい結果が得られ、しかも患者さんは自分の慢性疾患の経過をうまくコントロールできるようになるという事実だったからだ。コークヒルは著書 *Knitting for Health and Wellness*〔『ヘルスとウェルネスのための編み物』〕で「患者さんが自分自身に満足しており、それに加えて積極的にいろいろなことに関心をもち、人づきあいをするようにと励ましを受ければ、回復に至ることを学びました[1]」と述べている。コークヒルはイギリスに帰国後、脳が学習し、変化し、症状を改善できることが治療のシステムに織り込まれていない実情に憤慨していた。そんな彼女の我慢が限界を超えたのは、同じ地域に暮らす、重症の脳卒中で半身が麻痺した比較的若い男性の状態を確認するよう求められた時だ。担当の医療チームは、彼の脳と腕が運動機能を取り戻すためのリハビリテーションを勧める代わりに、こわばった筋肉をリラックスさせるという的外れな目標を掲げ、毎朝彼の腕を車いすのアームに縛りつける指示をしていたのだった。すっかり幻滅を感じたコークヒルは仕事を辞めた。

コークヒルは再教育を受け、さまざまなタイトルを発行する雑誌の編集部で制作担当者として働くことになる。その編集部は手工芸の雑誌を多く手がけていた。「最初に任せてもらえた仕事のひとつが投書ページの整理。でも手紙を読みはじめたら、すぐにわかった。その手紙のほとんど全部、そうね、九八パーセントは、手芸、特に編み物にどんなによい効果があると思うかということが書いてあったの。それを編集長に伝えたら、過去の手紙を保管してあるキャビネットを見せてくれてね。そこには何千通という手紙が入っていた。偶然、じつに大事なものに行き当たったというわけ。世界中のものすごくたくさんの人々が、育った環境も違えば文化も違うのに、基本的にまったく同じことを言っていた。『編み物が効いた』って。私が読んだ一通目は長引く痛みで入退院を繰り返している一四歳の女の子からの手紙で、こう書いてあった。『編み物をしているあいだは、痛み止めの薬がいりません』」

研究資料がコークヒルを見つけた、彼女に向かって大声で叫んでいたといっていいだろう。そこには、おびただしい数の証言、医学の本流では完全に見逃されている何かから恩恵を受けているらしい人々の声があった。コークヒルはその後、編み物愛好者三五〇〇人を対象とした総合的な調査にかかわるが、この調査では持続痛を抱えている人の九〇パーセントが、編み物は自分の体調に対処するよい方法だと思うと回答している。(2)

この発見は奇跡に近いことのように思える。だから私は尋ねずにはいられなかった。「いったいどういうことでしょう?」

「編み物にはいろんな効能があるけれど、まとめて言うと《編み物の等式》。つまり《編み物=運動+刺激豊かな環境+社会とのかかわり》ってことね」

運動は、軽いものから徐々に強度を上げていくやり方であれば、抜群の鎮痛効果をもたらす。運動をすると、抗炎症性や鎮痛性のある——危険信号が脳に伝わるのを抑える——物質が詰まった身体の薬箱が開くほか、身体組織の回復と栄養分の供給が助長される。しかし、編み物をしているときの動作にはもっと複雑な意味合いが重なっている。リズミカルな反復動作は、天然の興奮剤《ブースター》で痛みの緩和剤でもあるセロトニンの放出を促す。[3] 痛みや悩みを抱えている人が足や指をとんとんとたたくように動かしたり、身体を揺らしたり、同じところを歩き回ったりするのは、じつはこれが理由だ。ひょっとしたら、ロッキングチェアでゆらゆら揺れながら編み物をする、典型的なおばあちゃんの姿にも何か発見があるということだろうか。編み物は身体の左右両側が関係する（「両側性」という）調和の取れた動きであり、集中力を要する上、視覚的なインプットに依存しているが、これを習練する過程では本当に脳の再配線が起きる。[4] しかも、重要なことだが、編み物をする手の動きは身体の縦の正中線〔左右を分ける中心線〕をまたぐ。イタリアのミラノ・ビコッカ大学で行われた実験では、レーザーを照射して手の甲に痛みの刺激を与えるとき、腕を交差させて身体の正中線の反対側に手を置くと、痛みが減少することがわかった。[5] これは、身体に沿って手を交差させることで、身体に与えられた危険な刺激の位置を把握する脳のはたらきが妨げられるためかもしれない。

さらに、編み物をすると、パーソナルスペースを緩やかに広げることもできる。これは持続痛とはさして関係がなさそうに思われるかもしれないけれども、じつは大いに関係がある。私たちは皆、パーソナルスペースの感覚をもっている。自分が安全で心地よいと感じる〝部外者立ち入り禁止区域〟のことだ。誰か、あるいは何かがこのスペースに入ってくると、私たちはその人物や物体から離れたい（あるいは、それを離れさせたい）という感じを覚える。パーソナルスペースの境界は絶えず動いており、ほとんど潜在意識下で決まっている。ふつうの場合は一回の動きで対象に触れられる程度の空間だが、ライブハウスの最前列エリアにいるならはるかに小さくなるし、逆に周りに誰もいない静かなピクニックスポットを見つけたときにはぐっと大きくなる。これはもっぱら安全と保護にかかわることだ。一方、持続痛は心と身体が過度に警戒態勢を取っている状態だが、その際に私たちが自分のために守りたいと思うスペースは、不釣り合いに遠くまで広がっている。そして、たとえば右肩が痛いことを意識するあまり、身体の右側に触れたものは何であれ緊張と痛みを引き起こしてしまう。このように自分の縄張りを過剰に守るようになると、世の中のものごとは潜在的な脅威であるとみなす傾向が強まるが、それは動き回ったり、未体験のことを試したりする意欲の減少につながり、ひいては痛みを悪化させる。編み物は、外へ向かう道をゆっくりと探るよう励ます活動だ。編むことで安心感を得ながら、内にこもらず動いてみることへの刺激も得られる。編み針と毛糸は世界へと安全に拡大された自分自身のように感じられるが、これは釣り竿にしろ絵筆にしろ、ほかの穏やかな活動に使われる道具にもきっと当てはまることだと思う。

さて、「運動」は《編み物の等式》の第一項にすぎない。編み物は刺激豊かな環境もつくり出す。リラクセーションや瞑想に近い効果がある上に、創造性とはっきりした目的が求められる活動でもあるからだ。催眠やバーチャルリアリティと同様、編み物をしていると、（視覚と触覚が強く刺激されることに加えて）冷静ながら熱中した状態にならざるを得ないが、これには注意をそらす効果があるので、短期的には頭の中で痛みを切り離せるし、長期的には痛みを小さくすることにもなる。フロリダのメイヨー・クリニックによる二〇一九年の研究では、脳波計（ＥＥＧ）を用いて編み物をしている人の脳波を計測したところ、瞑想に関連があるとされるシータ波のパターンが検出された(6)。自分でものをつくっていくプロセスは、それをする人に目的意識や適応力、コントロール感を与える。また創造的な活動は、不確実で絶え間なく変化する世界に応じて調整を行うよう脳を鍛える助けになる。しかも、何か実際に使えるものをつくることは、やりがいや目標、称賛、楽しみをもたらしてくれる。ずっと痛みに悩まされていると、この四つのことはどれもわけなく失われてしまいかねないのだ。そして、《等式》の最後の項にあたる「社会とのかかわり」とは、編み物が限りなく社会的になり得ることを指している。コークヒルは、自身が立ち上げて参加してきた複数の編み物グループで、実際に人づきあいが痛みに及ぼす根本的な効果を目の当たりにした。孤立と孤独は痛みを悪化させるストレス要因としてよく知られているけれども、コミュニケーションや友達づきあい、そして笑いは、いずれも強力な鎮痛効果をもっている。

最後になるが、編み物は安上がりで、なおかつ持ち運びがとても簡単な介入の方法だ。痛みの軽減に関して長続きする効果を得るためには、脳が新しい状況に適応し、長期的な痛みという〝悪習慣〟から抜け出すことができるように、同じプロセスを何度も（理想をいえば週に二、三回）繰り返す必要がある。編み物はひとつの作品の完成を目指して取り組むことが多いため、その点たいへん都合がよい。患者さんは編み物をしながら、じつは創造的・機械的でポジティブな習慣づくりにかかわっている。一目一目、脳内で新しい神経系のネットワークを編み進めていることになるからだ。編み物がこのような成功を収めている理由に関しては、コークヒルの研究でインタビューを受けたある編み物愛好者の言葉が核心を突いている。「編み物をしたおかげで、どういうわけか脳がリセットされたと確信しています。同じ動作を反復し、瞑想にも似ていて、創造力を刺激するという特徴が、より充実した生活に戻れるようにしてくれたのです(7)」

当然ながら、編み物が持続痛の解決策だと言っているのではない。効く人もいれば効かない人もいる。また、エビデンスの基盤を固めるためにはさらなる研究が待たれるが、私がベツァン・コークヒルにインタビューを行った時点では、こういった新しい研究の大半は新型コロナウイルス感染症の世界的流行を受けて（もどかしいことに）停止されていた。もっとも、私が編み物で好きなのは、それが象徴していること、つまり患者さんが自分から、痛みの多くの面に同時にアプローチするのを助けているところだ。私自身の編み物スキルはまだまだで、何度挑戦しても、決まって色とりどりの不格好なかたまりになってしまう。どうにも解けないゴルディオスの結び目も靴紐のように単純に見えるほどのまとまりのなさだ。ここで、持続痛はこのようにもつれ合い、一見手に負えなさそうな、私が期せずして生み出した結び目のひとつだとイメージしてほしい。それは種々の要素がない交ぜになってできている——ストレスや人間関係、不安、痛み以外の健康状態、過去の経験など、数え上げれば切りがない。したがって、本当の意味で持続痛の問題に取り組む、つまり心身ともに安全な環境をつくるには、これらの異なる撚り糸をいくらかつまみ出し、その結び目をゆっくりとほどいていかねばならない。

痛みは身体の中にあるものではないが、かといって心の中だけにあるものでもない。痛みはその人の中にあるものだ。痛みを治すには、その人の全体を診る必要がある。回復とは、痛みの意味を変えること、つまりはアイデンティティやその人らしさを取り戻すことだ。ハードルの高い仕事に聞こえるかもしれないが、これはじつはチャンスが多い、いろんな入り口があるということを意味している。痛みは複雑なシステムで、人生と社会のあらゆる面からの影響を受けつつ、それらと絡み合った状態にある。とはいえ、複雑なシステムに対する私たちのアプローチが複雑である必要はない。一見単純な変化でも、指数関数的に強力な影響を痛みの経験に及ぼし得るからだ。こういった変化は、たとえば睡眠や運動、人づきあいに関することで、どうもさえないというか、「医学的」「科学的」とは言い難いように思えるかもしれない。だが、その波及効果はそれこそ革命的なものになる可能性がある。ちょっとしたはたらきかけが大きな影響につながることはあり、またそんなケースは意図せざるポジティブな結果を伴っていることも多い。例を挙げると、新型コロナウイルス感染症（Covid-19）が流行する前、一般の人は手洗いについてあそこまで真剣に考えてはいなかった。正直なところ、標準的な病院の標準的な医療従事者でさえ、そんなにまじめには取り組んでいなかった（手術室スタッフは例外だ）。ところが、二〇二〇年に起きた手洗い文化の変容は、Covid-19が広がるペースを鈍化させることに貢献したばかりでなく、ほかのさまざまなウイルス性・細菌性感染症の世界的な減少ももたらしたのだった。この新型ウイルスに関して厳しい対策を取った香港ではインフルエンザの流行が二か月早く終了したし、クロストリジオイデス・ディフィシル感染症（院内感染する腸炎で、激しい下痢を引き起こす）の症例数はスペインの病院で七〇パーセント低下している。[8] そうだとすると、小さな変化が大きな効果を生むことがあるのに、誰かの人生で——たとえ個々の介入の効果それ自体はわずかなものだったとしても——ポジティブな変化がいくつも重なったときの影響力は、科学的研究の領域で過小評価されているのではないだろうか。オックスフォード大学プライマリケア・健康科学部のトリッシュ・グリーンハル教授は、このことをTwitter（現X）のポストで次のように見事に説明している。「複雑なシステムを扱う文献では、相互作用がいくつも重なった、より有機的な因果関係のモデルが強調される。問うべきは『効果量』や『回帰分析において統計的に有意な関係が見られるか』ではなく『この介入はよりよいアウトカムの達成に寄与するか』である。複雑系のロジックを用いると、複数の介入は、そのひとつひとつを見れば既定の変数に統計的に有意な影響を及ぼすものではないにしても、それぞれが全体的なプラスの効果に貢献することはあるかもしれない」[9]

　さて、持続痛の問題に取り組む上でもっとも有望なツールを見ていく前に、痛みの要点を簡単に振り返り、私たちが何を、どのように治療しているかを確認しておこう。タマネギにたとえるといちばん内側に位置する、神経学にかかわる層では、私たちは脳が——しばしば身体の助けを借りて——自ら変わるよう仕向けている。持続痛とは、変化しやすく可塑性に富んだ脳が効率よく痛みをつくり出せるようになり、もはや危険が存在しなくなってからもその状態が続いているために生じる。だが、こういった変化は、過保護な脳に対してゆっくりと着実にトレーニングを施し、あまり保護的な態度を取らせないようにすれば、覆すことができる。そして、タマネギのひとつ外側の層では、間接的にはストレスと炎症を減らすこと、直接的には痛みのシステムを再訓練するテクニックを用いることを通して、この反対方向の変化を起こす。つまり、効果のある治療法とは、脳に自分の身体は安全だと感じさせる治療ということになる。私としては「脳をなだめる、落ち着かせる」ものだと考えたい。

　ここから先には、持続性の痛みに対する治療法を列挙する。網羅的なリストではない（本書はセルフヘルプ本ではない）が、本書で取り上げてきた重要な事実を各所に短くまとめて添えた。分類は大きく三つある。

変更　——脳が安全だと感じるように（身体と心、環境から）脳の文脈を変化させる。

視覚化——脳を奪い返して痛みを弱める。
教育　——知識は力なり。

これら三タイプに類するさまざまな介入は、一見平凡なものから信じ難いものまで多岐にわたり、表面上は関連性がなさそうに思われるかもしれない。だがじつは、どれも脳が自分の身体について安全だと感じるようになることを目指す再トレーニングの原則にしたがっている。

変更

まず、運動の重要性はいくら強調してもしすぎることはない。私たちは動くようにできている。座りっぱなしの人間は、生きものとして傷つきやすく弱い。しかも、動かずにいることは恐怖感を強める。長期の不動は多臓器に変化が現れる不健全な状態であり、痛みの増強をはじめ、筋肉や骨の構造の劣化、気分の低下、免疫系・心血管系の混乱をもたらす。[10][11] また、何年にもわたるＱＯＬの低い生活と早死の原因となっている。ある研究によれば、「座位行動」〔座ったり横になったりして行う身体活動〕は、イギリスでは年間七万人の死亡に関係しているという。[12] あらゆるデータが、身体を動かさないことの危険性は身体を動かすことの危険性を上回ることを示している。朗報は、運動は低コストかつ安全な上、痛みを軽減する効果があるということだが、これには心身の健康を向上させるというおまけまでついてくる。[13] 運動を含めた身体活動には、どんな薬や食生活にも増して身体のほぼすべての機能のバランス（「ホメオスタシス」という）を調整するはたらきがある。運動は身体を丈夫にし、関節を柔らかくし、組織中の老廃物を排出し、また天然の鎮痛剤が入った脳の薬箱を開ける。運動をすると、短期的にはすぐに痛みが軽減することがある[14]ほか、抗炎症性の効果が発揮され、[15]睡眠が改善し、メンタルヘルスが整い、さらには（運動は疲れるという世間の通念とは逆に）疲労が減少してエネルギーのレベルが上がる。[16]そして決定的に重要なのは、運動によって脳が鍛えられ、持続痛からの脱出が可能になることだ。自分は強く、健康だと身体に感じさせるようなやり方で運動をすれば、脳には「身体は強く健康――だから安全――である」と示唆する一定の信号が送られる。脳はゆっくりと、しかし確実にリラックスし、警戒を緩めていく。これはすなわち、脳を基礎の部分から立て直すことだ。私が好きなMotion is lotionという古い格言にあるように、身体は動かせば動くようになる。

とはいえ、これはどうも直感に反しているように思える。実際、すでにずっと持続痛を抱えている人が運動を嫌がるよくある（そしてもっともな）理由は「痛いから」だ。確かにその通りで、初めは決して簡単にはいかないだろう。だが、ほとんどの持続痛に当てはまる重要な事実は絶対に忘れないようにしたい。それは、たとえ痛みを感じても、身体にダメージが与えられているわけではないということだった。脳が過保護になってしまい、けがが治ってからも痛みが長く続いているのだから、痛いかもしれないが安全な状態である。身体を動かしても安全であると理解することは、身体を動かすことと同じくらい大切だ。事実、運動による介入を痛み教育（教育的介入）と組み合わせた場合に大きな効果が得られている。[17]ただし、私は持続痛を治すためにベンチプレスで自分の体重分の重量を持ち上げろとか、アイアンマンレースに挑戦しろとか言っているつもりはない。運動はごくごく軽いものから始め、少しずつ、段階的に強度を上げることで身体の機能を高め、可動性と協調性を改善していく必要がある。「段階的暴露」は常識的なアプローチで、身体をしっかり動かす運動を段階的に行えば徐々に丈夫になり、脳はその動きを安全と解釈するようになると考える。これと並行して、痛みを伴う低強度の運動を定期的に取り入れると、動いても安全だというメッセージが脳に送られ、(それまで結びついていた）運動と脅威の感覚とを分けて考えられるようになる。この結果、身体で起きていることについて、脳にはポジティブな情報が供給される。実際のところ、これは何かの恐怖症に対して用いられる暴露療法とあまり変わらない。たとえばクモ恐怖症なら、まずクモを見られるようになることから始め、危険ではないと学習する。その上で暴露を徐々に増やしていくと、二、三週間もすればクモを両手で捕まえ、友達を怖がらせるのに使えるようになるのだ。

美しい森を散歩するにしろ、チームスポーツに参加するにしろ、あるいはピラティスやヨガ、太極拳のクラスでストレスを解消するにしろ、それが楽しく、創造的で、有意義なものであれば、運動の範囲を緩やかに広げることもずっとやりやすい。私がぜひともお勧めしたいのは――プールが利用できるラッキーな人向けだけれども――名前に「アクア・水」がつく運動だ。アクアジョギングに水中エアロビクス、水泳など、何でもかまわない。私は青春をほぼ水泳に捧げた人間なので、完全にひいき目だが、水に関係する運動に健康上のメリットがあることを示すデータは多いし[18]、水中では浮力の支えがあるため、安心して身体を動かすのに最適の環境になっている。

脳が自分の身体は安全だと感じるようにする手段としては、もうひとつ安上がりで効果的な方法があるが、これは私たちがしょっちゅうしていることに関係がある。じつは、それをするのをやめれば、私たちはものの数分で死んでしまうだろう。いうまでもなく、呼吸は生きていく上で欠かせない動作だ。

私たちは呼吸によって酸素を取り込み、物質代謝の過程で生じる老廃物である二酸化炭素を吐き出している。しかしながら、呼吸のしかたについては、医学部でも一切教わらなかった。私は常々、呼吸のエクササイズはひどい心配性の人には有益かもしれないにしても、それ以外の点では本当は〝まともな〟医術ではないと決めてかかっていた。まったくの心得違いだが、私はそのことに気がついていなかった——自分が呼吸エクササイズに出会うまでは。ジュニアドクターになって一年目の私は、長期にわたってたいへんなストレスを受けることがよくあった。ある夜、それは一三時間夜勤シフトの連続四日目だったが、私は何百人という患者さんの評価と処置をこなし、しかも悲しいことに三人の死亡を宣告しなければならなかった。亡くなった患者さんのひとりは私がふだん働いている病棟に入院していて、数週間のあいだにかなり親しくなっていた人だった。午前四時頃に状況が収まると、私はある病棟事務室の椅子に身を投げ出すように座り、コンピューターを立ち上げて真剣に検索を始めた。このストレスを軽減するためのヒント、早急に対処できるようなアドバイスは何かないか。そこで呼吸のエクササイズに関する圧倒的なエビデンスを見つけ、私の疑念（あるいは認識不足）はたちまち消失した。

健康な呼吸は深くゆっくりで、横隔膜（肺の下側にあるテントのような形状の筋肉）がきちんと動く。しかし、常に軽いストレスがつきまとう現代社会にあって、たいていの人はあまりにも浅く速い呼吸をしている。原始的な本能に基づく闘争・逃走反応では、交感神経系が作動し、酸素濃度を上げるために呼吸を浅く速くしようとする。これは短い時間であれば何ら問題はないが、長期にわたると酸素と二酸化炭素のバランスを乱し、胸の筋肉を効率的に使えなくなるためエネルギーが無駄に使われる。解決策は簡単で、深くゆっくりと呼吸をすること。手短にいえば、深い呼吸は迷走神経を刺激し、休息と消化にかかわる副交感神経系を優位にする。つまりリラクセーション反応だ。「よい呼吸」をするための方法については多くのバリエーションがあるが、そのポイントはわかりやすい。まず、落ち着ける場所で座るか横になるかして、目と口を閉じる。五秒かけて、鼻からゆっくりと深く、お腹がふくらむのを確かめながら息を吸う。一秒息を止めたら、今度は七秒かけて息を吐き出す。息を吸い込むときに動くのはお腹だけだ。この呼吸法は最初はコツがいるかもしれないけれども、すぐに覚えられる。大切なのは頻繁に行うことで、できれば一〇～一五回の呼吸を一セットとして、これを日に三～五セット繰り返す。呼吸にストレスや炎症、持続痛を軽減する効果があることは、さまざまな研究で示されている。[19][20]

身体を介して脳をリラックスさせるやり方には、ほかにもいろいろなものがある。熱いお風呂に入ったり、マッサージを受けたり、電気刺激器（TENSマシンなど）を使ったりして、リラックスできる新鮮な感覚を求めることは有効だ。組織はすでに治癒しているので、こういった介入は必ずしも身体に変化をもたらすわけではない。その代わりに、安心でき、注意をそらすことができるような感覚入力を脳に送っている。しかしながら、「やってもらう治療」、横になったあとは治療家や機械に任せる治療だけに頼らないというのはひじょうに重要なことだ。このような受動的な方法だけを用いて痛みの治療を進めると、患者さん自身の成長や、痛みを自分で管理しようとする意欲に水を差してしまう。だが、脳をリラックスさせ、身体は安全だと感じさせるための手段として、付加的に使うことはできる。

私たちが自分の身体をどう使うかは、持続痛の症状改善を左右する。一方、同じくらい重要なのは、その身体に何を入れるかだ。第10章では、喫煙、肥満、アルコールの摂りすぎは炎症を著しく増加させ、持続痛の悪化につながると述べたが、このことについては有無を言わせぬエビデンスが存在している。

健康的な食事を心がけ、ニコチンやアルコール、カフェインの摂取を減らすように生活を切り替えるというのは、薬を飲むように簡単にできることではないし、時間と本人の努力、そして周囲のサポートを必要とする。これらの介入は〝その場しのぎ〟の対策ではなく、ロマンを感じるようものでもないが、確かな効果がある。

身体を休め、リラックスさせることが、過保護な脳とストレスに疲れた身体を落ち着かせる鍵となっているのは明白だ。睡眠は最良の休息であり、持続痛に関して中心的な役割を果たすことが多いにもかかわらず、むしろ往々にして見落とされている。絶えず痛みを抱えている人がなかなか寝つかれないというのは当たり前に思えるけれども、睡眠不足はそれ自体が痛みを悪化させる要因になる。現に、不眠が原因で生じる痛みは、痛みが原因で起こる不眠よりも多いという（直感に反する）データがある。[21]この関係はきわめて重要だ。人によっては夜の睡眠を改善する工夫で画期的な鎮痛効果が得られるかもしれない。それは「睡眠衛生」を意識すること、すなわち、よい睡眠をとるための習慣を身につけ、快適な睡眠環境を整えることから始められる。たとえば、寝室は暗く静かに保つ、毎日同じ時間に起きる、眠りに向けた夜の日課をこなし（寝室にデジタル機器は持ち込まない）、夕方以降のカフェイン摂取は避ける、といったことだ。このようなヒントを取り入れてもあまり効果がない場合、不眠に対する認知行動療法（CBT－I）を行うと、患者さんの七〇～八〇パーセントで睡眠の質と不眠症状が改善し、[22]不眠に関連した持続痛についても改善が見られたという報告がある。[23]身体をいたわることは、脳とコミュニケーションを図り、万事順調、危険を過剰に警戒する必要はないと伝える方法として驚くほど有効だ。安全な運動（楽しくリラックスできる休息を確保する）、安全な呼吸、安全な睡眠、そして健康的な生活習慣を維持することは、表面上は一見まるで異なる介入のように思われる。だが、原理は同じだ。これらはいずれも、①ストレスを減らし、②安心・安全感を高めるという二つの単純なメカニズムによって、痛みの核心に到達する。

私たちの痛みのシステムに「どうぞひと休みなさってください」と声をかけるさらに別のやり方は、心を経由するルートになる。笑顔をつくっただけで痛みを紛らわすのは明らかに無理にしても、第5章で見たように、心は痛みの経験に多大な影響を及ぼし得る。私たちのものの見方《マインドセット》が恐怖とストレスのそれから自信と希望にあふれたものにゆっくり着実にリフレーミングされると、痛みの経験と痛みの強さは本当に改善される。ここでは、心理的な柔軟性とともに、変化に対する積極的でオープンな態度や、すでに起こったことを受容する姿勢を培うことが欠かせない。受容が効くというのは直感に反しているように思える（というのも実際その通りだから）。しかしすでに述べたように、受容とはあきらめて降参することではなくて、痛みとは何であるかを理解し、自分がいま置かれている状況と折り合いをつける段階に達することだ。憤然として未知の敵との戦いを続けても、いっそうのストレスを生み、事態をことごとく悪化させることにしかならない。痛みは安全装置、私たちの守護天使である。過保護になっているときは確かにやりきれないが、かといって否定や怒りで落ち着くものでもない。必要なのは、痛みに通じる言葉で、身体と心を介して「安全だ、心配ない」と伝えることだ。この段階に到達するには、十分な知識とスキルをもった専門家との対話療法も有効かもしれない。たとえば認知行動療法（CBT）、マインドフルネス・ストレス低減法（MBSR）、アクセプタンス&コミットメントセラピー（ACT）などがあるが、さらに感情認識・表現療法（EAET：ストレスを引き起こす体験を整理することを目的とする治療法）といった新しいタイプの心理療法にも効果が期待できる。肝心なのは、対話療法は最新の痛みの科学を肯定し、恐怖を弱め、自信を高めるものでなければならないということだ。過去にトラウマを体験した場合、あるいはメンタルヘルスに関して正式な診断を受けている場合は、理解ある心理学者や精神医学者に頼り、問題に対処してもらうことが強力な鎮痛剤となり得る。なお、とりわけ重要なことだが、自分が楽しんで取り組めて、意味を与えてくれる活動をする上で創造的であることは、この旅で成長を遂げる秘訣だ。

身体と心を通してストレスを軽減し、安心感を養う道はいくらもある。しかしながら、いかなる人も孤島ではない。私たちは、人間関係や財政状態、社会的なイメージによって、さらには家族構成や職場の状況によってまでも、自分を取り巻く世界と深く結びついている。第9章では、社会的文脈がどんなふうにして――しばしば思いもよらない数々のルートで――痛みに直接的な影響を及ぼすかを取り上げた。医師をはじめとする医療従事者は、往々にして社会的な要因に対処する術を身につけておらず、原因が医学的なことでないなら実際問題としてそれほど重要ではないという印象を与えがちだ。徹頭徹尾間違った認識だが。痛みからの回復には、家庭にしろ、職場その他での人間関係にしろ、外的なストレス要因に直接アプローチする必要があるかもしれない。口で言うほど簡単ではないにしても、これらに直接対処すれば持続痛を直接的に改善できる可能性がある。生活上のストレス要因を排除することに関していうと、まず〝もぎやすい果実〟、いちばん簡単に変えられそうなストレス要因を選ぶ価値はある。

ロバート・サポルスキーは *Why Zebras Don't Get Ulcers*〔『なぜシマウマは胃潰瘍にならないか』抄訳書は栗田昌裕監修、森平慶司訳、シュプリンガー・フェアラーク東京、一九九八年〕という優れた著書の中で、ストレス管理に

「八〇対二〇の法則」を適用することを提案している。「ストレス軽減の八〇パーセントは、初めの二〇パーセントの努力をもって達成される」という。[24]

痛みを抱えている人は、決してひとりきりで痛みを味わうべきではない。何らかのグループ（これは慢性痛のサポートグループに限らない）に参加するなどして他人と交流をもつことには、強力な鎮痛作用がある。自分自身のみならず、ほかの人に対しても親切と感謝の行動を心がけるというのは、痛みを抱える人々、彼らを支える人々の両方にとって絶対に必要なことだ。その一方で痛みの社会的影響についての知見が明白に示しているのは、持続性の痛みを抱えて生きてゆく旅に自己管理は不可欠ながら、ストレスの軽減は痛みを感じている本人だけが担うべきものではないということだ。持続痛の患者さんの多くは日々の暮らしに変化をもたらす能力と手段をもち合わせているけれども、たとえばアルコール依存の状態にあるホームレスの人や、無職でトラウマの過去があるシングルペアレントの人に向かって「ストレスを減らす方法を見つけなさい」とあっさり告げたとしたら、（当然だが）うんざりするほど説教されるか、出ていってくれと言われるだろう。私たちは皆、社会のあらゆるレベルで誰かを支え、力を与えることに責任を負っている。

痛みをつくり出そうという脳の決定は、おおむね意識のコントロールが及ばないところでなされる。脳の防衛省の回廊に直接アクセスすることはかなわないのだ。防衛省は、私たちが危険にさらされていると判断すると、たとえそれが誤情報に基づいていたとしても、その判断を私たちに知らせてくる。身体的、精神的、社会的な文脈のいずれによらず、脳が生きている文脈を変化させるというのはありきたりのことに思われるかもしれないが、それは安心感を育み、脳の痛みのシステムに〝朗報〟を流し込むので、痛みを和らげる効果を発揮することが多い。ここで、脳の中に天秤がひとつあると想像してほしい。痛みのシステムは一方の皿に安心と安全にかかわるデータを入れ、もう一方の皿にはストレスと脅威に関するありったけの情報を入れる。痛みが生じるのは、この天秤がストレスと脅威の側に傾くからだ。たとえば運動によって脳の安心・安全感を高めたり、精神的、社会的、あるいは炎症性のストレス要因に対処してストレスを軽減したりすればするほど、脳の痛みのシステムは落ち着いてくる。

視覚化

脳が身体と周囲の環境をどのように感じているかを変えるというのは、痛みを訴える脳を間接的に落ち着かせるひとつの方法だが、痛みのシステムに直接はたらきかけ、最終的にはそれを変えることができると信じる臨床医や研究者も少数ながら増えてきている。もし脳の配線をじかにやり直す――痛みをもたらす神経可塑性の変化を逆転させる――ことができるなら、持続痛の治療に大変革が起こる可能性がある。そのような「神経可塑性療法家」の中でも特に興味を引く人物といえば、カリフォルニア州サウサリートを拠点とする痛みの専門家、マイケル・モスコヴィッツ博士だ。神経可塑性をうまく使うことで、とりわけ頑固な、手に負えないほどひどい持続痛は軽減できるし、治癒さえも可能だ――そう主張する博士は、医学界の異端と評されるニューエイジの指導者ではなく、精神科医としてスタートしたのちに疼痛医学の分野に転じ、アメリカ屈指の痛みの専門医となった人物だ。博士は、内科的にも外科的にもあらゆる手段を試しながら効果が得られなかった人々の治療に成功しているが、その最初の患者というのは彼自身だった。ノーマン・ドイジが二〇一六年に発表した *The Brain's Way of Healing*〔『脳はいかに治癒をもたらすか』高橋洋訳、紀伊國屋書店、二〇一六年）に収められたインタビューでは、人生を一変させたある事故がきっかけで、博士自身の回復と、最終的にほかの患者を助けるようになるまでの道をどのようにしてたどってきたかが語られている。(25) 一九九四年、当時四四歳だったモスコヴィッツは娘たちとの休暇を大いに楽しんでいた。彼らは「チュービング」に出かけた。水上スキーのスキー板の代わりにチューブ（浮袋）に寝そべり、完全にモーターボートの操縦士のなすがままになるところを必死にしがみついて滑走するというウォータースポーツだ。モスコヴィッツは水を切るようにして進んでいたのだが、突然チューブからはじき落とされ、後ろに反らせた頭を時速六〇キロメートルで水面に打ちつけてしまう。そして、その後の一〇年余りを首にしつこく続くひどい痛みを抱えて過ごすことになる。彼が試した治療法――強いオピオイドから理学療法まで――は、どれもおよそ効いたとはいえないものだった。その痛みは典型的な持続痛で、時間の経過とともに徐々に悪化し、首の両側から背中の上部、そして肩甲骨付近にまで広がった。激痛を覚えるたびに、彼の脳はより簡単にその痛みを認識し、毎回同じ痛みの回路を発火させられるようになっていく。まさに、神経可塑性に異常が起き、間違った方向に進んでしまったケースだった。

二〇〇七年、すなわち一三年間にわたって痛みに苦しんだあとで、モスコヴィッツはその克服を目指し、持続痛を理解するために力の及ぶ限り何でもやってみようと考えた。こうして彼は（一万五〇〇〇ページに及ぶ神経科学の論文を読破するなどし）、単純だが深いひとつの結論に到達した。それは、こんな惨めな状態に陥った原因が神経可塑性にあるのだとすれば、神経可塑性を利用してそこから抜け出すことを実質的に「学習」できる、ということだ。持続痛では痛みの回路が広がり、脳の多くの領域で神経系が使っているスペースを事実上〝奪う〟ため、感覚の処理や情動の調整、認知機能に影響が及ぶ。モスコヴィッツの作戦は、そのような領域を痛みを伴わない神経系の活動でいっぱいにし、痛みのネットワークの接続を切ることによってこのスペースを奪い返すというものだった。実戦に向けて選ばれた武器は、視覚。脳では相当の部分が視覚の処理に充てられているし、視覚入力は痛みの経験において重要な役割を果たしている。集中して視覚化を繰り返すだけで、痛みを感じている脳を再配線することもできるのではないか。

モスコヴィッツはまず、自分の脳について三枚の絵を描いた。一枚は短期の痛み（急性痛）を感じている脳で、さまざまな領域が活性化している。二枚目は持続痛を感じている脳で、急性痛で活性化するのと同じ領域が拡大している。そして三枚目は、何の痛みも感じていない脳だ。痛みに襲われるたびに、モスコヴィッツは目を閉じ、持続痛を感じている状態の脳を視覚化した。またそれに続いて、いま活性化されている痛みをつくり出す領域が縮小していく様子を思い浮かべた。単に痛みが消えるよう念じたという話ではない。最初の三週間は、大した変化はないように思われた。痛みが頭をもたげると機械的にこのテクニックを実践できるようになるまでには一か月かかった。すると、驚くようなことが起こった。六週間で背中にあった痛みが消え、さらに一年が過ぎる頃には頸部痛も弱まりはじめ、その後完全に消えたのだ。つまり、脳に新しい――痛みに支配されない――身体イメージの地図が形成されたことになる。モスコヴィッツは、こうして得た知識をもちろん自分の患者さんと熱心に共有しはじめ、思いがけない、奇跡といえそうな成果を目の当たりにした。それ以来、彼は神経可塑性を用いて脳を再配線し、痛みをとることを生涯の仕事としている。これは簡単に取り組めるプロセスではない。初めの段階は特にそうだ。患者さんは、たとえ最初の数週間、数か月間で痛みが楽にならなくても、やる気を失わず、このテクニックを徹底して適用しなければならない。それは新しい言語を習得するようなものだ。しかし、あきらめずに実践した人は、往々にして強力かつ（重要なことだが）長続きする痛みの緩和という報酬を手にする。

モスコヴィッツ博士の注目すべき報告を初めて読んだ時、私はかすかな疑念を覚えた。だがそこで、自分は自己催眠で過敏性腸症候群がすっかり治ったことを思い返した。もしかすると、あの時いちばん強力な効果をもたらしたのは、催眠における視覚化の側面──自分の腸のイメージが岩だらけの急流からオックスフォードシャーをゆるゆると流れるテムズ川に変わると想像すること──だったのかもしれない。第11章ではミラーボックスによってつくり出される視覚的錯覚を取り上げたけれども、その威力についてはいうまでもない。段階的運動イメージ法のプログラムの中でミラーボックスを用いると、脳が再訓練され、幻肢痛だけでなくほかの持続痛の症状まで除去できるのだった。特に期待できるのは、バーチャルリアリティ（VR）の最先端技術によって、視覚化はいっそう強力なものになるだけでなく、ずっと身近で利用しやすいものにもなり得ることだ。二〇〇八年のすばらしい研究では、手に慢性の痛みを抱える患者さんが拡大鏡を通して自分の手を見ると痛みが悪化し、逆に縮小された手を見ると痛みが和らぐことが明らかになった[26]。サイズの小さい手を見た脳は、ダメージも小さいと思い込むのだ。二〇一八年の研究はさらに一歩進んだもので、変形性膝関節症の痛みがVRを用いた錯覚によって著しく軽減することが示されている[27]。南オーストラリア大学の研究チームは、変形性膝関節症の患者さんにVRヘッドセットを装着してもらい、各自の膝のライブ映像を見せた。ただしその膝は、VRのソフトウエアを経由して、小さく、あるいは大きくして見せることができた。実験の参加者が下を向いて自分の膝を〝見て〟いるあいだ、研究者らはふくらはぎの筋肉に手を添え、優しく膝に向かって押したり、足先に向けて引っ張ったりした〔そのタイミングで膝の関節が伸び縮みする映像を見せた〕。こうして視覚と触覚が組み合わさり、自分の膝が縮んだり伸びたりするという「視触覚錯覚」が生み出された。この多感覚錯覚は実際に有効で、錯覚を数回体験すると痛みが四〇パーセント軽減したという結果が得られている。なお、モスコヴィッツは、視覚化だけで好ましい反応を示す患者さんばかりではないことも理解した。触覚や音、振動を追加したところ大いに効果があったケースもある。こういった刺激の要素は、モスコヴィッツがアメリカ人の内科医で整骨医でもあるマーラ・ゴールデンの案内で取り入れたもので、患者さんの脳を快の感覚で圧倒し、頑固な痛みの回路を解きほぐす助けとなっている。

人は自分の脳を奪い返せる、持続痛に接収された領域の返還を要求できるという考えには、たまらない魅力がある。脳に直接再トレーニングを施して痛みを緩和する方法の見通しは明るいように思えるし、最新の痛みの理解にも一致する。とはいえ、神経可塑性の研究や臨床の実践はまだ始まったばかりで、声高に称賛するより前にエビデンスに基づく精査がもっと必要だ。しかしながら、今後の動向にはぜひとも注目していたい。

教育

私はこれこそ最重要の治療だと信じている。自分でわかっていないシステムの再配線はできない。(痛みに苦しむどんな人にもとっつきやすいやり方で)痛みのしくみを理解することは、痛みを抱えて生きていく上でも、また痛みを和らげるためにも必要だ。回復に至るルートを示した地図ともいえるだろう。痛み教育は、持続痛を抱えて生きる患者さんに投薬よりも大きな効果をもたらすことができる。さらに、自ら積極的に生活習慣をエビデンスに基づいて変え、多くの情報を踏まえて治療を選択していく基礎を築くことにもなる。痛み教育が必要とされるのは、私たち（大勢の医療従事者を含む）のほとんどが、痛みは身体組織の中でつくられ、脳によって感知されるという、時代遅れでどこまでも間違った見方を信じ込んでいるからだ。各自がもっている考え方の枠組みを、「痛みは脳がつくるものであり、私たちの安全装置兼守護者であり、組織損傷の通報者ではない」という最新の痛みの科学に根ざした見解に改めるには、発想を完全にシフトすることが求められる。つまり、痛みの革命だ。

痛みの本質に関する核心を、明確で記憶しやすく、エビデンスに基づいた方法で伝えるというのは生易しい仕事ではないが、それは実現しているし、有望な臨床効果も示されている。新しい痛み教育の分野で先駆的なものとしては、オーストラリアの痛みの専門家（かつ痛みの説明の専門家）であるデイヴィッド・バトラーとロリマー・モーズリーによるテキストと研修コース *Explain Pain*〔『痛みを説明する』〕がある。[28] 比喩を巧みに使った湿っぽくない展開の教材で、新しいツールや概念の導入は示唆に富むところが多い。たとえば「プロテクトメーター」というものが登場する。これは一種の「危険度メーター」で、これを使って痛みを引き起こす要素と痛みを和らげる要素を特定することができる。なお、著者らはこの要素をそれぞれ「危険を感じるもの」（Danger In Me : DIMs）、「安心を感じるもの」（Safety In Me : SIMs）と表現している。こうして、ひとりひとり、安全であることを示す確かな証拠だと自分の脳が認識する人やもの、経験を捜してみようという気にさせるわけだ。もっとも重要なことだが、このアプローチの効果を裏づけるデータは十分にそろっている。*Explain Pain* の初版刊行直後に実施されたある研究では、持続性の腰痛・背部痛を抱える実験参加者を *Explain Pain* グループ（痛みに関する新しい知見の説明を受ける）と、従来の「腰痛予防教室」グループ（脊椎の解剖学的構造や、生理学、人間工学についての説明を受ける）の二群に無作為に振り分けた。[29] すると、*Explain Pain* グループではすぐに鎮痛の効果が認められたが、予防教室グループではじつのところ痛みが増加した。患者さんは新しい痛みの科学によって、痛みは必ずしも組織の損傷を意味しないという確信を得るに至ったが、従来のグループでは、損傷が生じる可能性のある背中の各部の名称を覚えるにとどまっていたのだった。

ここ数年、*Explain Pain* の有効性を評価するランダム化比較試験がいくつも行われている。試験の質にはばらつきがあり、導かれた結論も少しずつ異なっているが、全体としては次のような状況が明らかになりつつある。*Explain Pain* は痛みに関する知識を向上させ、行動・運動に結びついた恐怖を減らし、リハビリテーションに取り組む意欲を高めるのみならず、実際に痛みを軽くする。[30][31] 重要なのは、こういった効果が長期的にも認められることで、ある研究では一二か月のフォローアップのあと、「痛みに関する生物学的知識の向上は、痛みの強さの減少と有意に関連していた」と結論している。[32] しかも、これは痛み教育単独での結果だ。痛みを抱える患者さんが本章で挙げたようなほかの治療法を試すときに、教育のこんな効果が土台になるとすれば、痛みを軽減できる可能性はいちだんと高くなるはずだ。

痛み教育のプラットフォームはたくさんあり、*Explain Pain* はそのひとつ、優れたエビデンスがある数少ないもののひとつだ。このほか、持続痛の患者さんが自分の痛みと向き合っていく中では、エビデンスに基づくアクセスしやすいアプリを使えるとかなり便利だろう。私の目を引いたのはキュラブル

Curableというアプリで、これを立ち上げた三人はいずれも一〇年近く持続痛に苦しんだ後に回復した元患者だ。このアプリでは複数の著名な痛みの研究者を顧問に迎え、積極的な自己管理を助けるために最新の痛みの科学に基づく情報とバーチャルコーチングを提供している。七〇〇〇人のCurableユーザーを対象にしたアンケート調査では、六八パーセントが三〇日後には痛みが楽になったことを実感したという。本書の執筆時点で、この調査の内容や手法は全面的に公開されておらず、まだ胸算用を始めるわけにはいかないが、私としては、Curableや類似のプログラムが痛みの自己管理に役立つことが示され、患者さんが痛みを軽減したり、痛みとともに充実した生活を送ったりできるようになってほしいと思う。

なお、教育は痛みを抱えている人だけに向けたものではない。大半の医師が痛みの性質を本当の意味で理解していないというのは、まったく驚くべきことだ。私も間違いなくそのひとりだった。それに、見識を備えた医師も多いとはいえ、痛みについて深く知るためのシステムが整っていない。西洋の医療は、すっきりと分類された個別の疾患を想定して設計されている。患者さんは身体の機能ごとに異なる専門医にかかり、そして——最大の分水嶺といえるが——身体に問題があればある病院に行き、心の問題ではまた別の病院に行くのだ。医学部では生物医学モデルに基づく痛みの説明に焦点が当てられる一方、痛みが及ぼす認知的・心理的・社会的な影響については申し訳程度に触れるだけ、よくてざっと言及されるにとどまる。医学生は痛みを抱える患者さんに深い関心を寄せるけれども、同時に慢性痛は痛みの中でいちばん対応が難しい側面であると考えている。[33]学生は痛みのメカニズムについて授業で習うし、医師はふつう、病院で急性痛を管理することについては十分な知識を身につけている。しかし、その痛みのメカニズムが持続痛とどう関連しているかはあまり知られていない。たいていの医師は、原因がはっきりした、興味深い（ただし、わかりやすい）疾患の患者さんを診察したがるものだ。そこで効果のある治療の処方を書くか、自ら処置を行うかして、患者さんの状態がよくなるのを見届ける。それで一件落着。ところが、持続痛は取り散らかっている上に複雑に入り組んでいて、すこぶる人間らしい。

医療にかかわる者が痛みの現実を受け入れなければ、痛みを治療できる可能性も目に入らないだろう。もっとまずいのは、患者さんの不安感をあおって身体のどこかの組織がダメージを受けたという思い込みを強め、そうとは知らずに痛みを増悪させているかもしれないことだ。人為的に決められた医療の境界、製薬業界の力、そして痛みをめぐる誤った理解のために、私たちはいまや大多数の人が持続痛は薬で治り、組織は手術で解決できるものと期待する状況に陥っている。ただ、ほとんどの患者さんにとってこれは思ったように運ばず、無力感と絶望を生んでしまう。しかし、もっとよいやり方がある。誰もがともに痛みの本質を学べば、私たちは自ら行動を起こせるようになり、そうした行動をサポートできるようにもなり、そして痛みを治すことができるようになる。科学における革命がたいていそうであるように、システムを変えるには時間がかかるだろう。それはいってみれば、川の流れを変えようとすることに近い。それでも、私たちはそれをやっていく。誰かの人生をひとつずつ変えていくのだ。

私は、このような変革を目指して精力的に活動する痛みの専門家の意見を聞く機会に恵まれた。ドクター・ディーパック・ラヴィンドランは、イギリス南部の都市レディングにあるロイヤル・バークシャー病院で麻酔と疼痛医学を担当するコンサルタントだ。疼痛管理の分野で二〇年以上の経験があり、鎮痛薬に関する専門知識はもちろん、さまざまな注射や神経ブロックの実践にも精通している。彼は痛みを生物医学的モデルでとらえようとする流派の申し子だが、エビデンスによって宗旨替えをし、痛みの革命に参加している。「医師を含めて何世代もの人々が、痛みはダメージのサインだと考えるように育てられてきました。ほとんどの人は、スキャンを撮れば必ずダメージの正確な原因がわかり、その組織をブロックするか、切断するか、取り除くか、麻痺させるかすれば、それだけでなんとかなると信じています。私が研修医だった頃、オピオイドは有効で習慣性のない薬として売り込まれていたものですが、二〇一四年、二〇一五年あたりには、それがすべてではないことが明らかになってきました。私のクリニックのデータと診療経験からすると、薬物療法が効くのは慢性の痛みを抱える患者さんのおよそ三〇パーセント。効いている時間は三〇パーセント、鎮痛の効果も三〇パーセントくらいです。これも同じく研修医だった頃のことですが、肩関節鏡手術から椎間関節ブロックなど、痛みの緩和を目的としたいろんな手術の効果はプラセボと変わらないことも多いという説得力のあるデータについて知って……。痛みを専門とする医師として、本当に考えさせられました。私たちは、純粋な生物医学モデル、つまり痛みをダメージの現れと見る立場から、痛みを防護のメカニズムとして理解する見方に移行する必要があると思います」。とはいえ、ドクター・ラヴィンドランは薬のキャビネットを捨ててしまったわけではないし、介入法を実施することもやめていない。「侵害受容、すなわち危険の感知と、痛みは分けて考えなければ。痛みが主に身体のダメージに由来する侵害受容によって引き起こされていることがはっきりしているなら、従来の手法が妥当かもしれない。それ以外の場合に、痛みについてより広い見方をすべきなのです」

ドクター・ラヴィンドランは、痛みの本質（と、痛みの緩和におけるその意味）に気づいたことから熱心な痛みの教育者に転身した。二〇二一年の著書 *The Pain-Free Mindset*〔『ペインフリー・マインドセット』〕で、彼は持続痛を抱えて生きる人に向けて痛みを説明し、「安全装置である」という新しい痛みの理解に照らして痛みを緩和できそうな領域を七つ挙げている。これらの領域を示す単語の頭文字をつなげると、うまいことに「MINDSET」となる。最初の二文字、MとIはmedications（薬物療法）とinterventions（介入）、つまり医療の世界で用いられている従来の鎮痛法を表す。ドクター・ラヴィンドランは、この方法は持続痛のほとんどのケースで効果がないにしても、人によっては有効なことがあるし、ほかの治療法を補完することもできると確信している。また、ドクターが毅然として主張するのは、このような介入が治療者任せで行われ、患者さんが自分の痛みを理解せず、自分の健康を自分で管理しないのであれば、それは用をなさないということだ。そんなわけで、三番目の文字Nはneuroscience education（神経科学的教育）の意味になる。続く三文字——diet（食生活）のD、sleep（睡眠）のS、exercise（運動）のE——は、炎症を減らし、脳に自分の身体は安全だと感じさせることによって痛みを軽減できるというエビデンスに基づく方法を指している。最後のTはtherapies of mind and body（心と身体のセラピー）のことで、これには認知療法から伝統的な痛みのモデルでは見落とされがちなトラウマの問題を扱うセラピーまで、さまざまなものが含まれる。ドクターが自身のクリニックの記録を調べたところでは、患者さんの四〇パーセントが子ども時代に大きな逆境を経験していた。このような人の多くにとって、トラウマが引き起こした根本的な脳の変化に対処しない治療は、上っ面を撫でているにすぎない。

ドクター・ラヴィンドランの仕事は、この最終章で見てきた内容と一致する。ドクターは、痛みは個人的なものであって、治療へのアプローチもひとりずつ違ったものであるべきだということを理解している。痛みはその人の全体を守ろうとしている。したがって、痛みを軽減し、脳に安全・安心感を覚えさせるには、人間の経験のあらゆる側面について考える必要がある。スタンフォードの痛みの専門家ショーン・C・マッケイは、これを次のように上手にまとめている。「慢性痛は身体だけにかかわることではなく、脳だけにかかわることでもない――それはすべてだ。ターゲットはすべて。あなたの人生を取り戻そう」[34]。

手っ取り早い解決策は存在しない。痛みからの解放という山への道は狭くうねっていて、険しい場所も多い。途中で嵐に遭うこともあれば、偽の頂上にだまされることもあるだろう。しかし、エビデンスによると、これは――うまず、たゆまず、あきらめずに続けるなら――そうするだけの価値がある旅だ。脳と身体に優しくありつつ、自分で行動を起こすために知識を蓄えていこう。新しい痛みの理解は、患者さんのことをその人が抱える痛みとして見るのではなく、受容器と神経のまとまりとして見るのでもなく、人間として見るよう教えてくれる。痛みを理解するとは、私たち自身を理解することだ。本書があなたの学びを深めるきっかけになればと思う。今後もたくさんの資料を読み、真実を広めていってほしい。そして、いちばん大切なことだが、希望をもってほしい。

謝辞

本書はすべての人に向けた本だが、持続性（慢性）の痛みを抱えて生活している方々にとって有益で、公平を期した本であることを心から願っている。その中には、医療従事者から見限られてしまった人がいるし、痛みはすべて〝気のせい〟だと言われた人も多い。そして、その誰もが苦しんできた。もし本書が何かの役に立てるとしたら、個人と社会のレベルで持続痛の深刻さにかかわる意識を高めることであってほしいと思う。診察を担当した医師として、あるいはインタビュアーとして、そういった人たちとの出会いがなければ、本書が完成することはなかっただろう。本文で実名を挙げることができたのは（エヴァンをはじめ）ごく数人で、大部分は仮名にさせていただいた。みなさんにお礼を申し上げる。

感謝を伝えたい二番目のグループは、痛みの理解とその緩和に生涯を捧げてきた科学者や臨床医たちだ。本書には四〇〇近い参考文献を挙げた（研究者数では一〇〇〇人を超える）が、彼らはあえて違った考えを検討し、私たちが痛みというものを新しいかたちで理解できるようにしてくれた非凡な人々のごく一部にすぎない。

才気あふれる担当編集者アンドレア・ヘンリーを筆頭に、トランスワールドのチーム——トム・ヒル、ケイト・サマノ、フィル・ロード、アレックス・ニュービー、リチャード・シャイラー——にはたいへんお世話になった。

〈痛み〉はとても魅力的なテーマになると予言していたエージェント、チャーリー・ヴィニーの先見の明に謝意を表したい。

ものを書くことの喜びや科学と人間という存在への興味をかつてかき立ててくれた上に、いまも私を導き励ましてくれる、ケイト・トーマス、コリン・サブロン、マルグレータ・デ・グラツィア、ダヴィズ・ロイド、ダーキン・マー、グレアム・オッグ、オルガ・ツァタロウ、ケイト・ディーン、ベリンダ・レノックス、ジョン・ビールに感謝する。

本書のインタビューのために快く時間を割き、経験を語ってくださった、ジョー、キャメロン、キャンディス、ベッツァン・コークヒル、ディーパック・ラヴィンドラン、ジョエル・サリナス、ジェームズ・ロビンソン、ポール・ヒューズ、デニーズ・グルスル、ティム・ケラー、イッシャム・イクバル、それからもちろん、お名前を挙げることができない方々に、お礼の気持ちを伝えたい。

父ロブと母ハナへ。私が書き手であり、医者であることを目指したのは両親の影響だ。また、痛みに関連した題材を弟ならではのやり方で教えてくれたフィンにも感謝を。

妻ハナへ。思慮深い相談相手でいてくれてありがとう。きみがいなければこの本は書けなかった。

そして最後に、読者のあなたへ。拙著を手に取ってくださりありがとうございます。本書が痛みについてあなたの理解を一変させるには至らなくても、せめて視野を広げる一助となればと願っています。好奇心を忘れずに学びを続け、そうして得た知識を伝えていってください。痛みを理解することは、痛みを和らげる鍵なのですから。

推薦の辞
――本質の理解と、より包括的な疼痛医療のために

愛知医科大学医学部疼痛医学講座
牛田 享宏

痛みとは？

痛みは人であれば誰しもが子どものころから経験しているもので、つらいものです。痛みとはいったい何なのかについては、古代から哲学や解剖学などの分野を中心に考えられてきましたが、現在、国際疼痛学会（IASP: International Association for the Study of Pain）では、「実際の組織損傷もしくは組織損傷が起こりうる状態に付随する、あるいはそれに似た、感覚かつ情動の不快な体験」（日本疼痛学会訳）と定義しています。そして、痛みが常に個人的な経験であり、生物学的、心理的、社会的要因によって影響を受けることや、人生の経験で痛みの概念を学ぶことを、この定義にさらに追記しています。すなわち、ここで重要なことは、痛みが感覚の問題だけではないこと、そして生物学的な自分の身体の問題だけではないということです。

生物医学モデルの功績と限界

現代の医学は「生物医学モデル」（病気とは体に起こっている病変がある状態であり、その病変を治すことで健

常な状態に戻すという捉え方）の理論を中心に進歩してきました。感染症に対する治療、がんに対する外科的な治療や最近の免疫チェックポイント療法、関節リウマチに対する生物学的製剤など、いずれも生物医学モデルで大きく前進してきたことは間違いありません。疼痛領域においても生物医学モデルからものを捉えていく研究が主流となっています。とりわけ、ここ半世紀の進歩は凄まじく、疼痛モデル動物を対象とした神経科学的研究（電気生理学、免疫組織科学など）により、末梢から脳に至る痛みの神経伝達のメカニズムの解明が進みました。これらの基礎的な研究を元に、痛みに対して新しい創薬をしていこうという流れも確実に進んできています。本著でも紹介されているカルシウムや電位依存性ナトリウムチャネル（Nav）のサブタイプをターゲットとした薬剤はそれになります。すでにNav.1.7やNav.1.8に関しては基礎研究（動物実験を中心としたもの）を終え、臨床治験がさまざまな形で進められています。

しかし、実際には多くの動物実験で効くとされた新しい機序の薬を投与しても、人の痛みはなかなか改善されないことを多く経験します。私自身が目の当たりにした例をいくつか紹介したいと思います。一つは、本書でも紹介されている温度受容体であるTRPV1チャネルの阻害薬（アンタゴニスト）を痛み治療に使おうとする開発研究でした。第一層試験（健康な成人ボランティア［健常人］を対象として、主に治験薬の安全性および忍容性、並びに薬物の体内動態を評価するための試験）では、「熱いお茶を飲んでも熱くない」「熱風があたっても涼しく感じる」など、確実にTRPV1チャネルに薬剤の効果が出ていると考えられる結果でした。そこで動物実験同様に疼痛疾患に対する効果が期待されましたが、実際に神経痛疾患の患者さんに治験薬を投与する第二層試験では、痛みへの有効性を示すことはできませんでした。

次の経験は、がんの疼痛緩和で国内承認済みのタペンタドールというモルヒネ系治療薬を、海外同様にがん以外の疼痛に使用拡大するための臨床治験での話です。慢性腰痛と変形性膝関節症という、二つの慢性疼痛疾患群に対する臨床試験が行われました。二つの疾患群に対して、それぞれ実薬（タペンタドール）と偽薬（プラセボ）が投与されました。その結果、慢性腰痛と変形性膝関節症の両群ともに疼痛の緩和は得られましたが、プラセボ群の治療効果を上回ることができませんでした。特に変形性膝関節症群においては、偽薬のほうがより痛みの緩和に優れていたという結果が出てしまいました。この臨床試験の失敗により、日本ではタペンタドールが今でもがん以外では使えない状態が続いています。ヒトにおいて偽薬の鎮痛効果（いわゆるプラセボ効果）がいかに強力であるかを示す結果とも言えると思います。

本書にも書かれているようにこのプラセボ効果については、ナロキソンという、オピオイドの競合的拮抗剤（オピオイドを効きにくくする薬）の投与で減弱することが知られていることから、患者さんが薬剤に大きく期待することなどの作用で脳内オピオイドが出ることにより、鎮痛が得られていると考えられています。患者さんがより信頼している医師が投薬したほうがより効くということも起こりうるでしょう。しかし、こうなると動物実験においてもプラセボ効果があるのではないか？ということになってきます。

一〇年以上前になりますが、私たちの愛知医科大学の疼痛医学講座の基礎を作った有名な熊澤孝朗教授は、当時行っていた動物実験においてプラセボ効果を徹底的に除外するために、ほぼ終わっていた実験を最初からやり直す指示を教室員に出しました。しかし一年かけてやり直した結果が、プラセボ効果のことを考慮せずに行っていた前の実験結果とほとんど変わらなかったという笑えない話もありました。動物実験においてどこまでプラセボ効果を考えたプロトコルを行う必要があるかは難しい面もありますが、現在はプラセボ効果に関する多くの動物研究やヒトを対象とした研究が推進されてきています。

このように心理的なものが痛みに対してもつ影響に目を向けると、患者さんを取り巻く社会・人間関係やこれまでの人生が大きく関与していることに気付かされます。特に、過去に逆境体験があった人たちはさまざまな身体症状が出やすいですし、過去に何らかの被害に遭った方々もしばしば長引く痛みで苦しんでいます。このような、広く「生物・心理・社会モデル」で取り扱われるべき慢性疼痛を中心とした病態を、どのように改善に向かわせるのか？　現在の疼痛研究は神経科学を中心に、遺伝子発現や脳のネットワーク解析まで広く進められてきていますが、それをどのように応用すれば治療に結びつけられるのか？　課題は山積しています。

本書の著者であるモンティ・ライマン博士は一九九二年生まれのイギリスの若い医師であると同時にオックスフォード大学の精神科のリサーチフェローです。そして、もちろん作家でもあり、二冊目の著書である本書の原著 *The Painful Truth: The New Science of Why We Hurt and How We Can Heal* の元になったエッセイは、二〇二〇年英国王立医学会疼痛エッセイ賞を受賞し、アメリカのネット書店 Amazon でトップ10に入るベストセラーとなるなど好評を得ています。この本では疼痛の新たな科学的理解を、著者自身の経験を交えながら具体的に紹介し、その原因と治療法について詳述しています。本書の内容は、痛みが単なる生理的反応ではなく、心理的・社会的要因とも深く関わっていることを示しており、痛みの本質を理解するための重要な一冊となっています。

この本には外国の方々の症例・事例が出てきますが、これらが示す痛みの新しい理解は、日本の医療現場や患者さんにも大きな示唆を与えるものです。特に、私たち愛知医科大学の疼痛緩和外科・いたみセンターでも取り組んでいる患者中心の医療や多職種連携の重要性が強調されており、日本の医療従事者がこの新しい視点を取り入れることで、より包括的で効果的な痛みの治療を進めると同時に、痛みを抱える患者さんが孤立せず、適切な支援を受けられる社会の構築につながるものと考えられます。

本書は、痛みの理解を深め、治療の新しい方向性を示す貴重な一冊です。日本の読者が本書を通じて、痛みについての新しい知識を得て、痛みに対する認識をあらたにすることを期待しています。痛みのない、より健康な未来を築くための一助となることを願ってやみません。

モンティ・ライマン
痛み、人間のすべてにつながる
新しい疼痛の科学を知る12章
塩﨑香織訳

2024年11月18日　第1刷発行

発行所　株式会社 みすず書房
〒113-0033 東京都文京区本郷2丁目20-7
電話 03-3814-0131(営業) 03-3815-9181(編集)
www.msz.co.jp

本文組版　キャップス
本文印刷所　萩原印刷
扉・表紙・カバー印刷所　リヒトプランニング
製本所　誠製本
装丁　細野綾子

ISBN 978-4-622-09738-9
[いたみにんげんのすべてにつながる]

著者略歴

(Monty Lyman)

オックスフォード大学医学部リサーチ・フェロー，皮膚科医．オックスフォード大学，バーミンガム大学，インペリアル・カレッジ・ロンドンに学ぶ．タンザニアの皮膚病調査についてのレポートで2017年にWilfred Thesiger Travel Writing Awardを受賞．デビュー作 *The Remarkable Life of the Skin: An Intimate Journey Across Our Surface* (Bantam Press, 2019)〔塩﨑香織訳『皮膚、人間のすべてを語る』みすず書房，2022〕は英国王立協会科学図書賞の最終候補作になるなど高い評価を得ている．第二作である本書の原書 *The Painful Truth: The New Science of Why We Hurt and How We Can Heal* (Bantam Press, 2021) の元になったエッセイは英国王立医学会により疼痛エッセイ賞に選ばれた．ほかの著書に *The Immune Mind: The New Science of Health* (Penguin Random House, 2024) がある．オックスフォード在住．

訳者略歴

塩﨑香織〈しおざき・かおり〉翻訳者．オランダ語からの翻訳・通訳を中心に活動．英日翻訳も手掛ける．訳書に，ピーター・ゴドフリー＝スミス『メタゾアの心身問題』(みすず書房，2023)，モンティ・ライマン『皮膚、人間のすべてを語る』(みすず書房，2022)，スクッテン／オーベレンドルフ『ふしぎの森のふしぎ』(川上紳一監修，化学同人，2022)，『アウシュヴィッツで君を想う』(早川書房，2021)，アンジェリーク・ファン・オムベルヘンほか『世界一ゆかいな脳科学講義』(河出書房新社，2020)，ほか．

索 引

ア

カ

サ

タ

ナ

ハ

マ

ヤ

ラ

ワ

参考文献

本書を読んでいただく前に

1） Edelstein, L., 'The Hippocratic Oath: Text, Translation and Interpretation', *Ancient Medicine: Selected Papers of Ludwig Edelstein*, eds. Temkin, R. and Lilian, C., Johns Hopkins University Press, 1967, pp. 1484-5.〔「ヒポクラテスの誓い」https://ja.wikipedia.org/wiki/ヒポクラテスの誓い，など〕

プロローグ

1） Manchikanti, L., Singh, V., Datta, S., Cohen, S. P. and Hirsch, J. A., 'Comprehensive review of epidemiology, scope, and impact of spinal pain', *Pain Physician*, 12(4), 2009, pp. E35-70.

2） Jarvik, J. G. and Deyo, R. A., 'Diagnostic evaluation of low back pain with emphasis on imaging', *Annals of Internal Medicine*, 137(7), 2002, pp. 586-97.

3） Vos, T., Abajobir, A. A., Abate, K. H. *et al.*, 'Global, regional, and national incidence, prevalence, and years lived with disability for 328 diseases and injuries for 195 countries, 1990-2016: a systematic analysis for the Global Burden of Disease Study 2016', *The Lancet*, 390(10100), 2017, pp. 1211-59.

1　身体の防衛省

1） Fisher, J. P., Hassan, D. T. and O'Connor, N., 'Minerva', *BMJ*, 310(70), 1995.

2） Bayer, T. L., Baer, P. E. and Early, C., 'Situational and psychophysiological factors in psychologically induced pain', *Pain*, 44(1), 1991, pp. 45-50.

3） Shakespeare, W., *The Merchant of Venice: Texts and Contexts*, ed. Kaplan, M. L., Palgrave Macmillan, 2002, pp. 25-120.〔『ヴェニスの商人』安西徹雄訳，光文社古典新訳文庫，など〕

4） Descartes, R., *Treatise of Man*, Harvard University Press, 1972.〔「人間論」伊東俊太郎・塩川徹也訳，『デカルト著作集 第4巻』，白水社，に収録〕

5） Sherrington, C., 'The integrative action of the nervous system', *Journal of Nervous and Mental Disease*, 34(12), 1907, p. 801.

6） Tewksbury, J. J. and Nabhan, G. P., 'Directed deterrence by capsaicin in chillies', *Nature*, 412(6845), 2001, pp. 403-4.

7） Wall, P. D. and McMahon, S. B., 'The relationship of perceived pain to afferent nerve impulses', *Trends in Neurosciences*, 9(6), 1986, pp. 254-5.

8） Melzack, R. and Wall, P. D., 'Pain mechanisms: a new theory', *Science*, 150(3699), 1965, pp. 971-9.

9） Morton, D. L., Sandhu, J. S. and Jones, A. K., 'Brain imaging of pain: state of the art', *Journal of Pain Research*, 9, 2016, p. 613.

10） Raja, S. N., Carr, D. B., Cohen, M. *et al.*, 'The revised International Association for the Study of Pain definition of pain: concepts, challenges, and compromises', *Pain*, 161(9), pp. 1976-82.

11） Ramachandran, V. S. and Blakeslee, S., *Phantoms in the Brain: Probing the Mysteries of the Human Mind*, William Morrow, 1998, p. 224.〔『脳のなかの幽霊』山下篤子訳，角川書店〕

12） Adelson, E. H., 'Checker shadow illusion', 1995.

13） MacKay, D. M., 'The epistemological problem for automata', *Automata Studies*, 1956, pp. 235-52.

14） Beecher, H. K., 'Relationship of significance of

wound to pain experienced', *Journal of the American Medical Association*, 161(17), 1956, pp. 1609-13.

2 無痛の五人組

1) Knight, T., 'Bacon: The Slice of Life', *The Kitchen As Laboratory: Reflections on the Science of Food and Cooking*, Columbia University Press, 2012, pp. 73-82.〔『新しい「料理と科学」の世界』阿久澤さゆり・石川伸一・寺本明子訳，講談社〕

2) Dearborn, G. V. N., 'A case of congenital general pure analgesia', *Journal of Nervous and Mental Disease*, 75, 1932, pp. 612-15.

3) Cox J. J., Reimann, F., Nicholas, A. K. *et al.*, 'An SCN9A channelopathy causes congenital inability to experience pain', *Nature*, 444(7121), 2006, pp. 894-8.

4) McDermott, L. A., Weir, G. A., Themistocleous, A. C. *et al.*, 'Defining the functional role of Nav1.7 in human nociception', *Neuron*, 101(5), 2019, pp. 905-19.

5) Minett, M. S., Pereira, V., Sikandar, S. *et al.*, 'Endogenous opioids contribute to insensitivity to pain in humans and mice lacking sodium channel Nav1.7', *Nature Communications*, 6(8967), 2015.

6) Fertleman, C. R., Baker, M .D., Parker, K. A. *et al.*, 'SCN9A mutations in paroxysmal extreme pain disorder: allelic variants underlie distinct channel defects and phenotypes', *Neuron*, 52(5), 2006, pp. 767-74.

7) Moyer, B. D., Murray, J. K., Ligutti, J. *et al.*, 'Pharmacological characterization of potent and selective Nav1. 7 inhibitors engineered from *Chilobrachys jingzhao* tarantula venom peptide JzTx-V', *PLOS ONE*, 13(5), 2018, p. e0196791.

8) Woods, C. G., Babiker, M. O. E., Horrocks, I., Tolmie, J. and Kurth, I., 'The phenotype of congenital insensitivity to pain due to the Nav1.9 variant p.L811P', *European Journal of Human Genetics*, 23, 2015, pp. 561-3.

9) Habib, A. M., Matsuyama, A., Okorokov, A. L. *et al.*, 'A novel human pain insensitivity disorder caused by a point mutation in ZFHX2', *Brain*, 141(2), 2018, pp. 365-76.

10) Sasso, O., Pontis, S., Armirotti, A. *et al.*, 'Endogenous *N*-acyl taurines regulate skin wound healing', *Proceedings of the National Academy of Sciences*, 113(30), 2016, pp. E4397-406.

11) Bluett, R. J., Báldi, R., Haymer, A. *et al.*, 'Endocannabinoid signalling modulates susceptibility to traumatic stress exposure', *Nature Communications*, 8(14782), 2017, pp. 1-18.

12) Van Esbroeck, A. C., Janssen, A. P., Cognetta, A. B. *et al.*, 'Activity-based protein profiling reveals off-target proteins of the FAAH inhibitor BIA 10-2474', *Science*, 356(6342), 2017, pp. 1084-7.

13) Lee, M. C., Nahorski, M. S., Hockley, J. R. *et al.*, 'Human labor pain is influenced by the voltage-gated potassium channel Kv6.4 subunit', *Cell Reports*, 32(3), 2020, p. 107941.

14) Andresen, T., Lunden, D., Drewes, A. M. and Arendt-Nielsen, L., 'Pain sensitivity and experimentally induced sensitisation in red haired females', *Scandinavian Journal of Pain*, 2(1), 2011, pp. 3-6.

15) Wienemann, T., Chantelau, E. A. and Koller, A., 'Effect of painless diabetic neuropathy on pressure pain hypersensitivity (hyperalgesia) after acute foot trauma', *Diabetic Foot & Ankle*, 5(1), 2014, p. 24926.

16) Ndosi, M., Wright-Hughes, A., Brown, S. *et al.*, 'Prognosis of the infected diabetic foot ulcer: a 12-month prospective observational study', *Diabetic Medicine*, 35(1), 2018, pp. 78-88.

17) Roglic, G., 'WHO Global report on diabetes: A summary', *International Journal of Noncommunicable Diseases*, 1(1), 2016, p.

3.
18) Pop-Busui, R., Lu, J., Lopes, N. and Jones, T. L., 'Prevalence of diabetic peripheral neuropathy and relation to glycemic control therapies at baseline in the BARI 2D cohort', *Journal of the Peripheral Nervous System*, 14(1), 2009, pp. 1-13.
19) Narres M., Kvitkina, T., Claessen H. *et al.*, 'Incidence of lower extremity amputations in the diabetic compared with the non-diabetic population: A systematic review', *PLOS ONE*, 12(8), 2017, p. e0182081.
20) Kerr, M., Barron, E., Chadwick, P. *et al.*, 'The cost of diabetic foot ulcers and amputations to the National Health Service in England', *Diabetic Medicine*, 36(8), 2019, pp. 995-1002..
21) Schilder, P. and Stengel, E., 'Asymbolia for pain', *Archives of Neurology & Psychiatry*, 25(3), 1931, pp. 598-600.
22) Berthier, M., Starkstein, S. and Leiguarda, R., 'Asymbolia for pain: a sensory-limbic disconnection syndrome', *Annals of Neurology: Official Journal of the American Neurological Association and the Child Neurology Society*, 24(1), 1988, pp. 41-9.
23) Hagiwara, K., Garcia-Larrea, L., Tremblay, L. *et al.*, 'Pain behavior without pain sensation: an epileptic syndrome of "symbolism for pain"?', *Pain*, 161(3), 2020, pp. 502-8.
24) Ploner, M., Freund, H. J. and Schnitzler, A., 'Pain affect without pain sensation in a patient with a postcentral lesion', *Pain*, 81(1-2), 1999, pp. 211-14.

3 こっちを向いてよ

1) Hoffman, H. G., Chambers, G. T., Meyer III, W. J. *et al.*, 'Virtual reality as an adjunctive non-pharmacologic analgesic for acute burn pain during medical procedures', *Annals of Behavioral Medicine*, 41(2), pp. 183-91.
2) Maani, C. V., Hoffman, H. G., Fowler, M. *et al.*, 'Combining ketamine and virtual reality pain control during severe burn wound care: one military and one civilian patient', *Pain Medicine*, 12(4), 2011, pp. 673-8.
3) Mallari, B., Spaeth, E. K., Goh, H. and Boyd, B. S., 'Virtual reality as an analgesic for acute and chronic pain in adults: a systematic review and meta-analysis', *Journal of Pain Research*, 12, 2019, pp. 2053-85.
4) 'Paget, Henry William, First Marquess of Anglesey (1768-1854), Army Officer and Politician', *Oxford Dictionary of National Biography*, Oxford University Press, 2004 (online edition).〔『オックスフォード英国人名事典』オンライン版：https://www.oxforddnb.com〕
5) Titus Lucretius Carus, *Lucretius: The Nature of Things*, trans. Stallings, A. E., Penguin Classics, 2007.〔『物の本質について』樋口勝彦訳，岩波文庫，など〕
6) Hall, K. R. L. and Stride, E., 'The varying response to pain in psychiatric disorders: a study in abnormal psychology', *British Journal of Medical Psychology*, 27(1-2), 1954, pp. 48-60.
7) Sprenger, C., Eippert, F., Finsterbusch, J., Bingel, U., Rose, M. and Büchel, C., 'Attention modulates spinal cord responses to pain', *Current Biology*, 22(11), 2012, pp. 1019-22.
8) Herr, H. W., 'Franklin, Lavoisier, and Mesmer: origin of the controlled clinical trial', *Urologic Oncology: Seminars and Original Investigations*, 23(5), 2005, pp. 346-51.
9) Flik, C. E., Laan, W., Zuithoff, N. P. *et al.*, 'Efficacy of individual and group hypnotherapy in irritable bowel syndrome (IMAGINE): a multicentre randomised controlled trial', *The Lancet Gastroenterology & Hepatology*, 4(1), 2019, pp. 20-31.
10) Miller, V., Carruthers, H. R., Morris, J., Hasan, S. S., Archbold, S. and Whorwell, P. J.,

'Hypnotherapy for irritable bowel syndrome: an audit of one thousand adult patients', *Alimentary Pharmacology & Therapeutics*, 41(9), 2015, pp. 844–55.

11) McGlashan, T. H., Evans, F. J. and Orne, M. T., 'The nature of hypnotic analgesia and placebo response to experimental pain', *Psychosomatic Medicine*, 31(3), 1969, pp. 227–46.

12) Hilgard, E. R., 'A neodissociation interpretation of pain reduction in hypnosis', *Psychological Review*, 80(5), 1973, p. 396–411.

13) Kosslyn, S. M., Thompson, W. L., Costantini-Ferrando, M. F., Alpert, N. M. and Spiegel, D., 'Hypnotic visual illusion alters color processing in the brain', *American Journal of Psychiatry*, 157(8), 2000, pp. 1279–84.

14) Jiang, H., White, M. P., Greicius, M. D., Waelde, L. C. and Spiegel, D., 'Brain activity and functional connectivity associated with hypnosis', *Cerebral Cortex*, 27(8), 2017, pp. 4083–93.

15) Schulz-Stübner, S., Krings, T., Meister, I. G., Rex, S., Thron, A. and Rossaint, R., 'Clinical hypnosis modulates functional magnetic resonance imaging signal intensities and pain perception in a thermal stimulation paradigm', *Regional Anesthesia & Pain Medicine*, 29(6), 2004, pp. 549–56.

16) Rainville, p. , Carrier, B., Hofbauer, R. K., Bushnell, M. C. and Duncan, G. H., 'Dissociation of sensory and affective dimensions of pain using hypnotic modulation', *Pain*, 82(2), 1999, pp. 159-71.

17) Flik, C. E., Laan, W., Zuithoff, N. P. *et al.*, 'Efficacy of individual and group hypnotherapy in irritable bowel syndrome (IMAGINE): a multicentre randomised controlled trial', *The Lancet Gastroenterology & Hepatology*, 4(1), 2019, pp. 20-31.

18) Butler, L. D., Koopman, C., Neri, E. *et al.*, 'Effects of supportive- expressive group therapy on pain in women with metastatic breast cancer', *Health Psychology*, 28(5), 2009, pp. 579–87.

19) Accardi, M. C. and Milling, L. S., 'The effectiveness of hypnosis for reducing procedure-related pain in children and adolescents: a comprehensive methodological review', *Journal of Behavioral Medicine*, 32(4), 2009, pp. 328–39.

20) Berlière, M., Roelants, F., Watremez *et al.*, 'The advantages of hypnosis intervention on breast cancer surgery and adjuvant therapy', *The Breast*, 37, 2018, pp. 114–118.

21) Lang, E. V., Berbaum, K. S., Faintuch, S. *et al.*, 'Adjunctive self-hypnotic relaxation for outpatient medical procedures: a prospective randomized trial with women undergoing large core breast biopsy', *Pain*, 126(1–3), 2006, pp. 155–64.

22) Landolt, A. S. and Milling, L. S., 'The efficacy of hypnosis as an intervention for labor and delivery pain: a comprehensive methodological review', *Clinical Psychology Review*, 31(6), 2011, pp. 1022–31.

23) Vlieger, A. M., Rutten, J. M., Govers, A. M., Frankenhuis, C. and Benninga, M. A., 'Long-term follow-up of gut-directed hypnotherapy vs. standard care in children with functional abdominal pain or irritable bowel syndrome', *American Journal of Gastroenterology*, 107(4), 2012, pp. 627–31.

24) Jensen, M. P., Mendoza, M. E., Ehde, D. M. *et al.*, 'Effects of hypnosis, cognitive therapy, hypnotic cognitive therapy, and pain education in adults with chronic pain: a randomized clinical trial', *Pain*, 161(10), 2020, pp. 2284–98.

25) Larbig, W., Elbert, T., Lutzenberger, W., Rockstroh, B., Schnerr, G. and Birbaumer, N., 'EEG and slow brain potentials during anticipation and control of painful stimulation', *Electroencephalography and*

Clinical Neurophysiology, 53(3), 1982, pp. 298-309.

26) Jensen, M. P., Adachi, T. and Hakimian, S., 'Brain oscillations, hypnosis, and hypnotizability', *American Journal of Clinical Hypnosis*, 57(3), 2015, pp. 230-53.

27) Guilbert, A. S., Chauvin, C. and De Melo, C., 'Effect of virtual reality hypnosis on postoperative pain and morphine consumption after surgery for scoliosis: a retrospective evaluation in children', abstract A2375 from the Anesthesiology Annual Meeting, 2018.

4　期待の効果

1) 'Headaches, chilli pepper patches and the placebo effect', *Airing Pain, 53*, painconcern.org.uk, 30 January 2014.

2) Chaucer, G., *The Canterbury Tales*, eds. Boenig, R. and Taylor, A., Broadview Press, 2012.〔『カンタベリ物語』共同新訳版, 池上忠弘監訳, 悠書館, など〕

3) Handfield-Jones, R. P. C., 'A bottle of medicine from the doctor', *The Lancet*, 262(6790), 1953, pp. 823-25.

4) Hróbjartsson, A. and Gøtzsche, P. C., 'Is the placebo powerless? An analysis of clinical trials comparing placebo with no treatment', *New England Journal of Medicine*, 344(21), 2001, pp. 1594-1602.

5) Moseley, J. B., O'Malley, K., Petersen, N. J. *et al.*, 'A controlled trial of arthroscopic surgery for osteoarthritis of the knee', *New England Journal of Medicine*, 347(2), pp. 81-8.

6) Thorlund, J. B., Juhl, C. B., Roos, E. M. and Lohmander, L. S., 'Arthroscopic surgery for degenerative knee: systematic review and meta-analysis of benefits and harms', *BMJ*, 350, 2015, p. h2747.

7) Wartolowska, K., Judge, A., Hopewell, S. *et al.*, 'Use of placebo controls in the evaluation of surgery: systematic review', *BMJ*, 348, 2014.

8) Wager, T. D., Rilling, J. K., Smith, E. E. *et al.*, 'Placebo-induced changes in FMRI in the anticipation and experience of pain', *Science*, 303(5661), 2004, pp. 1162-7.

9) Wager, T. D., Scott, D. J. and Zubieta, J. K., 'Placebo effects on human μ-opioid activity during pain', *Proceedings of the National Academy of Sciences*, 104(26), 2007, pp. 11056-61.

10) Levine, J., Gordon, N. and Fields, H., 'The mechanism of placebo analgesia', *The Lancet*, 312(8091), 1978, pp. 654-7.

11) Eippert, F., Bingel, U., Schoell, E. D. *et al.*, 'Activation of the opioidergic descending pain control system underlies placebo analgesia', *Neuron*, 63(4), pp. 533-43.

12) Benedetti, F., Amanzio, M., Rosato, R. and Blanchard, C., 'Nonopioid placebo analgesia is mediated by CB1 cannabinoid receptors', *Nature Medicine*, 17(10), 2011, pp. 1228-30.

13) Scott, D. J., Stohler, C. S., Egnatuk, C. M., Wang, H., Koeppe, R. A. and Zubieta, J. K., 'Individual differences in reward responding explain placebo-induced expectations and effects', *Neuron*, 55(2), 2007, pp. 325-36.

14) Eippert, F., Finsterbusch, J., Bingel, U. and Büchel, C., 'Direct evidence for spinal cord involvement in placebo analgesia', *Science*, 326(5951), 2009, p. 404.

15) Bannuru, R. R., McAlindon, T. E., Sullivan, M. C., Wong, J. B., Kent, D. M. and Schmid, C.H., 'Effectiveness and implications of alternative placebo treatments: a systematic review and network meta-analysis of osteoarthritis trials', *Annals of Internal Medicine*, 163(5), 2015, pp. 365-72.

16) Espay, A. J., Norris, M. M., Eliassen, J. C. *et al.*, 'Placebo effect of medication cost in Parkinson disease: a randomized double-blind study', *Neurology*, 84(8), 2015, pp. 794-802.

17) Haake, M., Müller, H. H., Schade-Brittinger, C.

et al., 'German acupuncture trials (GERAC) for chronic low back pain: randomized, multicenter, blinded, parallel-group trial with 3 groups', *Archives of Internal Medicine*, 167(17), 2007, pp. 1892-8.

18) Tuttle, A. H., Tohyama, S., Ramsay, T. *et al.*, 'Increasing placebo responses over time in US clinical trials of neuropathic pain', *Pain*, 156(12), 2015, pp. 2616-26.

19) Amanzio, M., Pollo, A., Maggi, G. and Benedetti, F., 'Response variability to analgesics: a role for non-specific activation of endogenous opioids', *Pain*, 90(3), 2001, pp. 205-15.

20) Gracely, R. H., Dubner, R., Deeter, W. R. and Wolskee, P. J., 'Clinicians' expectations influence placebo analgesia', *The Lancet*, 1(8419), 1985.

21) Morton, D. L., Watson, A., El-Deredy, W. and Jones, A. K., 'Reproducibility of placebo analgesia: effect of dispositional optimism', *Pain*, 146(1-2), 2009, pp. 194-8.

22) Barsky, A. J., Saintfort, R., Rogers, M. P. and Borus, J. F., 'Nonspecific medication side effects and the nocebo phenomenon', *JAMA*, 287(5), 2002, pp. 622-7.

23) Wood, F. A., Howard, J. P., Finegold, J. A. *et al.*, 'N-of-1 trial of a statin, placebo, or no treatment to assess side effects', *New England Journal of Medicine*, 383, 2020, pp. 2182-4.

24) Bartholomew, R. E. and Wessely, S., 'Protean nature of mass sociogenic illness: from possessed nuns to chemical and biological terrorism fears', *British Journal of Psychiatry*, 180(4), 2002, pp. 300-6.

25) Benedetti, F., Lanotte, M., Lopiano, L. and Colloca, L., 'When words are painful: unraveling the mechanisms of the nocebo effect', *Neuroscience*, 147(2), 2007, pp. 260-71.

26) Ritter, A., Franz, M., Puta, C., Dietrich, C., Miltner, W. H. and Weiss, T., 'Enhanced brain responses to pain-related words in chronic back pain patients and their modulation by current pain', *Healthcare*, 4(3), 2016, p. 54.

27) Hansen, E. and Zech, N., 'Nocebo effects and negative suggestions in daily clinical practice - forms, impact and approaches to avoid them', *Frontiers in Pharmacology*, 10, 2019, p. 77.

28) Varelmann, D., Pancaro, C., Cappiello, E. C. and Camann, W. R., 'Nocebo-induced hyperalgesia during local anesthetic injection', *Anesthesia & Analgesia*, 110(3), 2010, pp. 868-70.

29) Bingel, U., Wanigasekera, V., Wiech, K. *et al.*, 'The effect of treatment expectation on drug efficacy: imaging the analgesic benefit of the opioid remifentanil', *Science Translational Medicine*, 3(70), 2011, p. 70ra14.

30) Amanzio, M., Pollo, A., Maggi, G. and Benedetti, F., 'Response variability to analgesics: a role for non-specific activation of endogenous opioids', *Pain*, 90(3), 2001, pp. 205-15.

31) Walach, H. and Jonas, W. B., 'Placebo research: the evidence base for harnessing self-healing capacities', *Journal of Alternative & Complementary Medicine*, 10 (Supplement 1), 2004, p. S-103.

32) Interview with Dan Moerman in Marchant, J., *Cure: A Journey into the Science of Mind Over Body*, Broadway Books, 2016.〔ダン・ムアマンのインタビューは『「病は気から」を科学する』服部由美訳，講談社，に収録〕

33) Conboy, L. A., Macklin, E., Kelley, J., Kokkotou, E., Lembo, A. and Kaptchuk, T., 'Which patients improve: characteristics increasing sensitivity to a supportive patient-practitioner relationship', *Social Science & Medicine*, 70(3), 2010, pp. 479-84.

34) Ernst, E., 'A systematic review of systematic reviews of homeopathy', *British Journal of Clinical Pharmacology*, 54(6), 2002, pp. 577-82.

35) Specter, M., 'The power of nothing', *New Yorker*, 5 December 2011.

36) Kaptchuk, T. J., Friedlander, E., Kelley, J. M. *et*

al., 'Placebos without deception: a randomized controlled trial in irritable bowel syndrome', *PLOS ONE*, 5(12), 2010, p. e15591.

37）Carvalho, C., Caetano, J. M., Cunha, L., Rebouta, p. , Kaptchuk, T. J. and Kirsch, I., 'Open-label placebo treatment in chronic low back pain: a randomized controlled trial', *Pain*, 157(12), 2016, p. 2766-72.

38）Kam-Hansen, S., Jakubowski, M., Kelley, J. M. *et al.*, 'Altered placebo and drug labeling changes the outcome of episodic migraine attacks', *Science Translational Medicine*, 6(218), 2014, p. 218ra5.

39）Wang, R. S., Hall, K.T., Giulianini, F., Passow, D., Kaptchuk, T. J. and Loscalzo, J., 'Network analysis of the genomic basis of the placebo effect', *JCI Insight*, 2(11), 2017, p. e93911.

40）Colloca, L. and Benedetti, F., 'How prior experience shapes placebo analgesia', *Pain*, 124(1-2), 2006, pp. 126-33.

41）Schafer, S. M., Colloca, L. and Wager, T. D., 'Conditioned placebo analgesia persists when subjects know they are receiving a placebo', *Journal of Pain*, 16(5), 2015, pp. 412-20.

42）Tu, Y., Park, J., Ahlfors, S. P. *et al.*, 'A neural mechanism of direct and observational conditioning for placebo and nocebo responses', *NeuroImage*, 184, 2019, pp. 954-63.

43）Colloca, L., Enck, P. and DeGrazia, D., 'Relieving pain using dose- extending placebos: a scoping review', *Pain*, 157(8), 2016, pp. 1590-98.

44）Thompson, P., 'Margaret Thatcher: A new illusion', *Perception*, 9(4), 1980, pp. 483-4.

45）Summerfield, C., Egner, T., Greene, M., Koechlin, E., Mangels, J. and Hirsch, J., 'Predictive codes for forthcoming perception in the frontal cortex', *Science*, 314(5803), 2006, pp. 1311-14.

46）George, K. and Das, J. M., 'Neuroanatomy, thalamocortical radiations', StatPearls Publishing, 2019.

47）Wallisch, P., 'Illumination assumptions account for individual differences in the perceptual interpretation of a profoundly ambiguous stimulus in the color domain: "The dress"', *Journal of Vision*, 17(4), 2017.

48）Casey, K., 'Theory of predictive brain as important as evolution - Prof. Lars Muckli', *Horizon*, 29 May 2018.

49）Ongaro, G. and Kaptchuk, T. J., 'Symptom perception, placebo effects, and the Bayesian brain', *Pain*, 160(1), 2019, pp. 1-4.

50）Kaptchuk, T. J., 'Open-label placebo: reflections on a research agenda', *Perspectives in Biology and Medicine*, 61(3), 2018, pp. 311-34.

5　痛みの意味

1）International Committee of the Red Cross (ICRC), Geneva Convention Relative to the Protection of Civilian Persons in Time of War (Fourth Geneva Convention), 12 August 1949, 75 UNTS 287.〔「戦地にある軍隊の傷者及び病者の状態の改善に関する 1949 年 8 月 12 日のジュネーヴ条約（第 1 条約）」日本語条文（防衛省）：https://www.mod.go.jp/j/presiding/treaty/geneva/geneva1.html〕

2）Tsur, N., Defrin, R. and Ginzburg, K., 'Posttraumatic stress disorder, orientation to pain, and pain perception in ex-prisoners of war who underwent torture', *Psychosomatic Medicine*, 79(6), 2017, pp. 655-63.

3）Raja, S. N., Carr, D. B., Cohen, M. *et al.*, 'The revised International Association for the Study of Pain definition of pain: concepts, challenges, and compromises', *Pain*, 161(9), 2020, pp. 1976-82.

4）Shackman, A. J. and Wager, T. D., 'The emotional brain: fundamental questions and

strategies for future research', *Neuroscience Letters*, 693, 2019, pp. 68–74.

5) Eisenberger, N. I., Lieberman, M. D. and Williams, K. D., 'Does rejection hurt? An fMRI study of social exclusion', *Science*, 302(5643), 2003, pp. 290–2.

6) DeWall, C. N., MacDonald, G., Webster, G. D. *et al.*, 'Acetaminophen reduces social pain: behavioral and neural evidence', *Psychological Science*, 21(7), 2010, pp. 931–7.

7) Ratner, K. G., Kaczmarek, A. R. and Hong, Y., 'Can over-the-counter pain medications influence our thoughts and emotions?', *Policy Insights from the Behavioral and Brain Sciences*, 5(1), 2018, pp. 82–9.

8) Farrell, S. M., Green, A. and Aziz, T., 'The current state of deep brain stimulation for chronic pain and its context in other forms of neuromodulation', *Brain Sciences*, 8(8), 2018, p. 158.

9) Lempka, S. F., Malone Jr, D. A., Hu, B. *et al.*, 'Randomized clinical trial of deep brain stimulation for poststroke pain', *Annals of Neurology*, 81(5), 2017, pp. 653–63.

10) Ploghaus, A., Narain, C., Beckmann, C.F. *et al.*, 'Exacerbation of pain by anxiety is associated with activity in a hippocampal network', *Journal of Neuroscience*, 21(24), 2001, pp. 9896–9903.

11) Zhou, F., Shefer, A., Wenger, J. *et al.*, 'Economic evaluation of the routine childhood immunization program in the United States, 2009', *Pediatrics*, 133(4), 2014, pp. 577–85.

12) McMurtry, C. M., Riddell, R. P., Taddio, A. *et al.*, 'Far from "just a poke": common painful needle procedures and the development of needle fear', *Clinical Journal of Pain*, 31 (Supplement 10), 2015, pp. S3–11.

13) Taddio, A., McMurtry, C. M., Shah, V. *et al.*, 'Reducing pain during vaccine injections: clinical practice guideline', *CMAJ*, 187(13), 2015, pp. 975–82.

14) Wang, Y., Wang, J. Y. and Luo, F., 'Why self-induced pain feels less painful than externally generated pain: distinct brain activation patterns in self- and externally generated pain', *PloS one*, 6(8), 2011, p. e23536.

15) Mowrer, O. H. and Viek, p., 'An experimental analogue of fear from a sense of helplessness', *Journal of Abnormal and Social Psychology*, 43(2), 1948, pp. 193–200.

16) Bowers, K. S., 'Pain, anxiety, and perceived control', *Journal of Consulting and Clinical Psychology*, 32(5) (Part 1), 1968, pp. 596–602.

17) Segal, Z. V., Kennedy, S., Gemar, M., Hood, K., Pedersen, R. and Buis, T., 'Cognitive reactivity to sad mood provocation and the prediction of depressive relapse', *Archives of General Psychiatry*, 63(7), 2006, pp. 749–55.

18) Berna, C., Leknes, S., Holmes, E.A., Edwards, R. R., Goodwin, G. M. and Tracey, I., 'Induction of depressed mood disrupts emotion regulation neurocircuitry and enhances pain unpleasantness', *Biological Psychiatry*, 67(11), 2010, pp. 1083–90.

19) Andersson, G. B., 'Epidemiological features of chronic low-back pain', *The Lancet*, 354(9178), 1999, pp. 581–5.

20) Vlaeyen, J.W. and Linton, S. J., 'Fear-avoidance and its consequences in chronic musculoskeletal pain: a state of the art', *Pain*, 85(3), 2000, pp. 317–32.

21) Hashmi, J. A., Baliki, M. N., Huang, L. *et al.*, 'Shape shifting pain: chronification of back pain shifts brain representation from nociceptive to emotional circuits', *Brain*, 136(Part 9), 2013, pp. 2751–68.

22) Price, D. D., 'Psychological and neural mechanisms of the affective dimension of pain', *Science*, 288(5472), 2000, pp. 1769–72.

23) Wertli, M. M., Burgstaller, J. M., Weiser, S., Steurer, J., Kofmehl, R. and Held, U., 'Influence of catastrophizing on treatment

outcome in patients with nonspecific low back pain: a systematic review', *Spine*, 39(3), 2014, pp. 263-73.

24）Cherkin, D. C., Sherman, K. J., Balderson, B. H. *et al.*, 'Effect of mindfulness-based stress reduction vs cognitive behavioral therapy or usual care on back pain and functional limitations in adults with chronic low back pain: a randomized clinical trial', *JAMA*, 315(12), 2016, pp. 1240-9.

25）Hughes, L. S., Clark, J., Colclough, J. A., Dale, E. and McMillan, D., 'Acceptance and commitment therapy (ACT) for chronic pain', *Clinical Journal of Pain*, 33(6), 2017, pp. 552-68.

26）Lutz, A., McFarlin, D. R., Perlman, D. M., Salomons, T. V. and Davidson, R. J., 'Altered anterior insula activation during anticipation and experience of painful stimuli in expert meditators', *NeuroImage*, 64, 2013, pp. 538-46.

27）Lumley, M. A., Schubiner, H., Lockhart, N. A. *et al.*, 'Emotional awareness and expression therapy, cognitive-behavioral therapy, and education for fibromyalgia: a cluster-randomized controlled trial', *Pain*, 158(12), 2017, pp. 2354-63.

28）Lumley, M. A. and Schubiner, H., 'Psychological therapy for centralized pain: an integrative assessment and treatment model', *Psychosomatic Medicine*, 81(2), 2019, pp. 114-24.

29）C de C Williams, A., Fisher, E., Hearn L. and Eccleston, C., 'Psychological therapies for the management of chronic pain (excluding headache) in adults', *Cochrane Database of Systematic Reviews*, 8, 2020, CD007407.

6　痛みなければ益もなし

1）Bentham, J., *The Principles of Morals and Legislation*, Prometheus Books, 1988, pp. 57-79.〔『道徳および立法の諸原理序説』中山元訳，ちくま学芸文庫，など〕

2）Leknes, S., Berna, C., Lee, M. C., Snyder, G. D., Biele, G. and Tracey, I., 'The importance of context: when relative relief renders pain pleasant', *Pain*, 154(3), 2013, pp. 402-10.

3）Ameriks, K. and Clarke, D. M. (eds.), *Aristotle: Nicomachean Ethics*, Cambridge University Press, 2000.〔『ニコマコス倫理学』渡辺邦夫・立花幸司訳，光文社古典新訳文庫，など〕

4）Price, D. D., Harkins, S. W. and Baker, C., 'Sensory-affective relationships among different types of clinical and experimental pain', *Pain*, 28(3), 1987, pp. 297-307.

5）Petrovic, P., Dietrich, T., Fransson, P., Andersson, J., Carlsson, K. and Ingvar, M., 'Placebo in emotional processing — induced expectations of anxiety relief activate a generalized modulatory network', *Neuron*, 46(6), 2005, pp. 957-69.

6）Harper, P., 'No pain, no gain: pain behaviour in the armed forces', *British Journal of Nursing*, 15(10), 2006, pp. 548-51.

7）Fields, H. L., 'A motivation-decision model of pain: the role of opioids', *Proceedings of the 11th World Congress on Pain*, IASP Press, 2006.

8）Barbano, M. F. and Cador, M., 'Differential regulation of the consummatory, motivational and anticipatory aspects of feeding behavior by dopaminergic and opioidergic drugs', *Neuropsychopharmacology*, 31(7), 2006, pp. 1371-81.

9）Forsberg, G., Wiesenfeld-Hallin, Z., Eneroth, P. and Södersten, P., 'Sexual behavior induces naloxone-reversible hypoalgesia in male rats', *Neuroscience Letters*, 81(1-2), 1987, pp. 151-4.

10）Sharot, T., Shiner, T., Brown, A. C., Fan, J. and Dolan, R. J., 'Dopamine enhances expectation of pleasure in humans', *Current Biology*, 19(24), 2009, pp. 2077-80.

11) Budygin, E. A., Park, J., Bass, C. E., Grinevich, V. P., Bonin, K. D. and Wightman, R. M., 'Aversive stimulus differentially triggers subsecond dopamine release in reward regions', *Neuroscience*, 201, 2012, pp. 331-7.

12) Leknes, S., Lee, M., Berna, C., Andersson, J. and Tracey, I., 'Relief as a reward: hedonic and neural responses to safety from pain', *PLOS ONE*, 6(4), 2011, p. e17870.

13) Zubieta, J. K., Heitzeg, M. M., Smith, Y. R. *et al.*, 'COMT val158met genotype affects μ-opioid neurotransmitter responses to a pain stressor', *Science*, 299(5610), 2003, pp. 1240-43.

14) Durso, G. R., Luttrell, A. and Way, B. M., 'Over-the-counter relief from pains and pleasures alike: acetaminophen blunts evaluation sensitivity to both negative and positive stimuli', *Psychological Science*, 26(6), 2015, pp. 750-8.

15) Forsberg, G., Wiesenfeld-Hallin, Z., Eneroth, P. and Södersten, P., 'Sexual behavior induces naloxone-reversible hypoalgesia in male rats', *Neuroscience Letters*, 81(1-2), 1987, pp. 151-4.

16) Roy, M., Peretz, I. and Rainville, P., 'Emotional valence contributes to music-induced analgesia', *Pain*, 134(1-2), 2008, pp. 140-7.

17) Gandhi, W. and Schweinhardt, P., 'How accurate appraisal of behavioral costs and benefits guides adaptive pain coping', *Frontiers in Psychiatry*, 8, 2017, p. 103.

18) Baliki, M. N., Petre, B., Torbey, S. *et al.*, 'Corticostriatal functional connectivity predicts transition to chronic back pain', *Nature Neuroscience*, 15(8), 2012, pp. 1117-19.

19) Kaneko, H., Zhang, S., Sekiguchi, M. *et al.*, 'Dysfunction of nucleus accumbens is associated with psychiatric problems in patients with chronic low back pain: a functional magnetic resonance imaging study', *Spine*, 42(11), 2017, pp. 844-53.

20) Taylor, A. M., Becker, S., Schweinhardt, P. and Cahill, C., 'Mesolimbic dopamine signaling in acute and chronic pain: implications for motivation, analgesia, and addiction', *Pain*, 157(6), 2016, p. 1194.

21) Loggia, M. L., Berna, C., Kim, J. *et al.*, 'Disrupted brain circuitry for pain-related reward/punishment in fibromyalgia', *Arthritis & Rheumatology*, 66(1), 2014, pp. 203-12.

22) Rozin, P., Guillot, L., Fincher, K., Rozin, A. and Tsukayama, E., 'Glad to be sad, and other examples of benign masochism', *Judgment and Decision Making*, 8(4), 2013, pp. 439-47.

23) McGraw, A. P., Warren, C., Williams, L. E. and Leonard, B., 'Too close for comfort, or too far to care? Finding humor in distant tragedies and close mishaps', *Psychological Science*, 23(10), 2012, pp. 1215-23.

24) Franklin, J. C., Lee, K. M., Hanna, E. K. and Prinstein, M. J., 'Feeling worse to feel better: pain-offset relief simultaneously stimulates positive affect and reduces negative affect', *Psychological Science*, 24(4), 2013, pp. 521-9.

25) Glenn, J. J., Michel, B. D., Franklin, J. C., Hooley, J. M. and Nock, M. K., 'Pain analgesia among adolescent self-injurers', *Psychiatry Research*, 220(3), 2014, pp. 921-6.

26) Kirtley, O. J., O'Carroll, R. E. and O'Connor, R. C., 'Pain and self-harm: a systematic review', *Journal of Affective Disorders*, 203, 2016, pp. 347-63.

27) Fox, K. R., O'Sullivan, I. M., Wang, S. B. and Hooley, J. M., 'Self- criticism impacts emotional responses to pain', *Behavior Therapy*, 50(2), 2019, pp. 410-20.

28) Niedtfeld, I., Schulze, L., Kirsch, P., Herpertz, S. C., Bohus, M. and Schmahl, C., 'Affect regulation and pain in borderline personality disorder: a possible link to the understanding of self-injury', *Biological Psychiatry*, 68(4),

2010, pp. 383-91.

29) Hooley, J. M. and Franklin, J. C., 'Why do people hurt themselves? A new conceptual model of nonsuicidal self-injury', *Clinical Psychological Science*, 6(3), 2018, pp. 428-51.

30) Hooley, J. M., Dahlgren, M. K., Best, S. G., Gonenc, A. and Gruber, S. A., 'Decreased amygdalar activation to NSSI-stimuli in people who engage in NSSI: a neuroimaging pilot study', *Frontiers in Psychiatry*, 11, 2020, p. 238.

31) Hooley, J. M. and St. Germain, S. A., 'Nonsuicidal self-injury, pain, and self-criticism: does changing self-worth change pain endurance in people who engage in self-injury?', *Clinical Psychological Science*, 2(3), 2014, pp. 297-305.

7　誰かの「痛い」を知覚する

1) Salinas, J., *Mirror Touch: A Memoir of Synesthesia and the Secret Life of the Brain*, HarperCollins, 2017.〔『世にも奇妙な脳の知覚世界——多重共感覚研修医の臨床ノート』北川玲訳、ハーパーコリンズ・ジャパン〕

2) Miller, L. and Spiegel, A., 'Entanglement', *Invisibilia* podcast, 20 January 2015.

3) Ward, J., Schnakenberg, P. and Banissy, M. J., 'The relationship between mirror-touch synaesthesia and empathy: new evidence and a new screening tool', *Cognitive Neuropsychology*, 35(5-6), 2018, pp. 314-32.

4) Banissy, M. J., Kadosh, R. C., Maus, G. W., Walsh, V. and Ward, J., 'Prevalence, characteristics and a neurocognitive model of mirror-touch synaesthesia', *Experimental Brain Research*, 198(2-3), 2009, pp. 261-72.

5) Blakemore, S. J., Bristow, D., Bird, G., Frith, C. and Ward, J., 'Somatosensory activations during the observation of touch and a case of vision-touch synaesthesia', *Brain*, 128(7), 2005, pp. 1571-83.

6) Goller, A. I., Richards, K., Novak, S. and Ward, J., 'Mirror-touch synaesthesia in the phantom limbs of amputees', *Cortex*, 49(1), 2013, pp. 243-51.

7) Lamm, C., Decety, J. and Singer, T., 'Meta-analytic evidence for common and distinct neural networks associated with directly experienced pain and empathy for pain', *NeuroImage*, 54(3), 2011, pp. 2492-502.

8) Bekkali, S., Youssef, G. J., Donaldson, P. H., Albein-Urios, N., Hyde, C. and Enticott, P. G., 'Is the putative mirror neuron system associated with empathy? A systematic review and meta-analysis', *Neuropsychology Review*, 2020, pp. 1-44.

9) Rütgen, M., Seidel, E. M., Silani, G. *et al.*, 'Placebo analgesia and its opioidergic regulation suggest that empathy for pain is grounded in self pain', *Proceedings of the National Academy of Sciences*, 112(41), 2015, pp. E5638-46.

10) Decety, J., Michalska, K. J. and Akitsuki, Y., 'Who caused the pain? An fMRI investigation of empathy and intentionality in children', *Neuropsychologia*, 46(11), 2008, pp. 2607-14.

11) Decety, J. and Michalska, K. J., 'Neurodevelopmental changes in the circuits underlying empathy and sympathy from childhood to adulthood', *Developmental Science*, 13(6), 2010, pp. 886-99.

12) Marsh, A. A., Finger, E. C., Fowler, K. A. *et al.*, 'Empathic responsiveness in amygdala and anterior cingulate cortex in youths with psychopathic traits', *Journal of Child Psychology and Psychiatry*, 54(8), 2013, pp. 900-10.

13) Lockwood, P. L., Apps, M. A., Roiser, J. P. and Viding, E., 'Encoding of vicarious reward prediction in anterior cingulate cortex and relationship with trait empathy', *Journal of*

Neuroscience, 35(40), 2015, pp. 13720–7.

14）Jeon, D., Kim, S., Chetana, M. *et al.*, 'Observational fear learning involves affective pain system and Cav1.2 Ca2+ channels in ACC', *Nature Neuroscience*, 13(4), 2010, pp. 482–8.

15）Sapolsky, R. M., *Behave: The Biology of Humans at Our Best and Worst*, Penguin, 2017.〔『善と悪の生物学——何がヒトを動かしているのか』大田直子訳，ＮＨＫ出版〕

16）Decety, J., Echols, S. and Correll, J., 'The blame game: the effect of responsibility and social stigma on empathy for pain', *Journal of Cognitive Neuroscience*, 22(5), 2010, pp. 985–97.

17）Xu, X., Zuo, X., Wang, X. and Han, S., 'Do you feel my pain? Racial group membership modulates empathic neural responses', *Journal of Neuroscience*, 29(26), 2009, pp. 8525–9.

18）Shen, F., Hu, Y., Fan, M., Wang, H. and Wang, Z., 'Racial bias in neural response for pain is modulated by minimal group', *Frontiers in Human Neuroscience*, 11, 2018, p. 661.

19）Cao, Y., Contreras-Huerta, L. S., McFadyen, J. and Cunnington, R., 'Racial bias in neural response to others' pain is reduced with other-race contact', *Cortex*, 70, 2015, pp. 68–78.

20）Cikara, M. and Fiske, S. T., 'Their pain, our pleasure: stereotype content and schadenfreude', *Annals of the New York Academy of Sciences*, 1299, 2013, pp. 52–9.

21）Takahashi, H., Kato, M., Matsuura, M., Mobbs, D., Suhara, T. and Okubo, Y., 'When your gain is my pain and your pain is my gain: neural correlates of envy and schadenfreude', *Science*, 323(5916), 2009, pp. 937–9.

22）Singer, T., Seymour, B., O'Doherty, J. P., Stephan, K. E., Dolan, R. J. and Frith, C. D., 'Empathic neural responses are modulated by the perceived fairness of others', *Nature*, 439(7075), 2006, pp. 466–9.

23）Decety, J., Yang, C. Y. and Cheng, Y., 'Physicians down-regulate their pain empathy response: an event-related brain potential study', *NeuroImage*, 50(4), 2010, pp. 1676–82.

24）Lamm, C., Batson, C. D. and Decety, J., 'The neural substrate of human empathy: effects of perspective-taking and cognitive appraisal', *Journal of Cognitive Neuroscience*, 19(1), 2007, pp. 42–58.

25）Klimecki, O. M., Leiberg, S., Lamm, C. and Singer, T., 'Functional neural plasticity and associated changes in positive affect after compassion training', *Cerebral Cortex*, 23(7), 2013, pp. 1552–61.

26）Cánovas, L., Carrascosa, A. J., García, M. *et al.*, 'Impact of empathy in the patient–doctor relationship on chronic pain relief and quality of life: a prospective study in Spanish pain clinics', *Pain Medicine*, 19(7), 2018, pp. 1304–14.

27）Gray, K., 'The power of good intentions: perceived benevolence soothes pain, increases pleasure, and improves taste', *Social Psychological and Personality Science*, 3(5), 2012, pp. 639–45.

28）Butler, D. and Moseley, G., *Explain Pain Supercharged*, NOI Group, 2017.

8　心をひとつに

1）Eisenberger, N. I., Lieberman, M. D. and Williams, K. D., 'Does rejection hurt? An fMRI study of social exclusion', *Science*, 302(5643), 2003, pp. 290–2.

2）Eisenberger, N. I., Jarcho, J. M., Lieberman, M. D. and Naliboff, B. D., 'An experimental study of shared sensitivity to physical pain and social rejection', *Pain*, 126(1–3), pp. 132–8.

3）Murphy, M. R., MacLean, P. D. and Hamilton, S. C., 'Species-typical behavior of hamsters deprived from birth of the neocortex', *Science*, 213(4506), 1981, pp. 459–61.

4) MacLean, P. D. and Newman, J. D., 'Role of midline frontolimbic cortex in production of the isolation call of squirrel monkeys', *Brain Research*, 450(1-2), 1988, pp. 111-23.

5) Martin, L. J., Tuttle, A. H. and Mogil, J. S., 'The interaction between pain and social behavior in humans and rodents', *Behavioral Neurobiology of Chronic Pain*, 2014, pp. 233-50.

6) Holt-Lunstad, J., Smith, T. B. and Layton, J. B., 'Social relationships and mortality risk: a meta-analytic review', *PLOS Medicine*, 7(7), 2010, p. e1000316.

7) Karayannis, N. V., Baumann, I., Sturgeon, J. A., Melloh, M. and Mackey, S. C., 'The impact of social isolation on pain interference: a longitudinal study', *Annals of Behavioral Medicine*, 53(1), 2019, pp. 65-74.

8) Cohen, E. E., Ejsmond-Frey, R., Knight, N. and Dunbar, R. I., 'Rowers' high: behavioural synchrony is correlated with elevated pain thresholds', *Biology Letters*, 6(1), 2010, pp. 106-8.

9) Launay, J., Grube, M. and Stewart, L., 'Dysrhythmia: a specific congenital rhythm perception deficit', *Frontiers in Psychology*, 5, 2014, p. 18.

10) Hopper, M. J., Curtis, S., Hodge, S. and Simm, R., 'A qualitative study exploring the effects of attending a community pain service choir on wellbeing in people who experience chronic pain', *British Journal of Pain*, 10(3), 2016, pp. 124-34.

11) Dunbar, R. I., Baron, R., Frangou, A. *et al*., 'Social laughter is correlated with an elevated pain threshold', *Proceedings of the Royal Society B: Biological Sciences*, 279(1731), 2012, pp. 1161-7.

12) Provine, R. R. and Fischer, K. R., 'Laughing, smiling, and talking: relation to sleeping and social context in humans', *Ethology*, 83(4), 1989, pp. 295-305.

13) Manninen, S., Tuominen, L., Dunbar, R. I. *et al*., 'Social laughter triggers endogenous opioid release in humans', *Journal of Neuroscience*, 37(25), pp. 6125-31.

14) Johnson, K. V. A. and Dunbar, R. I., 'Pain tolerance predicts human social network size', *Scientific Reports*, 6, 2016, p. 25267.

15) Langford, D. J., Crager, S. E., Shehzad, Z. *et al*., 'Social modulation of pain as evidence for empathy in mice', *Science*, 312(5782), 2006, pp. 1967-70.

16) Goldstein, P., Shamay-Tsoory, S. G., Yellinek, S. and Weissman-Fogel, I., 'Empathy predicts an experimental pain reduction during touch', *Journal of Pain*, 17(10), 2016, pp. 1049-57.

17) Huddy, J., 'A new hope: social prescribing in Cornwall', *British Journal of General Practice*, 69(682), 2019, p. 243.

18) Singhal, A., Tien, Y. Y. and Hsia, R. Y., 'Racial-ethnic disparities in opioid prescriptions at emergency department visits for conditions commonly associated with prescription drug abuse', *PLOS ONE*, 11(8), 2016, p. e0159224.

19) Goyal, M. K., Kuppermann, N., Cleary, S. D., Teach, S. J. and Chamberlain, J. M., 'Racial disparities in pain management of children with appendicitis in emergency departments', *JAMA Pediatrics*, 169(11), 2015, pp. 996-1002.

20) Druckman, J. N., Trawalter, S., Montes, I., Fredendall, A., Kanter, N. and Rubenstein, A.P., 'Racial bias in sport medical staff's perceptions of others' pain', *Journal of Social Psychology*, 158(6), 2018, pp. 721-9.

21) Hoffman, K. M., Trawalter, S., Axt, J. R. and Oliver, M. N., 'Racial bias in pain assessment and treatment recommendations, and false beliefs about biological differences between blacks and whites', *Proceedings of the National Academy of Sciences*, 113(16), 2016, pp. 4296-301.

22) Laurencin, C.T. and Murray, M., 'An American crisis: the lack of black men in medicine', *Journal of Racial and Ethnic Health*

Disparities, 4(3), 2017, pp. 317–21.

23) Fillingim, R. B., King, C. D., Ribeiro-Dasilva, M. C., Rahim-Williams, B. and Riley III, J. L., 'Sex, gender, and pain: a review of recent clinical and experimental findings', *Journal of Pain*, 10(5), 2009, pp. 447–85.

24) Chen, E. H., Shofer, F. S., Dean, A. J. *et al.*, 'Gender disparity in analgesic treatment of emergency department patients with acute abdominal pain', *Academic Emergency Medicine*, 15(5), 2008, pp. 414–18.

25) Cepeda, M. S. and Carr, D. B., 'Women experience more pain and require more morphine than men to achieve a similar degree of analgesia', *Anesthesia & Analgesia*, 97(5), 2003, pp. 1464–8.

26) Bartley, E. J. and Fillingim, R. B., 'Sex differences in pain: a brief review of clinical and experimental findings', *British Journal of Anaesthesia*, 111(1), 2013, pp. 52–8.

27) England, C., 'Erectile dysfunction studies outnumber PMS research by five to one', *The Independent*, 15 August 2016.

28) '10 things you should know about endometriosis', Royal College of Obstetricians and Gynaecologists, 2017.

29) Lawesson, S. S., Isaksson, R. M., Ericsson, M., Ängerud, K. and Thylén, I., 'Gender disparities in first medical contact and delay in ST-elevation myocardial infarction: a prospective multicentre Swedish survey study', *BMJ Open*, 8(5), 2018, p. e020211.

30) Moser, D. K., McKinley, S., Dracup, K. and Chung, M. L., Gender differences in reasons patients delay in seeking treatment for acute myocardial infarction symptoms, *Patient education and counseling*, 56(1), 2005, pp. 45-54.

31) 'Naomi Musenga death: emergency operator blames pressure after mocking caller', BBC News, 14 May 2018.

32) Boseley, S., '"Listen to women": UK doctors issued with first guidance on endometriosis', *Guardian*, 6 September 2017.

33) McParland, J. L., Eccleston, C., Osborn, M. and Hezseltine, L., 'It's not fair: an interpretative phenomenological analysis of discourses of justice and fairness in chronic pain', *Health*, 15(5), 2011, pp. 459–74.

34) McParland, J. L., Knussen, C. and Murray, J., 'The effects of a recalled injustice on the experience of experimentally induced pain and anxiety in relation to just-world beliefs', *European Journal of Pain*, 20(9), 2016, pp. 1392–1401.

35) Trost, Z., Scott, W., Lange, J. M., Manganelli, L., Bernier, E. and Sullivan, M. J., 'An experimental investigation of the effect of a justice violation on pain experience and expression among individuals with high and low just world beliefs', *European Journal of Pain*, 18(3), 2014, pp. 415–23.

36) Bissell, D. A., Ziadni, M. S. and Sturgeon, J. A., 'Perceived injustice in chronic pain: an examination through the lens of predictive processing', *Pain Management*, 8(2), 2018, pp. 129–38.

37) Rodkey, E. N. and Riddell, R. P., 'The infancy of infant pain research: the experimental origins of infant pain denial', *Journal of Pain*, 14(4), 2013, pp. 338–50.

38) Rovner S., 'Surgery without anesthesia: can preemies feel pain?', *Washington Post*, 13 August 1986.

39) Anand, K. J., Sippell, W. G. and Green, A. A., 'Randomised trial of fentanyl anaesthesia in preterm babies undergoing surgery: effects on the stress response', *The Lancet*, 329(8527), 1987, pp. 243–8.

40) Raja, S. N., Carr, D. B., Cohen, M. *et al.*, 'The revised International Association for the Study of Pain definition of pain: concepts, challenges, and compromises', *Pain*, 161(9), 2020, pp. 1976–82.

41) Goksan, S., Hartley, C., Emery, F. *et al.*, 'fMRI reveals neural activity overlap between adult

and infant pain', *eLife*, 4, 2015, p. e06356.

42) Hartley, C., Goksan, S., Poorun, R. *et al.*, 'The relationship between nociceptive brain activity, spinal reflex withdrawal and behaviour in newborn infants', *Scientific Reports*, 5, 2015, p. 12519.

43) Williams, M. D. and Lascelles, B. D. X., 'Early neonatal pain - review of clinical and experimental implications on painful conditions later in life', *Frontiers in Pediatrics*, 8, 2020.

44) van den Bosch, G. E., White, T., El Marroun, H. *et al.*, 'Prematurity, opioid exposure and neonatal pain: do they affect the developing brain?', *Neonatology*, 108(1), 2015, pp. 8-15.

45) Hartley, C., Duff, E. P., Green, G. *et al.*, 'Nociceptive brain activity as a measure of analgesic efficacy in infants', *Science Translational Medicine*, 9(388), 2017, p. eaah6122.

46) Hartley, C., Moultrie, F., Hoskin, A. *et al.*, 'Analgesic efficacy and safety of morphine in the Procedural Pain in Premature Infants (Poppi) study: randomised placebo-controlled trial', *The Lancet*, 392(10164), 2018, pp. 2595-605.

47) Brauer, J., Xiao, Y., Poulain, T., Friederici, A. D. and Schirmer, A., 'Frequency of maternal touch predicts resting activity and connectivity of the developing social brain', *Cerebral Cortex*, 26(8), 2016, pp. 3544-52.

48) Liljencrantz, J. and Olausson, H., 'Tactile C fibers and their contributions to pleasant sensations and to tactile allodynia', *Frontiers in Behavioral Neuroscience*, 8, 2014.

49) Liljencrantz, J., Strigo, I., Ellingsen, D. M. *et al.*, 'Slow brushing reduces heat pain in humans', *European Journal of Pain*, 21(7), 2017, pp. 1173-85.

50) Gursul, D., Goksan, S., Hartley, C. *et al*, 'Stroking modulates noxious- evoked brain activity in human infants', *Current Biology*, 28(24), 2018, pp. R1380-1.

9 信じることで救われる

1) Clark, W. C. and Clark, S. B., 'Pain responses in Nepalese porters', *Science*, 209(4454), 1980, pp. 410-12.

2) Sargent, C. F., '*Maternity, Medicine, and Power: Reproductive Decisions in Urban Benin* ', University of California Press, 1989.

3) Sternbach, R. A. and Tursky, B., 'Ethnic differences among housewives in psychophysical and skin potential responses to electric shock', *Psychophysiology*, 1(3), 1965, pp. 241-6.

4) Kim, H. J., Yang, G. S., Greenspan, J. D. *et al.*, 'Racial and ethnic differences in experimental pain sensitivity: systematic review and meta-analysis', *Pain*, 158(2), 2017, pp. 194-211.

5) Nayak, S., Shiflett, S. C., Eshun, S. and Levine, F. M., 'Culture and gender effects in pain beliefs and the prediction of pain tolerance', *Cross-Cultural Research*, 34(2), 2000, pp. 135-51.

6) Dragioti, E., Tsamakis, K., Larsson, B. and Gerdle, B., 'Predictive association between immigration status and chronic pain in the general population: results from the SwePain cohort', *BMC Public Health*, 20(1), 2020, pp. 1-11.

7) Kim, H. J., Greenspan, J. D., Ohrbach, R. *et al.*, 'Racial/ethnic differences in experimental pain sensitivity and associated factors - cardiovascular responsiveness and psychological status', *PLOS ONE*, 14(4), 2019, p. e0215534.

8) Byrne, M., Callahan, B., Carlson, K. *et al.*, *Nursing: A Concept-Based Approach to Learning*, ed. Trakalo, K., vol. 1., 2014.

9) Wiech, K., Farias, M., Kahane, G., Shackel, N., Tiede, W. and Tracey, I., 'An fMRI study measuring analgesia enhanced by religion as a belief system', *Pain*, 139(2), 2008, pp. 467-76.

10) Ferreira-Valente, A., Sharma, S., Torres, S. *et al.*, 'Does religiosity/spirituality play a role in function, pain-related beliefs, and coping in patients with chronic pain? A systematic review', *Journal of Religion and Health*, 2019, pp. 1-55.
11) Marx, K., *Critique of Hegel's 'Philosophy of Right'*, ed. O'Malley, J., Cambridge University Press, 2009.〔「ヘーゲル法哲学批判序説」中山元訳,『ユダヤ人問題に寄せて／ヘーゲル法哲学批判序説』光文社古典新訳文庫に収録，など〕
12) Brand, P. and Yancey, P., *Pain: The Gift Nobody Wants*, HarperCollins, 1995.
13) Al-Bukhari, M., *Sahih al-Bukhari*, Mohee Uddin, 2020.〔『ハディース イスラーム伝承集成』牧野信也訳，中央公論社など〕
14) Alembizar, F., Hosseinkhani, A. and Salehi, A., 'Anesthesia and pain relief in the history of Islamic medicine', *Iranian Journal of Medical Sciences*, 41(3 Suppl), 2016, p. S21.
15) Sallatha, S., 'The Arrow', trans. Bhikkhu, T., *Access to Insight*, 1997.
16) 1 Peter 4:13, *The Bible* (English Standard Version).〔聖書〕
17) Revelation 21:4, *The Bible* (English Standard Version).〔聖書　聖書協会共同訳〕
18) Chou, R., Qaseem, A., Snow, V. *et al.*, 'Diagnosis and treatment of low back pain: a joint clinical practice guideline from the American College of Physicians and the American Pain Society', *Annals of Internal Medicine*, 147(7), 2007, pp. 478-91.
19) Brinjikji, W., Luetmer, P. H., Comstock, B. *et al.*, 'Systematic literature review of imaging features of spinal degeneration in asymptomatic populations', *American Journal of Neuroradiology*, 36(4), 2015, pp. 811-16.
20) Vibe Fersum, K., O'Sullivan, P., Skouen, J. S., Smith, A. and Kvåle, A., 'Efficacy of classification-based cognitive functional therapy in patients with non-specific chronic low back pain: a randomized controlled trial', *European Journal of Pain*, 17(6), 2013, pp. 916-28.
21) Vibe Fersum, K., Smith, A., Kvåle, A., Skouen, J. S. and O'Sullivan, p. , 'Cognitive functional therapy in patients with non-specific chronic low back pain - a randomized controlled trial 3-year follow-up', *European Journal of Pain*, 23(8), 2019, pp. 1416-24.

10　静かなるパンデミック

1) Fayaz, A., Croft, P., Langford, R. M., Donaldson, L. J. and Jones, G. T., 'Prevalence of chronic pain in the UK: a systematic review and meta- analysis of population studies', *BMJ Open*, 6(6), 2016, p. e010364.
2) Shipton, E. E., Bate, F., Garrick, R., Steketee, C., Shipton, E. A. and Visser, E. J., 'Systematic review of pain medicine content, teaching, and assessment in medical school curricula internationally', *Pain and Therapy*, 7(2), 2018, pp. 139-61.
3) Blyth, F. M., March, L. M., Brnabic, A. J., Jorm, L. R., Williamson, M. and Cousins, M. J., 'Chronic pain in Australia: a prevalence study', *Pain*, 89(2-3), 2001, pp. 127-34.
4) Sá, K. N., Moreira, L., Baptista, A. F. *et al.*, 'Prevalence of chronic pain in developing countries: systematic review and meta-analysis', *Pain Reports*, 4(6), 2019, p. e779.
5) McQuay, H., 'Help and hope at the bottom of the pile', *BMJ*, 336(7650), 2008, pp. 954-5.
6) Treede, R. D., Rief, W., Barke, A. *et al.*, 'Chronic pain as a symptom or a disease: the IASP Classification of Chronic Pain for the International Classification of Diseases (ICD-11)', *Pain*, 160(1), 2019, pp. 19-27.
7) Dyer, O., 'US life expectancy falls for third year in a row', *BMJ*, 363, 2018.
8) 'Odds of dying', *Injury Facts*, https://injuryfacts.nsc.org.

9) Olfson, M., Wall, M., Wang, S., Crystal, S. and Blanco, C., 'Service use preceding opioid-related fatality', *American Journal of Psychiatry*, 175(6), 2018, pp. 538–44.

10) Krebs, E. E., Gravely, A., Nugent, S. *et al.*, 'Effect of opioid vs nonopioid medications on pain-related function in patients with chrh ip or knee osteoarthritis pain: the SPACE randomized clinical trial', *JAMA*, 319(9), 2018, pp. 872–82.

11) King, A., 'Analgesia without opioids', *Nature*, 573(7773), 2019, pp. S4-S6.

12) Rivat, C. and Ballantyne, J., 'The dark side of opioids in pain management: basic science explains clinical observation', *Pain Reports*, 1(2), 2016, p. e570.

13) Colvin, L. A., Bull, F. and Hales, T. G., 'Perioperative opioid analgesia – when is enough too much? A review of opioid-induced tolerance and hyperalgesia', *The Lancet*, 393(10180), 2019, pp. 1558–68.

14) 'Opioids aware', Faculty of Pain Medicine, https://fpm.ac.uk/opioids-aware.

15) Pavlovic, S., Daniltchenko, M., Tobin, D. J. *et al.*, 'Further exploring the brain-skin connection. stress worsens dermatitis via substance P- dependent neurogenic inflammation in mice', *Journal of Investigative Dermatology*, 128(2), 2008, pp. 434–46.

16) Liu, Y., Zhou, L. J., Wang, J. *et al.*, 'TNF-α differentially regulates synaptic plasticity in the hippocampus and spinal cord by microglia-dependent mechanisms after peripheral nerve injury', *Journal of Neuroscience*, 37(4), 2017, pp. 871–81.

17) Hayley, S., 'The neuroimmune-neuroplasticity interface and brain pathology', *Frontiers in Cellular Neuroscience*, 8, 2014, p. 419.

18) Araldi, D., Bogen, O., Green, P. G. and Levine, J. D., 'Role of nociceptor Toll-like Receptor 4 (TLR4) in opioid-induced hyperalgesia and hyperalgesic priming', *Journal of Neuroscience*, 39(33), 2019, pp. 6414–24.

19) Evers, A. W. M., Verhoeven, E. W. M., Kraaimaat, F. W. *et al.*, 'How stress gets under the skin: cortisol and stress reactivity in psoriasis', *British Journal of Dermatology*, 163(5), 2010, pp. 986–91.

20) Young, M. B., Howell, L. L., Hopkins, L. *et al.*, 'A peripheral immune response to remembering trauma contributes to the maintenance of fear memory in mice', *Psychoneuroendocrinology*, 94, 2018, pp. 143–51.

21) Goshen, I., Kreisel, T., Ounallah-Saad, H. *et al.*, 'A dual role for interleukin-1 in hippocampal-dependent memory processes', *Psychoneuroendocrinology*, 32(8–10), 2007, pp. 1106–15.

22) Michopoulos, V., Powers, A., Gillespie, C. F., Ressler, K. J. and Jovanovic, T., 'Inflammation in fear- and anxiety-based disorders: PTSD, GAD, and beyond', *Neuropsychopharmacology*, 42(1), 2017, pp. 254–70.

23) Burke, N. N., Finn, D. P., McGuire, B. E. and Roche, M., 'Psychological stress in early life as a predisposing factor for the development of chronic pain: clinical and preclinical evidence and neurobiological mechanisms', *Journal of Neuroscience Research*, 95(6), 2017, pp. 1257–70.

24) Bower, J. E. and Irwin, M. R., 'Mind-body therapies and control of inflammatory biology: a descriptive review', *Brain, Behavior, and Immunity*, 51, 2016, pp. 1–11.

25) Smith, K., 'The association between loneliness, social isolation and inflammation: a systematic review and meta-analysis', *Neuroscience & Biobehavioral Reviews*, 112, 2020, pp. 519–41.

26) Hussain, S. M., Urquhart, D. M., Wang, Y. *et al.*, 'Fat mass and fat distribution are associated with low back pain intensity and disability: results from a cohort study', *Arthritis Research & Therapy*, 19, 2017, p. 26.

27) Smuck, M., Schneider, B. J., Ehsanian, R., Martin, E. and Kao, M. C. J., 'Smoking is associated with pain in all body regions, with greatest influence on spinal pain', *Pain Medicine*, 21(9), 2020, pp. 1759–68.
28) Morin, C. M., LeBlanc, M., Daley, M., Gregoire, J. P. and Merette, C., 'Epidemiology of insomnia: prevalence, self-help treatments, consultations, and determinants of help-seeking behaviors', *Sleep Medicine*, 7(2), 2006, pp. 123–30.
29) Taylor, D. J., Mallory, L. J., Lichstein, K. L., Durrence, H. H., Riedel, B. W. and Bush, A. J., 'Comorbidity of chronic insomnia with medical problems', *Sleep*, 30(2), 2007, pp. 213–18.
30) Gerhart, J. I., Burns, J. W., Post, K. M. *et al.*, 'Relationships between sleep quality and pain-related factors for people with chronic low back pain: tests of reciprocal and time of day effects', *Annals of Behavioral Medicine*, 51(3), 2017, pp. 365–75.
31) Krause, A. J., Prather, A. A., Wager, T. D., Lindquist, M.A. and Walker, M. P., 'The pain of sleep loss: a brain characterization in humans', *Journal of Neuroscience*, 39(12), 2019, pp. 2291–300.
32) Irwin, M. R., Wang, M., Ribeiro, D. *et al.*, 'Sleep loss activates cellular inflammatory signaling', *Biological Psychiatry*, 64(6), 2008, pp. 538–40.
33) Billari, F. C., Giuntella, O. and Stella, L., 'Broadband internet, digital temptations, and sleep', *Journal of Economic Behavior & Organization*, 153, 2018, pp. 58–76.
34) Lam, K. K., Kunder, S., Wong, J., Doufas, A. G. and Chung, F., 'Obstructive sleep apnea, pain, and opioids: is the riddle solved?', *Current Opinion in Anaesthesiology*, 29(1), 2016, pp. 134–40.
35) Moore, J.T. and Kelz, M. B., 'Opiates, sleep, and pain: the adenosinergic link', *Anesthesiology*, 111(6), 2009, pp. 1175–76.

11 暴走する脳

1) Woolf C. J., 'Evidence for a central component of post-injury pain hypersensitivity', *Nature*, 306, 1983, pp. 686–8.
2) Sandkühler, J. and Gruber-Schoffnegger, D., 'Hyperalgesia by synaptic long-term potentiation (LTP): an update', *Current Opinion in Pharmacology*, 12(1), 2012, pp. 18–27.
3) Jepma, M., Koban, L., van Doorn, J., Jones, M. and Wager, T.D., 'Behavioural and neural evidence for self-reinforcing expectancy effects on pain', *Nature Human Behaviour*, 2(11), 2018, pp. 838–55.
4) Soni, A., Wanigasekera, V., Mezue, M. *et al.*, 'Central sensitization in knee osteoarthritis: relating presurgical brainstem neuroimaging and PainDETECT-based patient stratification to arthroplasty outcome', *Arthritis & Rheumatology*, 71(4), 2019, pp. 550–60.
5) Tagliazucchi, E., Balenzuela, p. , Fraiman, D. and Chialvo, D. R., 'Brain resting state is disrupted in chronic back pain patients', *Neuroscience Letters*, 485(1), pp. 26–31.
6) Apkarian, A. V., Sosa, Y., Sonty, S. *et al.*, 'Chronic back pain is associated with decreased prefrontal and thalamic gray matter density', *Journal of Neuroscience*, 24(46), 2004, pp. 10410–15.
7) Johnston, K. J., Adams, M. J., Nicholl, B. I. *et al.*, 'Genome-wide association study of multisite chronic pain in UK Biobank', *PLOS Genetics*, 15(6), 2019, p. e1008164.
8) Khoury, S., Piltonen, M. H., Ton, A. T. *et al.*, 'A functional substitution in the L-aromatic amino acid decarboxylase enzyme worsens somatic symptoms via a serotonergic pathway', *Annals of Neurology*, 86(2), 2019, pp. 168–80.
9) Desmeules, J.A., Cedraschi, C., Rapiti, E. *et al.*, 'Neurophysiologic evidence for a central

sensitization in patients with fibromyalgia', *Arthritis & Rheumatism*, 48(5), 2003, pp. 1420-9.

10) Cagnie, B., Coppieters, I., Denecker, S., Six, J., Danneels, L. and Meeus, M., 'Central sensitization in fibromyalgia? A systematic review on structural and functional brain MRI', *Seminars in Arthritis and Rheumatism*, 44(1), 2014, pp. 68-75.

11) Bäckryd, E., Tanum, L., Lind, A. L., Larsson, A. and Gordh, T., 'Evidence of both systemic inflammation and neuroinflammation in fibromyalgia patients, as assessed by a multiplex protein panel applied to the cerebrospinal fluid and to plasma', *Journal of Pain Research*, 10, 2017, pp. 515-25.

12) Albrecht, D. S., Forsberg, A., Sandström, A. *et al.*, 'Brain glial activation in fibromyalgia - a multi-site positron emission tomography investigation', *Brain, Behavior, and Immunity*, 75, 2019, pp. 72-83.

13) Stankevicius, A., Wallwork, S. B., Summers, S. J., Hordacre, B. and Stanton, T. R., 'Prevalence and incidence of phantom limb pain, phantom limb sensations and telescoping in amputees: a systematic rapid review', *European Journal of Pain*, 25(2), 2020.

14) Weinstein, S. M., 'Phantom limb pain and related disorders', *Neurologic Clinics*, 16(4), 1998, pp. 919-35.

15) Penfield, W. and Jasper, H., *Epilepsy and the Functional Anatomy of the Human Brain*, Little, Brown, 1954.

16) Ramachandran, V. S., 'Perceptual Correlates of Neural Plasticity in the Adult Human Brain', *Early Vision and Beyond*, eds. Papathomas, T. V., Kowler, E., Chubb, C. and Gorea, A., MIT Press, 1995, pp. 227-47.

17) Flor, H., Nikolajsen, L. and Jensen, T. S., 'Phantom limb pain: a case of maladaptive CNS plasticity?', *Nature Reviews Neuroscience*, 7(11), 2006, pp. 873-81.

18) Flor, H., Elbert, T., Knecht, S. *et al.*, 'Phantom-limb pain as a perceptual correlate of cortical reorganization following arm amputation', *Nature*, 375(6531), pp. 482-4.

19) Ramachandran, V. S. and Blakeslee, S., *Phantoms in the Brain*, Fourth Estate, 1999.

20) Doidge, N., *The Brain That Changes Itself: Stories of Personal Triumph from the Frontiers of Brain Science*, Penguin, 2008.〔『脳は奇跡を起こす』竹迫仁子訳，講談社〕

21) Freeman, M. D., Nystrom, A. and Centeno, C., 'Chronic whiplash and central sensitization; an evaluation of the role of a myofascial trigger point in pain modulation', *Journal of Brachial Plexus and Peripheral Nerve Injury*, 4(1), 2009, pp. 1-8.

22) Campo-Prieto, P. and Rodríguez-Fuentes, G., 'Effectiveness of mirror therapy in phantom limb pain: a literature review', *Neurología*, English edition, 2018.

23) McCabe, C. S., Haigh, R. C., Ring, E. F. J., Halligan, P. W., Wall, P. D. and Blake, D. R., 'A controlled pilot study of the utility of mirror visual feedback in the treatment of complex regional pain syndrome (type 1)', *Rheumatology*, 42(1), 2003, pp. 97-101.

24) Bowering, K. J., O'Connell, N. E., Tabor, A. *et al.*, 'The effects of graded motor imagery and its components on chronic pain: a systematic review and meta-analysis', *Journal of Pain*, 14(1), 2013, pp. 3-13.

25) Kikkert, S., Mezue, M., O'Shea, J. *et al.*, 'Neural basis of induced phantom limb pain relief', *Annals of Neurology*, 85(1), 2019, pp. 59-73.

26) Rutledge, T., Velez, D., Depp, C. *et al.*, 'A virtual reality intervention for the treatment of phantom limb pain: development and feasibility results', *Pain Medicine*, 20(10), 2019, pp. 2051-9.

12　痛みの革命（ペインレボリューション）

1) Corkhill, B., *Knit for Health and Wellness*,

Flatbear Publishing, 2014.

2) Riley, J., Corkhill, B. and Morris, C., 'The benefits of knitting for personal and social wellbeing in adulthood: findings from an international survey', *British Journal of Occupational Therapy*, 76(2), 2013, pp. 50-7.

3) Jacobs, B. L. and Fornal, C. A., 'Activity of serotonergic neurons in behaving animals', *Neuropsychopharmacology*, 21(1), 1999, pp. 9-15.

4) Draganski, B., Gaser, C., Busch, V., Schuierer, G., Bogdahn, U. and May, A., 'Changes in grey matter induced by training', *Nature*, 427(6972), 2004, pp. 311-12.

5) Gallace, A., Torta, D. M. E., Moseley, G. L. and Iannetti, G. D., 'The analgesic effect of crossing the arms', *Pain*, 152(6), 2011, pp. 1418-23.

6) McKay, J. H. and Tatum, W. O., 'Knitting induced fronto-central theta rhythm', *Epilepsy & Behavior Reports*, 12, 2019, p. 100335.

7) Corkhill, B. and Davidson, C., 'Exploring the effects of knitting on the experience of chronic pain - a qualitative study', poster at the British Pain Society Annual Scientific Meeting, 2009.

8) Ponce-Alonso, M., de la Fuente, J. S., Rincón-Carlavilla, A. *et al.*, 'Impact of the coronavirus disease 2019 (COVID-19) pandemic on nosocomial *Clostridioides difficile* infection', *Infection Control & Hospital Epidemiology*, 2020, pp. 1-5.

9) Greenhalgh, T., 'Pondering whether COVID-19 will be evidence-based medicine's nemesis', Twitter post, 2 May 2020.

10) Tremblay, M. S., Colley, R. C., Saunders, T. J., Healy, G. N. and Owen, N., 'Physiological and health implications of a sedentary lifestyle', *Applied Physiology, Nutrition, and Metabolism*, 35(6), 2010, pp. 725-40.

11) Hanna, F., Daas, R. N., El-Shareif, T. J., Al-Marridi, H. H., Al-Rojoub, Z. M. and Adegboye, O. A., 'The relationship between sedentary behavior, back pain, and psychosocial correlates among university employees', *Frontiers in Public Health*, 7, 2019, p. 80.

12) Heron, L., O'Neill, C., McAneney, H., Kee, F. and Tully, M. A., 'Direct healthcare costs of sedentary behaviour in the UK', *Journal of Epidemiolgy and Community Health*, 73(7), 2019, pp. 625-9.

13) Gopinath, B., Kifley, A., Flood, V. M. and Mitchell, p. , 'Physical activity as a determinant of successful aging over ten years', *Scientific Reports*, 8(1), 2018, pp. 1-5.

14) Rice, D., Nijs, J., Kosek, E. *et al.*, 'Exercise-induced hypoalgesia in pain-free and chronic pain populations: state of the art and future directions', *Journal of Pain*, 20(11), 2019, pp. 1249-66.

15) Dimitrov, S., Hulteng, E. and Hong, S., 'Inflammation and exercise: inhibition of monocytic intracellular TNF production by acute exercise via 2-adrenergic activation', *Brain, Behavior, and Immunity*, 61, 2017, pp. 60-8.

16) Puetz, T. W., Flowers, S. S. and O'Connor, P. J., 'A randomized controlled trial of the effect of aerobic exercise training on feelings of energy and fatigue in sedentary young adults with persistent fatigue', *Psychotherapy and Psychosomatics*, 77(3), 2008, pp. 167-74.

17) Nijs, J., Girbés, E. L., Lundberg, M., Malfliet, A. and Sterling, M., 'Exercise therapy for chronic musculoskeletal pain: innovation by altering pain memories', *Manual Therapy*, 20(1), 2015, pp. 216-20.

18) 'The Health and Wellbeing Benefits of Swimming', Swimming and Health Commission, 2017.

19) Busch, V., Magerl, W., Kern, U., Haas, J., Hajak, G. and Eichhammer, P., 'The effect of deep and slow breathing on pain perception, autonomic activity, and mood processing -

an experimental study', *Pain Medicine*, 13(2), 2012, pp. 215-28.

20) Anderson, B. E. and Bliven, K. C. H., 'The use of breathing exercises in the treatment of chronic, nonspecific low back pain', *Journal of Sport Rehabilitation*, 26(5), 2017, pp. 452-8.

21) Gerhart, J. I., Burns, J. W., Post, K. M. *et al.*, 'Relationships between sleep quality and pain-related factors for people with chronic low back pain: tests of reciprocal and time of day effects', *Annals of Behavioral Medicine*, 51(3), 2017, pp. 365-75.

22) Brasure, M., Fuchs, E., MacDonald, R. *et al.*, 'Psychological and behavioral interventions for managing insomnia disorder: an evidence report for a clinical practice guideline by the American College of Physicians', *Annals of Internal Medicine*, 165(2), 2016, pp. 113-24.

23) Finan, P. H., Buenaver, L. F., Runko, V. T. and Smith, M. T., 'Cognitive- behavioral therapy for comorbid insomnia and chronic pain', *Sleep Medicine Clinics*, 9(2), 2014, pp. 261-74.

24) Sapolsky, R. M., *Why Zebras Don't Get Ulcers: The Acclaimed Guide to Stress, Stress-related Diseases, and Coping*, Holt, 2004.〔(抄訳)『なぜシマウマは胃潰瘍にならないか――ストレスと上手につきあう方法』森平慶司訳, 栗田昌裕監修, シュプリンガー・フェアラーク東京〕

25) Doidge, N., *The Brain's Way of Healing: Remarkable Discoveries and Recoveries from the Frontiers of Neuroplasticity*, Penguin, 2016.〔『脳はいかに治癒をもたらすか――神経可塑性研究の最前線』高橋洋訳, 紀伊國屋書店〕

26) Moseley, G. L., Parsons, T. J. and Spence, C., 'Visual distortion of a limb modulates the pain and swelling evoked by movement', *Current Biology*, 18(22), 2008, pp. R1047-8.

27) Stanton, T. R., Gilpin, H. R., Edwards, L., Moseley, G. L. and Newport, R., 'Illusory resizing of the painful knee is analgesic in symptomatic knee osteoarthritis', *PeerJ*, 6, 2018, p. e5206.

28) Butler, D. S. and Moseley, G. L., *Explain Pain*, 2nd edition, NOI Group, 2013.

29) Moseley, G. L., 'Evidence for a direct relationship between cognitive and physical change during an education intervention in people with chronic low back pain', *European Journal of Pain*, 8(1), 2004, pp. 39-45.

30) Moseley, G. L. and Butler, D. S., 'Fifteen years of explaining pain: the past, present, and future', *Journal of Pain*, 16(9), 2015, pp. 807-13.

31) Louw, A., Zimney, K., Puentedura, E. J. and Diener, I., 'The efficacy of pain neuroscience education on musculoskeletal pain: a systematic review of the literature', *Physiotherapy Theory and Practice*, 32(5), 2016, pp. 332-55.

32) Lee, H., McAuley, J. H., Hübscher, M., Kamper, S. J., Traeger, A. C. and Moseley, G. L., 'Does changing pain-related knowledge reduce pain and improve function through changes in catastrophizing?', *Pain*, 157(4), 2016, pp. 922-30.

33) Corrigan, C., Desnick, L., Marshall, S., Bentov, N. and Rosenblatt, R. A., 'What can we learn from first-year medical students' perceptions of pain in the primary care setting?', *Pain Medicine*, 12(8), 2011, pp. 1216-22.

34) Mackey, C., 'Pain and the Brain', lecture at Stanford Back Pain Education Day 2016, Youtube.com.

用語集

C線維　軸索の周囲に髄鞘（「髄鞘」を参照）をもたない神経線維．神経インパルスの伝導速度は髄鞘をもつ神経（有髄神経）よりも遅い．

FAAH　脂肪酸アミド加水分解酵素．アナンダマイド（「アナンダマイド」を参照）を分解し，体内でこのエンドカンナビノイド（内因性カンナビノイド，「カンナビノイド」を参照）の量を減少させるタンパク質．

fMRI（機能的磁気共鳴画像法）　脳イメージングの手法のひとつで，脳内の血流の変化を画像化する．血流増加が起きている脳領域はより多くのエネルギーを必要としている，したがって活発に活動していると考えられる．「機能的」とは，単純に脳の構造を観察するだけでなく，脳機能におけるこれらの変化をとらえることができるという意味である．

KCNG4　カリウムチャネル Kv6.4 を制御する遺伝子（「Kv6.4」を参照）．

Kv6.4　侵害受容器の細胞膜（「侵害受容器」を参照）でカリウムの透過を制御するチャネル（厳密にはチャネルのサブユニット）のひとつ．これにより，神経インパルスは傷害が生じた場所から脳へ危険信号を伝えることができる．

L - ドーパ　分解されてドーパミン（「ドーパミン」を参照）となる化学物質．ドーパミンは脳血管関門を通過できず，薬として投与しても効果がないことから，L - ドーパは脳内のドーパミンを補うために用いられている．

MRI（核磁気共鳴画像法）　身体を可視化するほとんど奇跡のような方法．原子（したがって人体はもちろん，宇宙に存在するものの大部分）を構成する粒子のひとつとして，正の電荷を帯びた「陽子」がある．水素の原子核は陽子 1 個からなり，小さな磁石のようにふるまう．MRI スキャナーは本質的には巨大な磁石であり，そこで発生する磁場に水素原子核（のスピン）の向きがそろう．ここでさらにラジオ波を照射すると，同じ方向を向いていた水素原子核（のスピン）の向きが乱れる．照射をやめると水素原子核（のスピン）の傾きは元に戻るが，その際に電磁エネルギーが放出される．このエネルギーをスキャナーで検出・処理することで，体内のさまざまな組織の詳細な画像が得られる．MRI には fMRI（「fMRI」を参照）をはじめいくつかの手法があり，体内の異なる組織や機能の観察が可能になっている．

Nav1.7／Nav1.9　侵害受容器（「侵害受容器」を参照）の外側に存在するナトリウムチャネル．侵害受容器を活性化し，脳にまで伝わる神経インパルス（すなわち危険信号）を生じさせることができる．チャネルは正に帯電したナトリウムイオンを神経細胞内に流入させ，電位が急激に変化して神経インパルスが発生する．「Na」はチャネルを透過するナトリウムの元素記号，「v」は神経細胞の細胞膜における電圧の変化を意味する．1.7 と 1.9 は，単純にこのチャネルで発見された順番（7 番目と 9 番目）を示している．

NHS（国民保健サービス）　イギリスの公的医療保険制度．イングランド，ウェールズ，スコットランド，北アイルランドの四地域に分割され，運営は各地域が独

立して行っている.「アクセス無料」の医療サービスとして1948年に設置され，現在も大部分は自己負担なしで利用できる.

SCN9A　Nav1.7チャネル（「Nav1.7/Nav1.9」を参照）を制御する遺伝子.

TENS（経皮的神経電気刺激法）　TENSマシンと呼ばれる電池式のユニットに接続された電極を通して皮膚に弱い電流を流す手法. 絶大な効果があるという人もいるが，有効性を示すデータは一貫していない.

ZFHX2　「ジンクフィンガー・ホメオボックス2」という妙な名前の遺伝子については、遺伝子の読み取り制御に一定の役割を果たしていること以外はあまりわかっていない. イタリア・トスカーナに暮らすマルシリ家の人々は地元では痛みの閾値が高いことで知られていたが，2018年になってこの遺伝子に変異があることが確認され，将来の鎮痛剤に関する新たな可能性が明らかになった.

アクセプタンス＆コミットメントセラピー（ACT）　心理的介入のひとつ. 患者さんが自身の置かれている苦しい状況に抵抗したり，戦ったりせず，それを受容する態度を学ぶことを柱とする. 一定レベルの受容が達成できれば，ACTは患者さんの人生における目標や価値の評価のみならず，痛みについての考え方のリフレーミングに役立つ. ある意味で，ACTは患者さんの症状を直接的に軽くすることを目指していない. 痛みの軽減はいわば副次的な結果である.

アナンダマイド　体内で産生される物質で，脳内のカンナビノイド受容体（「カンナビノイド」を参照）を活性化させて鎮痛と快感をもたらす.「アナンダ」（アーナンダ）とはサンスクリット語で「至福」を意味する.

アロディニア（異痛症）　ふつうなら痛みを引き起こさない刺激によって生じる痛み. すでに存在しているダメージや炎症（「炎症」を参照）に起因することが多い. 背中にひどい日焼けをした状態でシャツを着るときを想像してほしい.

痛み　私が気に入っている痛みの定義は「身体を守るよう迫るひどく不快な感覚」だが，どのように定義するにしろ，事実の核心に基づいていなければならない. 痛みは安全装置であって，組織損傷の検出器ではない. 広く認められている“決定的な”痛みの定義は存在しないが，科学界でのコンセンサスにもっとも近いものとしては，国際疼痛学会（「国際疼痛学会」を参照）による2020年の定義がある. それによれば，痛みとは「実際の組織損傷もしくは組織損傷が起こりうる状態に付随する，あるいはそれに似た，感覚かつ情動の不快な体験」である.

英国国立医療技術評価機構（NICE）　診療，薬剤，医療技術に関するガイダンスを提供するイギリスの国家機関.

炎症　バクテリアから骨折まで，身体への有害な脅威に対する調整された反応. 炎症の役割は，損傷の原因を除去し，組織の治癒のプロセスを始めることである.

オピオイド　身体のオピオイド受容体に作用して鎮痛効果をもたらす物質. モルヒネ（「モルヒネ」を参照）やコデインなど，ケシから天然に生成されるもの（アヘン剤，オピエートともいう），フェンタニル（「フェンタニル」を参照）など合成のもの，エンドルフィンなど体内でつくられるもの（内因性オピオイド）がある.

オープンラベル・プラセボ　それを服用する患者が不活性であることを承知しているプラセボ薬（「プラセボ」を参照）．

下前頭回　脳領域のひとつで，ブローカ野（言語の処理と発話に欠かせない領野）が位置することで知られるが，痛みの情動的な処理にも何らかの役割を果たしていることを示すデータが増えている．

過敏性腸症候群（IBS）　再発性または持続性の腹痛を特徴とする疾患．便秘や下痢が続いたり，排便の頻度や便の硬さが変化したりする症状が見られる．さまざまな原因で発症・悪化する可能性があるが，もっとも重大なものとしては心理的ストレスがある．最近のデータによると，IBS は腸脳軸，すなわち腸（そして無数の腸内細菌）と脳を連絡するシグナル伝達システムの機能障害から生じることが示されている．

カプサイシン　トウガラシの活性成分．ヒトの口の中と皮膚で熱の刺激を感知するのと同じ受容体を活性化する．カプサイシンは脳をだまし，実際に温度の上昇がなくても，身体が焼けるように熱くなっていると信じさせてしまう．

眼窩前頭皮質　前頭前野（「前頭前野」を参照）で眼窩のすぐ上に位置する脳領域．主な機能としては，異なる選択肢の相対的な価値評価や意思決定に関与する．

眼球運動による脱感作と再処理法（EMDR）　トラウマに苦しむ人に対してしばしば効果のある療法．ただし，なぜ効果が現れるかについては十分に解明されていない．トラウマを思い浮かべながら両側性の刺激タスク（眼球を左右に動かすなど）を行うことで本人が想起できる情報が一部に限定され，結果としてそのトラウマに対する情動反応が抑えられるという説がある．この作業を繰り返すと，トラウマ的記憶を再生することによる影響は徐々に減退していく．

感情認識・表現療法（EAET）　情動とトラウマにフォーカスした対話療法．痛みを増幅させる脳の経路に影響を及ぼす情動の重要性を，特に過去のトラウマや現在の葛藤との関連で理解することを目指す．EAET は患者さんがポジティブな情動とネガティブな情動を両方とも表現し，問題の克服に向けた対応ができるようにする．

関節リウマチ　免疫系（「免疫系」を参照）が自分の身体の組織を攻撃してしまう自己免疫疾患のひとつ．主に小さな関節を侵し，特に手首や手に症状が現れる．

カンナビノイド　大麻草（アサ）に含まれる化合物．確認されているものは 100 種類を超え，多幸感から食欲増進まで，人間にさまざまな作用をもたらす成分が多い．カンナビノイドは植物から抽出できるが，合成も可能．人間の体内でも産生されており，これはエンドカンナビノイド（内因性カンナビノイド）として知られる．

急性痛　短期の痛み．熱々のやかんを触る，カーペットの上に落ちていたレゴを踏んづけるなど，通常はある刺激に関連づけられる．刺激によって生じた損傷では，その損傷が治癒すれば急性痛は消える．

嗅内皮質　脳の側頭葉にある小さな領域で，記憶の形成にかかわることで知られている．痛みとの関連では，嗅内皮質は環境中の潜在的に危険なサインの解釈に一定の役割を果たしており，不安を増大させて結果的に痛みの増強をもたらす．これは最悪の事態が生じたときに身体が対処できるようにするためと思われる．

共感　定義はさまざまでバリエーションも多く，さらに共感にはサブタイプもあるのだが，一般的な表現をすれば，他人が経験していることを感じ，理解する能力のこと．

共感覚　ひとつの感覚の刺激によって複数の感覚が自動的に呼び起こされること．たとえば，数字を見たり考えたりすると決まった色が見えるなど（「ミラータッチ共感覚」を参照）．

経頭蓋直流電気刺激　微弱な電流を（頭部に装着した電極から）ターゲットとなる脳領域に与えて活性化する手法．

クリケット　すでにお察しと思うが，私はこの球技をよくわかっていない．クリケットをする友達のひとりはかつて，「昔からあるがまだ通用する」やり方でこんなふうにルールを説明してくれた．「2チームが攻撃と守備に分かれる．攻撃側のチームから打者2人が出て順番に打撃をする．アウトになったら次の打者が入って，またアウトになるまでプレイする．全員アウトになったら，守備をしていたチームが攻撃に回って，攻撃していたチームがフィールドに出て打者からアウトを取ろうとする．たまに，攻撃側で打撃の順番が回ってこないプレイヤーが出ることもある．そんなときでも両方のチームが攻撃と守備をやったら試合終了．わかったか？　よし」

ゲートコントロールセオリー　ロナルド・メルツァックとパトリック・ウォールが1965年に提唱した理論．脊髄には信号を仲介する神経細胞による一種の「ゲート」が存在し，このゲートが末梢から伝わる危険信号の入力を脳に送るかどうかを選択・調整しているとする．今日では単純化しすぎた説明だとわかっているけれども，この理論は新しい痛みの科学への道を開いた．

原発性肢端紅痛症　灼熱感を伴う痛みの発作が（通常は両手両足に）起きる先天性の疾患．SCN9A遺伝子の変異が原因．この変異はNav1.7チャネル（「Nav1.7／Nav1.9」を参照）に影響を及ぼし，脳に送られる危険信号の閾値を低下させる．

功利主義　倫理学の理論．概していえば，最大多数の人々に最大の快楽や幸福をもたらすことを最重要視して行動しなければならないと主張する．

国際疾病分類（ICD）　世界保健機関（WHO）が作成・公表している疾病の分類．診断の標準化に役立つ．

国際疼痛学会（IASP）　痛みに関する重要な国際学会．臨床医や科学者，政策立案者が結集している．

催眠　ある特定の方向に注意を集中するように意識が変わり，暗示に反応しやすくなっている状態．

催眠療法　（精神）医学的な症状に対する催眠を用いた治療．

軸索　神経細胞の細胞体から長く伸びた突起．要するに脳と神経系におけるメインの電線である．

視床　脳の中央奥に位置する脳の一大中継基地．嗅覚以外のあらゆる感覚情報はいったん視床に入り，その後に関係する脳の各部に送られる．

視床下部　脳内で神経系と内分泌（ホルモン）系（「内分泌系」を参照）の重要な橋渡しをする小さな領域．機能は多岐にわたるが，摂食行動と代謝，睡眠，体温の調節などを行う．

持続痛　治癒に要すると予測される期間を超えて続く痛み．この期間については諸

説あるが，多くの場合に傷害は3か月程度で治癒する．

シナプス　神経細胞間の末端にあるごく小さな隙間．神経信号はシナプスを渡って伝達される（「神経伝達物質」を参照）．

樹状突起　神経細胞で木の枝のように分岐した部分．ほかの神経細胞からの入力（情報）を受け取り，それを細胞体に伝える．通常，1つの細胞体からは複数の樹状突起が形成されている．なお，樹状突起 dendrite はギリシャ語で木を表す dendron が由来．

侵害刺激　身体にとって（潜在的に）危険な刺激．熱刺激（たとえば熱湯），機械的刺激（パンチ），化学的刺激（腐食性の酸）がある．

侵害受容　危険な刺激，またはダメージにつながる刺激を感知するプロセス．侵害受容は痛みではない．侵害受容は痛みの経験の必要条件ではなく，十分条件でもない．

侵害受容器　しばしば「危険受容器」とも呼ばれる．熱刺激，機械的刺激，化学的刺激の別によらず，有害な刺激（「侵害刺激」を参照）がもたらすダメージと危険を感知する受容器．侵害受容器 nociceptor の noci- はラテン語の nocere（傷つける，害を与える）が由来．

新型コロナウイルス感染症（Covid-19）　2019年に発生したコロナウイルス疾患「Covid-19」は「重症急性呼吸器症候群関連コロナウイルス2」(SARS-CoV-2) によって発症する感染症である．名称の「2」は21世紀の初めにアウトブレイクを引き起こした別のSARSコロナウイルス（SARS-CoV，あるいはSARS-CoV-1）と区別するため．Covid-19は2020年に入って世界の動きを止め，何百万人という死者を出した．

神経可塑性　脳内のネットワークが徐々に順応・変化していくという驚くべき性質．もともとは多くのことを集中して学習する幼児期に限定されたものと考えられていたが，今日では脳にはすばらしい「適応性」があり，生涯を通して柔軟に変化できることが明らかになっている．

神経サイン　脳には「痛み経路」や「痛み中枢」といったものは存在しない．痛みは脳のアウトプットであって，たくさんの脳領域が同時に関与する活動パターンによって生み出される．このパターンを痛みの神経サインと呼ぶ．痛みの経験ごとにパターンはひとつひとつ違うことから，「サイン」は適切な言葉だ．

神経伝達物質　神経細胞間で信号を伝達する化学物質．おそらくもっともよく知られているのはドーパミン（「ドーパミン」を参照）とセロトニンだが，このほかに少なくとも200種類の神経伝達物質がある．

心的外傷後ストレス障害（PTSD）　トラウマ的なできごとを経験したのちに発症する不安障害．フラッシュバック，悪夢，過度の覚醒，ネガティブな気分や回避といった特徴的な症状が見られる．

髄鞘　多くの神経細胞の軸索を取り囲んでいる脂質に富む構造で，絶縁体としてはたらく一方，〔全体が包まれているのではなく一定の間隔が開いているために〕神経インパルスの伝導速度を上昇させる役目も果たしている．

生物・心理・社会モデル　アメリカの医師ジョージ・エンゲルが初めて提唱した理論で，疾患は純粋に生物学的なものではなく，心理的・社会的な要因にもひじょうに強く影響されることを表している

（健康についても同じことが当てはまる）．

線維筋痛症　疲労や記憶障害のほか，広範囲にわたる持続性の痛みを特徴とする疾患．残念ながら原因や病態はまだ十分解明できていないが，研究は進んでいる．痛みの処理（「中枢性感作」を参照）における異常が何らかの役割を果たしている可能性があり，最近のデータによればその一部は免疫系（「免疫系」を参照）によって生じているかもしれないことが示されている．

前帯状皮質（ACC）　脳内で大ざっぱに「情動にかかわる」領域と「認知にかかわる」領域のあいだに位置する，ブーメランのような形をした領域．ACCは痛みの強さや位置を理解しようとするのではなく，痛みの意味を探ろうとする．ほかにも多くの機能があるが，痛みの身体的・情動的・社会的な要素を評価し，それらを統合することも担う．私たちが感情を傷つけられたり，疎外されたりしたときに痛みを感じるのは，ACCのはたらきだ．

先天性無痛覚症　先天性無痛症ともいう．遺伝子に何らかのまれな異常があるために，痛みを知覚することができない．危険信号を脳に送る神経の障害が原因のひとつ．

前頭前野（前頭前皮質）　脳の前側を占める大きな領域．前頭前野にはさまざまな機能があり，意思決定や自制，短期記憶，注意のコントロールなどの「実行機能」をつかさどることで知られている．

総合診療専門医（GP）　General Practitioner の略．〔いわゆる家庭医として〕地域のレベルで患者さんに多岐にわたる医療サービスを提供する医師のこと．

側坐核　脳の報酬回路の一部をなす小さな領域．意欲のほか，快感や報酬を与える刺激を求めるときに重要な役割を果たすことでよく知られている．

体性感覚野　脳の中央上部にある凹凸（いわゆる「しわ」）の隆起部分に位置する脳の領域．触刺激やバランス，温度や痛みの処理に関与する．脳の身体地図はここに保存されている．

大脳基底核　脳の深いところにある構造の集まり．運動の調節から情動のコントロールまで，さまざまな機能を担う．

ダメージ関連分子パターン（DAMP）　組織損傷に伴って体内で放出される分子で，免疫細胞はこれを認識して免疫系（「免疫系」を参照）を活性化する．損傷した細胞や死滅しつつある細胞から放出されるタンパク質などが相当する．

段階的運動イメージ法　持続性の痛みに対するリハビリテーションプログラム．運動にかかわる脳の領域を，痛みの防護警報を鳴らさずにゆっくりと活性化することを目指す．3段階のプロセスで，第1段階として，表示された手の写真が右手のものか左手のものかを判断するトレーニングを繰り返す．第2段階では自分で手を動かしているところをイメージさせる．第3段階で「ミラーセラピー」を導入する．そこで鏡に映った健肢が動いているところを見ると，痛みのある肢（患肢）が動いているような経験が得られる．

中枢神経系　脳と脊髄のこと．

中枢性感作　脳と脊髄における危険信号への反応性の増加．この結果，危険信号に対する感度が上昇するばかりか，通常であれば痛みを引き起こさない刺激に対して痛みを感じるようになる．中枢性感作は急性痛から慢性痛への移行における主

なメカニズムと考えられる．

中脳水道周囲灰白質　中脳中心灰白質ともいう．脳幹にある小さな領域で，身体から伝わってくる侵害受容信号の抑制に重要な役割を果たす．危険信号が脳に送られ，痛みとして解釈されることをブロックできる最後の「ゲート」のひとつ．

痛覚失象徴　痛みは経験・認識されるが嫌悪や不快は覚えないという，珍しい，そしてまた驚くべき病態．

痛覚過敏　痛みを生じさせる刺激に対する感度が亢進している状態．神経の損傷や炎症（「炎症」を参照）などのさまざまな原因，またオピオイド（「オピオイド」を参照）の使用によっても起こり得る．アロディニア（異痛症）（「アロディニア（異痛症）」を参照）と混同しないよう注意．アロディニアとは，通常では痛みをもたらさない刺激によって痛みが起こる状態である．

痛風　炎症性の関節疾患．特に足の親指の付け根にある中足指骨関節が腫れて痛みが生じる．原因は血液中の尿酸値が高くなることで，このために尿酸の結晶が生じて関節に炎症が起こる．特定の食品やアルコールの摂取は痛風のリスクを高めることがある（肉とアルコールをぜいたくに飲み食いする年配の男性でよく見られることから「王の病気」と呼ばれてきた）が，食生活が原因の例はごく少数で，遺伝子的な素因やさまざまな健康状態・病状，またある種の薬もリスク因子となる．

デフォルトモード・ネットワーク　安静状態にあるときに活性化し，何らかの活動を行っているときにはあまり活性化していないように見える複数の脳領域．記憶の想起や白日夢にふけること，将来の計画を立てることなどに関与しているとされる．

島皮質　脳の奥に存在する領域で，驚くほど多様な機能を担う．たとえば，恐怖や嫌悪など複数の情動の生起，またこれらの情動と痛みの経験をリンクさせることに関与する．

ドーパミン　脳内で運動や意欲をはじめ多様な反応にかかわる化学的メッセンジャー（神経伝達物質）．報酬から得られる快の感情の誘発に関係するとよく誤解されているが，ドーパミンはむしろ，まず報酬を求める動機づけをすることに役割を果たしている．

内因性　体内で生ずるもの．たとえば，人体はエンドルフィンをはじめとする内因性オピオイド（「オピオイド」を参照）を産生している．

内分泌系　身体全体に及ぶホルモンとその分泌腺からなるシステム．よく知られた内分泌ホルモンとしては，コルチゾール，性ホルモンのエストロゲンとテストステロンがある．

内包　脳の高速ジャンクションのひとつ．大脳皮質とほかの脳構造とを結ぶ神経線維の束が通っている．

ナロキソン　オピオイド（「オピオイド」を参照）の効果を阻害する，または無効化するために使用される薬物．商品名「ナルカン」としても知られる．オピオイドの過量摂取に対してもっとも一般的に用いられる．

ニューロン　神経細胞のこと．細胞体（細胞のＤＮＡを含み，エネルギーをつくり出す場）と樹状突起（「樹状突起」を参照），軸索（「軸索」を参照）からなる．

認知機能療法（CFT）　痛みに対する心身両面からのアプローチ．痛み教育や運動，

生活習慣の改善を通して，患者さんが自分のマインドセットと「痛みの信念」をリフレーム（再構成）する手助けをする．

認知行動療法（CBT）　心理療法のひとつ．ネガティブな思考や行動を変えるためのスキルを身につけることを目指す．

脳深部刺激療法（DBS）　脳の特定の領域に電気インパルスを放出する電極を神経外科的に埋め込み，症状を改善させる治療．異常なインパルスを調整する「脳ペースメーカー」である．

脳波検査（EEG）　脳の電気的活動を記録する非侵襲性の方法のひとつ．頭皮全体に電極を装着し脳の電流の変化を測定する．てんかんの診断に用いられることでよく知られているが，それ以外の臨床や研究においても多くの用途がある．

ノセボ効果　薬剤や治療計画に関するネガティブな期待によって，その治療のポジティブな効果が減少すること．

パターン認識受容体（PRR）　身体の免疫細胞において「病原体関連分子パターン」（右段参照）を認識する受容体．

馬尾症候群　脊髄の下端から下肢へ延びる神経根の束は馬の尾に似ていることから「馬尾」と呼ばれている．この構造が圧迫または損傷を受けると，重篤な腰背部痛，生殖器周辺の感覚消失，坐骨神経痛のような痛み，失禁，性機能障害などが生じる恐れがある．このようなダメージには緊急の処置が必要で，手術で圧迫を緩和する治療を行う．

ハンセン病　らい菌 *Mycobacterium leprae* によって起こる慢性の感染症．俗説とは異なり，ハンセン病で手足の指がなくなるようなことはない．らい菌は人間の宿主に到着すると低温の末梢部に移動し，皮膚の神経に侵入する．皮膚の神経にダメージが生じることから，感染者はまず温度の感覚を失い，次に軽く触った／触られた感覚を失い，さらに痛みの感覚を失う．そして自分では気がつかないうちに皮膚に切り傷ややけどを負ってしまい，病原菌が侵入する（が本人はこれにも気がつかない）結果，手足の指の欠損や目鼻の変形につながりやすくなる．

ヒスタミン　極小サイズで強烈なパンチを繰り出せる化合物．免疫系のマスト細胞（「免疫系」「マスト細胞」を参照）から放出されると，かゆみ，血管の拡張による赤みのほか，皮膚が熱をもったり腫れたりするなど，いくつもの炎症（「炎症」を参照）やアレルギーの症状を引き起こす．〔血管拡張を誘導するため〕ときには血圧が急に降下する場合もある．くしゃみや鼻水が出るのもこの物質の作用である．

病原体関連分子パターン（PAMP）　病原性微生物のグループ中に存在し，免疫系（「免疫系」を参照）によって認識される分子．

フェンタニル　強力な合成オピオイド（「オピオイド」を参照）．鎮痛や麻酔に使用される．安価に製造でき，モルヒネの数百倍の強さになる場合もあることから，今日フェンタニルは一般的な娯楽用麻薬としてもっとも多くの死亡者を出している「ドラッグ」となっている．

複合性局所疼痛症候群（CRPS）　その名称が示すように複雑で，不明なところの多い病態．激しい痛みを伴うが，その痛みは通常四肢のいずれかに限定して現れる．研究によれば，炎症（「炎症」を参照）と中枢性感作（「中枢性感作」を参照）によって起こることが強く示唆されている．

腹側淡蒼球　脳の大脳基底核（「大脳基底核」を参照）の一部をなす小さな構造．脳の報酬回路において重要な部分であり，意欲や依存（症）に関与する．

プラセボ　見た目は本物の治療薬と同じだが，実際には薬効成分が入っていないもの．糖錠など．

プラセボ効果　「期待効果」という表現のほうがより正確だが，プラセボ効果とは，治療が施される文脈に対する脳の反応である．患者さんが治療について書かれたものを事前に読んでいたからにしろ，あるいは自信ありげな臨床医が処置をするからにしろ，その何らかの薬（処置）で痛みが軽くなると患者さんの脳が信じれば，実際に鎮痛効果のある化学物質が産生される（「プラセボ」を参照）．

プラセボーム　プラセボ反応（「プラセボ」を参照）に影響を及ぼし得る遺伝子的要素の構成．

ベイズの定理　$P(A|B) = (P(A)\ P(B|A))/(P(B))$．もう少し説明すれば，ベイズの定理とは，ある事象が発生する確率を，過去に発生した事象に基づいて記述する公式である．ベイズの定理を使うと，新しい情報が得られたときにそれに基づいて確率を更新することができる．18 世紀イギリスの長老派牧師トーマス・ベイズが考案したが，発表されたのは本人の死後のことだ．

扁桃体　脳の側頭葉内側の奥に位置するアーモンド形の脳構造（扁桃体 amygdala はラテン語でアーモンドのこと〔扁桃もアーモンドの意味〕）．ヒトでは左右の大脳半球に 1 つずつ存在する．扁桃体は恐怖や脅威の刺激の処理に重要な役割を果たすほか，闘争・逃走反応を起こすことにもかかわる．

ポジトロン断層法（PET）　画像イメージング技術のひとつ．放射性トレーサーを用いて脳内での酸素化の程度やグルコース代謝量を検出する．そうすることで活動が活発になっている脳の領域がわかる．

発作性激痛症　生涯にわたって突発的に痛みが出る先天性の疾患．直腸の痛みとして現れることが多いが，身体のどこでも生じ得る．SCN9A 遺伝子の変異が原因で起こる．この変異は Nav1.7 チャネル（「Nav1.7 ／ Nav1.9」を参照）に影響を及ぼし，脳に送られる危険信号の閾値を低下させる．

ホメオパシー　代替医療のひとつ．「同種のものは同種のものを癒やす」，ある病状を引き起こす成分を極端に希釈したものでその病状を実際に治すことができるという理論に基づく．臨床試験ではプラセボ（「プラセボ」を参照）以上の効果はないことが示されている．医学界の大多数は科学的に無理があると見ている．

マインドフルネス・ストレス低減法（MBSR）　瞑想とヨガ，身体アウェアネスからなり，情動調節の改善とストレスの軽減に主眼を置く技法．

マスト細胞　マスト細胞は免疫組織の地雷だと考えたい．皮膚や腸，肺など，外界と接する表面の大部分に存在する．病原体やアレルゲン〔アレルギーの原因となる物質〕によって活性化されると，ヒスタミン（「ヒスタミン」を参照）や向炎症性物質からなる強力なカクテルを放出し，腫れや痛み，かゆみを引き起こす．

末梢神経系　神経系のうち，中枢神経系（脳と脊髄，「中枢神経系」を参照）以外のもの．

末梢性感作　神経の末端で刺激に対する感度が増大すること．痛みの文脈では一般

に組織損傷によって生じる．たとえば足首をくじいたとき，体重をかけると痛みが出るので，それを避けるために足を引きずって歩くことを考えてほしい．

慢性痛　長期にわたる痛み．定義はさまざまで，痛みが3か月以上続く状態だという人もいれば，傷害が治ってからもしつこく残る痛みのことだとする人もいる．私は別称の「持続痛」のほうが好ましいと思うので，「持続痛」をより頻繁に使っている（「持続痛」を参照）．

ミラータッチ共感覚　他人が身体に触れられているのを見ると，自分の身体にそれと同じように触れられている感覚（あるいは，そう触られていると脳が認識する感覚）が生じる現象．見ている人の身体と同じ側に感覚を覚える人もいれば，鏡に映ったように反対側を触れられていると感じる人もいる（「共感覚」を参照）．

無快楽症（アンヘドニア）　食べることやセックスなど，快い刺激を得ようとしたり，そのような刺激を楽しんだりする能力が低下している状態．抑うつ障害においてよく見られる症状のひとつ．

免疫系　身体に備わった防御システムのひとつ．免疫系は細胞や分子，さまざまなプロセスが織りなす美しく複雑なネットワークで，病原体やがん細胞，あるいは皮膚を破って侵入してきた無生物など，異物の脅威から身体を守っている．

モルヒネ　ケシを原料とする天然のオピオイド（「オピオイド」を参照）．オピオイド受容体に作用して鎮痛効果を発揮する．

予測処理モデル　脳は，これから経験することを予測できるように，新しいデータや予測に一致しないデータがあればその予測を更新しながら，外界で何が起こっているかについての理解を絶えず微調整しているとする説．

ランダム化比較試験　人口統計学的に類似した集団を①効果を確かめたい新薬（または何らかの治療介入）を投与される群，あるいは②プラセボ（「プラセボ」を参照）や「従来の治療法」による「対照」治療を行う群のいずれかにランダム（無作為）に割り当てて実施する試験．試験・研究が「二重盲検」の場合は，参加者がどちらの治療を受けているかを知らないだけでなく，臨床医や研究者もどちらの治療を施しているかの区別がつかないようになっている．

リドカイン　リグノカインという名称でも知られる．歯科のほか，簡単な手術や不快な処置の際に一般的に使用される局所麻酔薬である．侵害受容器（「侵害受容器」を参照）のナトリウムチャネルを一時的に遮断する作用があり，その結果として危険信号が発生しなくなる．